LADENBURGER DISKURS

Herausgegeben von J. Mittelstraß

W. Ch. Zimmerli (Hrsg.)

Wider die „Zwei Kulturen"

Fachübergreifende Inhalte
in der Hochschulausbildung

Springer-Verlag Berlin Heidelberg New York
London Paris Tokyo Hong Kong

Reihenherausgeber
Prof. Dr. phil. Jürgen Mittelstraß
Philosophische Fakultät, Universität Konstanz
Universitätsstraße 10, D-7750 Konstanz

Bandherausgeber
Prof. Dr. phil. Walther Ch. Zimmerli
Lehrstuhl für Philosophie II,
Otto-Friedrich-Universität Bamberg
Postfach 1549, D-8600 Bamberg
und
Institut für Gesellschaft und Wissenschaft
an der Friedrich-Alexander-Universität Erlangen–Nürnberg,
Äußere Brucker Straße 33, D-8520 Erlangen

ISBN-13: 978-3-540-52387-1   e-ISBN-13: 978-3-642-46705-9
DOI: 10.1007/ 978-3-642-46705-9

CIP-Titelaufnahme der Deutschen Bibliothek
Wider die „Zwei Kulturen": Fachübergreifende Inhalte in der Hochschulausbildung /
W. Ch. Zimmerli (Hrsg.)
Berlin; Heidelberg; New York; London; Paris; Tokyo; Hong Kong: Springer, 1990
(Ladenburger Diskurs)

NE: Zimmerli, Walther Ch. [Hrsg.]

Dieses Werk ist urheberrechtlich geschützt. Die dadurch begründeten Rechte, insbesondere die der Übersetzung, des Nachdrucks, des Vortrags, der Entnahme von Abbildungen und Tabellen, der Funksendung, der Mikroverfilmung oder der Vervielfältigung auf anderen Wegen und der Speicherung in Datenverarbeitungsanlagen, bleiben, auch bei nur auszugsweiser Verwertung, vorbehalten. Eine Vervielfältigung dieses Werkes oder von Teilen dieses Werkes ist auch im Einzelfall nur in den Grenzen der gesetzlichen Bestimmungen des Urheberrechtsgesetzes der Bundesrepublik Deutschland vom 9. September 1965 in der jeweils geltenden Fassung zulässig. Sie ist grundsätzlich vergütungspflichtig. Zuwiderhandlungen unterliegen den Strafbestimmungen des Urheberrechtsgesetzes.

© Springer-Verlag Berlin Heidelberg 1990
Softcover reprint of the hardcover 1st edition 1990
Gesamtherstellung: Ernst Kieser GmbH, 8902 Neusäß

2125/3140–5 4 3 2 1 0 – Gedruckt auf säurefreiem Papier

Vorwort

Ein eigentümlicher Widerspruch kennzeichnet die gegenwärtige Situation in allen hochentwickelten Industrienationen und zumal in der Bundesrepublik Deutschland: Während die Welt des alltäglichen ebenso wie des wissenschaftlichen und wirtschaftlichen Lebens zunehmend von Technik durchdrungen wird, entwickeln sich geistige, intellektuelle und kulturelle Bewegungen, die sich immer stärker von der technischen Welt absetzen; einem *Technologisierungsschub auf der Seinsebene* korrespondiert ein *Idealisierungsschub auf der Bewußtseinsebene*. Viele Anzeichen, von der (nicht mehr nur grünen) Sehnsucht nach dem Grünen über die Hochkonjunktur der Suche nach Orientierungswissen bis zum postmodernen Pluralitätskult, sprechen dafür, daß hier in der Tat etwas Neues geschieht, und jüngere sozialwissenschaftliche Untersuchungen bestätigen, daß diese Entwicklung bis in das Selbstverständnis der Menschen und ihre gesellschaftspolitische Ausrichtung hinein durchschlägt.

Da liegt denn die Versuchung nahe, die Beobachtung und die Beschreibung der Befunde schon für deren Erklärung zu halten und sich mit Formeln wie „Ambivalenz" oder „Kompensation" zufrieden zu geben oder eine „salomonische" Lösung von der Art zu versuchen, daß Technologisierung und Idealisierung einfach auf zwei unterschiedlich definierte Gesellschaftsgruppen und diese wiederum auf *zwei verschiedene Kulturen* zurückgeführt werden. So falsch dies im einzelnen auch sein mag – immerhin vermögen solche Versuche, einen Hinweis darauf zu geben, wo eine der Ursachen (oder vielleicht auch ein ganzes Bündel von ihnen) zu suchen ist, nämlich in der intellektuellen Sekundärsozialisation, sprich: in dem geistigen *Schul- und Ausbildungssystem.* Wenn etwa der Berufsstand der Ingenieure sich von „Technikfeindlichkeit", „Akzeptanzkrisen", „Vertrauensschwund" etc. bedroht fühlt, liegt dies nicht zuletzt an der Tatsache, daß unser disziplinär strukturiertes Hochschulsystem sich in weiten Teilen immer noch an der Vorstellung einer Ausbildung zum rein technischwissenschaftlichen Problemlösen orientiert, obwohl wir heute wissen, daß es (nahezu) keine ausschließlich technisch-wissenschaftlichen Probleme gibt. Und wenn umgekehrt die Geistes- und Sozialwissenschaftler ihre eigene Bedeutungslosigkeit sowie den Zustand beklagen, daß die wissenschaftlichtechnische Entwicklung von den Ergebnissen ihrer Forschungen kaum Kenntnis nimmt, hat das fraglos auch damit zu tun, daß Koketterie mit naturwissenschaftlich-technischer Unbedarftheit in den Geistes- und Sozialwissenschaften häufig immer noch eher als Ausweis eines besonders hohen Kultiviertheitsgrades denn als das angesehen wird, was es in Wahrheit ist: schlichte Ignoranz.

Aus Einsicht in diese Zusammenhänge wird daher seit geraumer Zeit erneut die Diskussion über fachübergreifende Inhalte geführt; nicht im Sinne des alten bildungsorientierten Studium-generale-Gedankens und auch nicht im Sinne der diesen in den 60er und 70er Jahren mehr schlecht als recht ersetzenden Interdisziplinaritätsidee, deren größter Erfolg jeweils nur darin bestand, daß sich alle daran Partizipierenden am Ende zwischen alle Stühle gesetzt hatten, sondern im Sinne einer *problemorientierten Transdisziplinarität.* Und an verschiedenen Universitäten und Technischen Hochschulen im deutschsprachigen Bereich existieren auch bereits erste Realisationen und Institutionalisierungen, die z.T. auch schon auf eine (in einigen Fällen mehrjährige) Erfahrung zurückblicken können.

Um den Vordenkern und Initiatoren dieser Ansätze eine Möglichkeit zum gegenseitigen Erfahrungsaustausch und zur Weiterentwicklung ihrer Konzepte zu geben und so weitere Schritte in Richtung auf eine bessere Integration von Mensch, Umwelt und Technik zu tun, veranstaltete die Gottlieb Daimler- und Karl Benz-Stiftung unter meiner wissenschaftlichen Leitung 2 Diskurse, in denen die Frage der „Fachübergreifenden Inhalte in der Hochschulausbildung" in 2 gegenläufigen Richtungen thematisiert wurde: Am 26. und 27. August 1988 wurden die nichttechnischen Studienanteile in der Ingenieurausbildung diskutiert, während die Ladenburger Diskursveranstaltung vom 10. und 11. Februar 1989 sich umgekehrt mit den technischen Studienanteilen in den Geistes- und Sozialwissenschaften befaßte. Der hier vorgelegte Band dokumentiert beide Diskursveranstaltungen und enthält neben den erweiterten und überarbeiteten Papieren, die den Diskussionen zugrunde gelegen haben, auch noch schriftlich ausgearbeitete Voten einzelner Teilnehmer.

Der den *nichttechnischen Studienanteilen in den Ingenieurwissenschaften* gewidmete 1. Teil folgt dem Prinzip des *lokalexemplarischen* Aufbaus. Das „Braunschweiger Modell" bildet den Kern der 3 Grundsatzreferate von Zimmerli, Rebe und Duddeck. Die Voten von Mainzer, Schmidt-Tiedemann und Timmermann greifen einige der hier gegebenen Anregungen auf. Eine Rückkehr zum Exemplarischen nehmen die sich daran anschließenden Vorstellungen der unterschiedlichen Modelle vor, wie sie in Aachen (Henning), Darmstadt (Mayer), Wien (Horvat) und Zürich (Baggenstos/Imboden) praktiziert werden.

Der 2. Teil, der der Frage nach den *technischen Studienanteilen in den Geistes- uns Sozialwissenschaften* nachgeht, folgt dem Prinzip des *problem-exemplarischen* Aufbaus. Nicht einzelne Standorte, sondern Problemfelder, die sich für die Integration technischer Studienanteile besonders gut zu eignen scheinen, geben die Struktur für die Überlegungen vor: Mit dem Beispiel Technikgeschichte befassen sich die Beiträge von Wirtz und König, das Beispiel Informationstechnologie beleuchten die Überlegungen von Kuhlen, Müller-Merbach und Dörner sowie das Votum von Mainzer aus ihrer jeweils disziplinenspezifischen Perspektive. Um das Beispiel Technikfolgenabschätzung schließlich kreisen die Gedanken von Graf von Westphalen, Böhret, Detzer und Heyder, und zwar auch hier wieder aus durchaus unterschiedlicher fachlicher Perspektive.

Ein Fazit zu ziehen, fällt angesichts der Vielfalt der vorgelegten Ansätze und des sich in ihnen ausdrückenden Ideenreichtums zwar schwer. Dennoch darf aber eins festgehalten werden: Alle Teilnehmer beider Diskurse waren sich – nahezu einstimmig – darüber einig, daß die *Technologisierung* unserer Gegenwartswelt ein *nichtreduktionistisches Verständnis* von Technologie erforderlich macht, das sowohl gewisse Elemente geistes- und sozialwissenschaftlicher Ausbildung für Ingenieure als auch analog gewisse Elemente technisch-technologischer Ausbildung für Geistes- und Sozialwissenschaftler unabdingbar macht. Noch befinden wir uns in einer Übergangsstufe, die bei Gefahr den Rückzug auf klassisch-disziplinäre Auffangstellungen erlaubt, aber *die Zukunft wird einen neuen technologisch-integrativen Wissenstyp zu ihrem Normalfall haben.* Da werden dann die Hochschulen vorn sein, die es schon heute gemerkt haben! Ohnehin gilt: *Die Universität des 18./19. Jahrhunderts war eine der Geistes-, die des 19./20. Jahrhunderts eine der Naturwissenschaften. Die des 20./21. Jahrhunderts ist (und wird sein) eine der Sozial- und Technikwissenschaften.* Da ist denn nur zu hoffen, daß in dieser Gegenwart und Zukunft sich die einzelnen Disziplinen besser verstehen – und das heißt in diesem Falle: selbst korrigieren und relativieren – lernen. Mein Dank gilt der Gottlieb Daimler- und Karl Benz-Stiftung dafür, daß sie uns Gelegenheit und organisatorischen Rahmen geboten hat, hieran mitzuarbeiten!

Zwischen Braunschweig, Bamberg und Erlangen–Nürnberg, im März 1990

Walther Ch. Zimmerli

Inhaltsverzeichnis

I. Nichttechnische Studienanteile in den Ingenieurwissenschaften

I.1 *Grundsatzreferate* 3

Ingenieurausbildung an der Schwelle
zum technologischen Zeitalter *(W. Ch. Zimmerli)* . 3

Gedanken zu einer zeitgemäßen wissenschaftlichen
Ingenieurausbildung *(B. Rebe)* 24

Die fachübergreifende Ingenieurausbildung
am Beispiel Bauingenieurwesen *(H. Duddeck)* ... 42

I.2 *Voten* 58

Ganzheitliches Denken
und Ingenieurausbildung *(K. Mainzer)* 58

Aspekte der Technostruktur
(K. J. Schmidt-Tiedemann) 60

Plädoyer für ein integrales Studium
(M. Timmermann) 66

I.3 *Modelle* 71

Ein interdisziplinäres Zentrum für Mensch
und Technik: Das HDZ der RWTH Aachen
(K. Henning) 71

Haben sozial- und geisteswissenschaftliche Studien
in der Ingenieurausbildung eine Chance? *(E. Mayer)* . 84

„Nichttechnische" Studieninhalte an der Technischen
Universität Wien *(M. Horvat)* 99

Interdisziplinäre Ausbildung Mensch – Technik –
Umwelt für Elektroingenieure an der ETH Zürich
(H. Baggenstos, D. Imboden) 120

II. Technische Studienanteile in den Geistesund Sozialwissenschaften

II.1 Beispiel Technikgeschichte 129

Technik in Geisteswissenschaften:
Das Fach Geschichte *(R. Wirtz)* 129

Überblick über technikhistorische Lehrangebote
und Modelle *(W. König)* 138

II.2 Beispiel Informationstechnologie 148

Informationstechnische Potentiale –
nutzbar gemacht, auch für Geisteswissenschaftler,
in informationswissenschaftlicher Forschung und
Ausbildung *(R. Kuhlen)* 148

Gedanken über die Bestgestaltung eines
Universitätsstudiums *(H. Müller-Merbach)* 171

Psychologie, Naturwissenschaft
und die Informationstechnologie *(D. Dörner)* 196

Votum: KI und die wissenschaftstheoretischen
Paradigmen der Sozial- und Geisteswissenschaften
(K. Mainzer) 206

II.3 Beispiel Technikfolgenabschätzung 209

„Technisches Wissen" in der sozialwissenschaftlichen
Technikfolgenabschätzung?
(R. Graf von Westphalen) 209

Technikwissen für die
Technikfolgenabschätzung *(C. Böhret)* 219

Technischer Fortschritt und gesellschaftliche
Verantwortung *(K. A. Detzer)* 228

Zum Problem einer soziotechnischen Grundbildung
für Geistes- und Sozialwissenschaftler *(U. Heyder)* . 250

**Adressen der Diskussionsteilnehmer
und der Autoren** 283

Zum Ladenburger Diskurs 287

I. Nichttechnische Studienanteile in den Ingenieurwissenschaften

I.1 Grundsatzreferate

Ingenieurausbildung an der Schwelle zum technologischen Zeitalter
Grundsatzerwägungen zur veränderten Situation der zwei Kulturen

W. Ch. Zimmerli

Heißt es nicht den Bock zum Gärtner machen, wenn man einen Philosophen Grundsatzerwägungen über die Notwendigkeit einer gewandelten Ingenieurausbildung anstellen läßt? – Wäre es nicht angesichts der unübersehbaren Omnipräsenz neuer Technologien viel besser, umgekehrt die Ingenieure ein wenig die Geisteswissenschaften, die Sozialwissenschaften und die Philosophie reformieren zu lassen? Die folgenden Überlegungen dienen dem Zweck aufzuweisen, daß diese beiden Fragen a) von einem überholten Denkmodell ausgehen und b) trotzdem berechtigt sind. „Wie soll das zugehen?", wird man sich fragen. Die Antwort läßt sich in Form der meinen Ausführungen zugrundeliegenden These so formulieren:

> Gerade weil zutrifft, daß unsere Welt (einschließlich der Gesellschaft, der Politik und der Kultur) gleichsam technologisch „imprägniert" ist und gerade weil wir einsehen müssen, daß es sich hierbei um einen irreversiblen Prozeß handelt, da Technologisierung die evolutionäre Nische ist, in der Homo sapiens – wenn überhaupt – überleben kann, ist es dringlicher denn je, daß über diesen Zusammenhang nicht nur ingenieurwissenschaftlich nachgedacht wird und daß die Vertreter der anderen Wissenschafts- und Kulturbereiche sich seiner deutlich bewußt werden.

Man kann es auch anders ausdrücken: Je besser wir wissen, daß es in der technologisch werdenden Welt keine disziplinär zugeschnittenen „einfachen" Probleme gibt, desto wichtiger wird es, sich radikale, d. h. grundlegende Fragen nach der Funktionalität unserer herkömmlichen Weise, diese Probleme anzugehen, zu stellen. Dabei ist vordringlich der Ausbildung derjenigen, die sich in Zukunft mit diesen komplexen Problemen herumzuschlagen haben, Aufmerksamkeit zu widmen. Die Ingenieure sind dabei eine *wichtige,* aber eben nur *eine,* die Geistes-

und Sozialwissenschaftler sowie natürlich die Philosophen eine andere, ebenso wichtige Gruppe. Und eben diesen Zusammenhang verkennen nicht zuletzt jene Wissenschafts- und Bildungspolitiker, die meinen, den geschilderten Erfordernissen sei am besten dadurch Rechnung zu tragen, daß von nun an nach dem Muster einer Lösung, die ich als „früh-baden-württembergisch" (im Gegensatz zu „Späth-baden-württembergisch") bezeichnen möchte, alles auf die Karte neue Technologien gesetzt werde. Dagegen möchte ich festhalten: Dies ist mit Sicherheit ein ebenso falscher Weg wie der der Totalsoziologisierung der europäischen Kulturwelt, den in den 60er und 70er Jahren einige anzustreben schienen. Die technologische Welt ist von der Art, daß sie von rein ingenieurwissenschaftlich ausgebildeten Experten der neuen Technologien allein gar nicht bewältigt werden *kann*. Nicht zuletzt die vielfältigen Überlegungen im Kontext des Deus ex machina „Technikfolgenabschätzung" zeigen dies mit aller wünschenswerten Deutlichkeit.[1]
Nun ist es ja nicht so, daß ich der erste wäre, dem diese Gedanken gekommen sind: In der reichen Dschungellandschaft der Reformen und Gegenreformen der wissenschaftlichen Ausbildungsgänge aller möglichen Provenienz existiert ein großer Artenreichtum an Konzepten und Vorschlägen, wie man die ingenieurwissenschaftlichen Studiengänge (und nicht nur diese!) optimieren könnte.[2] Daß dabei auf dem Hintergrund der sich durchsetzenden Vorstellung eines „life-long learning" die Verkürzung der Erststudiendauer eine zentrale Rolle spielt, kann nur einem kurzsichtigen Quantitätsfetischismus wie ein Gegenargument gegen eine inhaltliche, d. h. qualitative Neuorientierung erscheinen. Daher soll auf diesen Punkt, über den ohnehin alle

---

[1] Vgl. etwa die seit langem andauernde Debatte im VDI, der sich dazu entschlossen hat, Richtlinien für „Empfehlungen zur Technikbewertung" von einem disziplinengruppenübergreifend zusammengesetzten Gremium erarbeiten zu lassen: Richtlinienentwurf „Empfehlungen zur Technikbewertung", hrsg. vom Ausschuß „Grundlagen der Technikbewertung" in der VDI-Hauptgruppe, Düsseldorf 1989; vgl. auch F. Rapp/M. Mai (Hrsg.), Institutionen der Technikbewertung. Standpunkte aus Wissenschaft, Politik und Wirtschaft, Düsseldorf 1989; R. Graf von Westphalen (Hrsg.), Technikfolgenabschätzung als politische Aufgabe, München 1988; aber auch von umgekehrter Fragerichtung her ders., „‚Technisches Wissen' in der sozialwissenschaftlichen Technikfolgenabschätzung?", in diesem Band, S. 209–218.
[2] Vgl. dazu H. Böhme (Hrsg.), Ingenieure für die Zukunft, Darmstadt/München 1980; H. Gräfen (Hrsg.), Die fachübergreifende Qualifikation des Ingenieurs. Anforderungen der Wirtschaft – Angebote der Hochschulen, Düsseldorf 1990.

anderen, erneut vordringlich aber alle Wissenschafts- und Bildungspolitiker, sprechen, hier nicht eingegangen werden. (Er hat – nebenbei bemerkt – etwa denselben Grad an argumentativer Fadenscheinigkeit wie das von einer ganz anderen Seite häufig vorgebrachte Bedenken gegen die Einführung von Computererstunterricht an allgemeinbildenden Schulen, man müßte dann die Schulzeit bis zum Abitur auf 14 Jahre verlängern ...)

Doch zurück zu den Ingenieurausbildungsreformdebatten. Ich fasse meine Bedenken diesen gegenüber in einer vereinfachenden und daher sicher unzulässig vergröbernden These zusammen:

Die Diskussion um die Ausbildung von Naturwissenschaftlern und Ingenieuren hat sich – historisch erklärbarerweise – in den letzten Jahrzehnten hauptsächlich von 3 nicht problemlos miteinander zu vereinbarenden Gedanken leiten lassen: von der Idee der Wissensvermittlung, der Idee der Berufsqualifikation und der Idee des gesellschaftlichen Auftrags. Alle 3 Leitbilder haben indes ihre Schwächen, die sich hauptsächlich aus den jeweiligen Einseitigkeiten der ihnen zugrundeliegenden Ansätze ergeben. Insbesondere fehlen dabei:
a) Gedanken über die fundamentale Veränderung der durch Naturwissenschaft und Technik geprägten Welt, die zu diesen sowohl im Input- als auch im Outputverhältnis steht;
b) Gedanken über die veränderte Situation und Aufgabe der Bildung im Zusammenhang der Ausbildung;
c) Gedanken über den Funktionswandel von Geistes- und Sozialwissenschaften;
d) integrative Modelle für die Umsetzung dieser Überlegungen im Rahmen der üblichen mitteleuropäischen Ausbildungsinstitutionen.

Das ist selbstverständlich ein massiver Desideratekatalog, und ich zögere nicht zuzugeben, daß ich mit den vorliegenden Überlegungen keineswegs alle 4 Postulate auch nur berühren, geschweige denn einlösen kann. Meine Gedanken sollen sich, da der 4. Punkt der für die meisten Interessierten wichtigste, weil operativ umsetzbare Punkt ist, ein wenig mit den ersten 3 Punkten beschäftigen, während der 4. durch eine Reihe von Berufeneren behandelt werden wird.[3] Ich werde im

---

[3] S. unten die Beiträge von Rebe, Duddeck, Henning, Mayer, Horvat und Baggenstos.

weiteren meinen eigenen Part in folgenden 3 Schritten zu spielen versuchen:
Zunächst möchte ich den institutionenhistorisch zugespitzten Ideenhintergrund umreißen, vor dem sich Ingenieurausbildung heute (de facto zur Hauptsache an technischen Universitäten, technischen Hochschulen und Fachhochschulen) ereignet. Dem soll in einem 2. Schritt eine Exposition der meine Überlegungen leitenden Annahme folgen, wir befänden uns derzeit in einem fundamentalen Wandel, den ich mit der Formel „Vom wissenschaftlich-technischen zum technologischen Zeitalter" begrifflich markieren will; dabei wird ein Seitenblick auf die in den letzten Jahren erneut aufgeflammte Debatte um die Funktion der Geisteswissenschaften im Kontext der ideologischen Funktion des Festhaltens an einem Denkmuster des 19. Jahrhunderts hilfreich sein, das die Wissenschaftswelt in dualistischer Manier aufgespalten hat, weswegen eine kritische Diskussion der Formel von den „zwei Kulturen" unabdingbar wird. Abschließend will ich auf das Verhältnis von Bildung und Ausbildung eingehen und auf das Konzept der integrativen Kooperation, das zum Braunschweiger Modell des Studium integrale geführt hat.

1. Ideengeschichtlicher Hintergrund

Noch existiert in den Archiven der Hochschulen und in gebildeten Köpfen eine vage Vorstellung darüber, wie es einmal dazu kommen konnte, daß nun alles so ist, wie es ist. Selbstverständlich will ich, wenn ich nun meinen Blick primär institutionenbezogen auf das wissenschaftshistorische Feld richte, weder behaupten, dies sei alles, was zu berücksichtigen wäre, noch auch, es sei dies eine erschöpfende Faktorenanalyse auch nur in dieser begrenzten Hinsicht. Trotzdem mag aber die Frage nach der Besonderheit der Herausbildung technischer Hochschulen im Sinne eines Namhaftmachens von Indikatoren ein gewisses Licht auf oft übersehene Wirkgrößen werfen.
Daß nämlich technische Ausbildung im Sinne und nach dem Vorbild wissenschaftlicher Ausbildung betrieben wird, ist angesichts der jahrtausendealten andersgearteten Vermittlung technischer Fähigkeiten nichts weniger als selbstverständlich. Wissen in Form von *kognitiven Gehalten* und Wissen in Form von *Können* haben nämlich bis weit in die Neuzeit hinein durchaus unterschiedliche Weitergabeformen gehabt, was sich auch in der Terminologie niedergeschlagen hat. Können im Sinne pragmatischen Wissens, das durch Meister-Lehrling-

bzw. Meister-Schüler-Beziehungen tradiert wird, ist griechisch „techne", lateinisch „ars" genannt worden und umfaßte, wenn man es geneaologisch betrachtet, die Vorstufen *sowohl* der heutigen Ingenieur- *als auch* der heutigen Geistes-, Sozial- und Naturwissenschaften. Diese wurden allerdings – und darin lag der Unterschied – als weitgehend zweckfrei betrachtet („artes liberales"), während jene zweckgebunden waren: Die „artes mechanicae" erlernte man nämlich zum Zwecke des Broterwerbs, sie waren Brotkünste, erfüllten damit den Tatbestand von Ausbildung zu einem Beruf und waren – Erbe feudaler bzw. sklavenhalterischer Verhältnisse – daher eines freien Menschen (d. h. damals: eines freien *Mannes,* sprich: eines *reichen* Mannes) nicht würdig.[4] Die einzige Zweckbindung, die etwa in der mittelalterlichen Universität die freien Künste hatten, war die, für das Studium der wirklichen Wissenschaften („scientiae"), nämlich der weitgehend normativen Disziplinen Theologie, Jurisprudenz und Medizin, vorzubereiten. Daß die Vorläufer von Natur- und Geisteswissenschaften in der philosophischen Artistenfakultät diese Funktion hatten, spiegelt sich bis in unser Jahrhundert hinein in der institutionellen Zusammenfassung dieser Disziplinen in der großen philosophischen Fakultät, die in Reliktposition noch an der einen oder anderen Universität existiert: In Zürich z. B. sind heute noch die Geistes- und Sozialwissenschaften in der Philosophischen Fakultät I und die Naturwissenschaften in der Philosophischen Fakultät II zusammengefaßt.

Was allerdings – und das vergißt man ebenfalls leicht – überhaupt erst zur neuzeitlichen Naturwissenschaft geführt hatte, war eine Verbindung dieser propädeutischen Disziplinen mit eben den schimpflichen „artes mechanicae", sowohl vom berufsständischen als auch vom ideellen Standpunkt aus. Die Renaissancekombination von mathematisch-physikalischem und handwerklichem Wissen wird im Begriff des Künstler-Wissenschaftlers (Leonardo da Vinci, Benvenuto Cellini u. a.) ausgedrückt und ist ein gegenwärtig gut untersuchter Gegenstand der historischen Wissenschaftsforschung (Stichwort „experimentelle Philosophie").[5] Aber selbst ein scheinbar so „reiner" Vertreter neuzeitlicher Wissenschaft wie Galileo Galilei ist nur durch die Kombination aus theoretischem und handwerklichem Wissen und Können erklärbar. Auch vom Ideenarsenal her zeigt die neuzeitliche Wissenschaft diesen Charakterzug. Sowohl in den Gründungsdokumenten der wichtigen

---
[4] Vgl. P. Sternagel, Die artes mechanicae im Mittelalter, Kallmütz 1966.
[5] Vgl. G. Böhme/W. v. d. Daele/W. Krohn, Experimentelle Philosophie. Ursprünge autonomer Wissenschaftsentwicklung, Frankfurt a. M. 1977.

Wissenschaftsinstitutionen (Académie des Sciences, Royal Society etc.) als auch im philosophischen Reflex dieser Zusammenhänge, etwa bei technikunverdächtigen Theoretisierern wie Francis Bacon und Descartes, findet sich die technisch-utilitaristische Zielbestimmung des neuen antiaristotelischen Wissenschaftstyps, mit seiner Hilfe solle gesellschaftlich nützliches, wissenschaftlich optimiertes technisches Wissen produziert werden.[6] Es gehört zu den eindrucksvollsten Fällen von Ironie des historischen Schicksals, daß zum Zwecke der Schaffung eines Freiraums zur Heranreifung des rudimentären neuen Wissenschaftspflänzchens ausgerechnet auf eben denselben Aristoteles zurückgegriffen wurde, den man durch es überwinden wollte, als man nämlich merkte, daß dieses das erwartete nützliche Wissen zu produzieren einstweilen noch gar nicht in der Lage war: „thaumazein" hatte Aristoteles den Antrieb und zugleich die Legitimation des Wissenwollens genannt, „curiositas", theoretische Neugierde, hieß es nun, und heißt es da und dort noch bis auf den heutigen Tag.[7]

Im 19. Jahrhundert verändert sich die Situation grundlegend. Die Wissenschaftsentwicklung in den dann auch explizit so bezeichneten „Naturwissenschaften" hatte im Kampf zwischen der holistischen romantischen Naturphilosophie bzw. Medizin und der auf das experimentelle Muster zurückgreifenden positivistischen Wissenschaftskonzeption zum Sieg der letzteren geführt (Liebigs Laboratorien in Deutschland und die Entstehung dessen, was wir „klinische Medizin" nennen, in Frankreich mögen als Beispiele genügen), und auf der anderen Seite war die Technik über ihr rein handwerkliches und Manufakturstadium hinaus in das Stadium beginnender Industrialisierung getreten. Zudem hatte die Verwissenschaftlichung der „artes mechanicae" begonnen, Frucht aufklärerischer Egalisierungstendenzen (vgl. *Encyclopédie des arts, des sciences et des métiers*), und ausgerechnet in Göttingen hatte der Kameralist und Philosoph J. Beckmann eine „Anleitung zur Technologie"[8] geschrieben, ein quasi Linnésches Klassifikationssystem der Handwerke und Künste (unter Einschluß etwa – ohne alle Anspielungskonnotationen sei es gesagt – auch solcher „Künste" wie der Kunst der Nachtwächter). Kurz: die Gleichstellung der

---

[6] Vgl. P. Mathias, Wer entfesselte Prometheus? Naturwissenschaft und technischer Wandel 1600–1800, dt. in: A. E. Musson (Hrsg.), Wissenschaften, Technik und Wirtschaftswachstum im 18. Jahrhundert, Frankfurt a. M. 1977, 83–112.

[7] Vgl. H. Blumenberg, Die Legitimität der Neuzeit, 3. Teil: Der Prozeß der theoretischen Neugierde, 1966, erweiterte und überarbeitete Neuausgabe Frankfurt a. M. 1973.

[8] J. Beckmann, Anleitung zur Technologie, Göttingen 1777.

Künste und der Wissenschaften schien sich anzukündigen. Und daher lag es aus Prestigegründen nahe, die nun bereits existierenden polytechnischen Schulen nach dem Muster dieses scheinbar neuen Wissenschaftstyps zuzuschneiden und zu technischen Hochschulen umzustrukturieren. (Auch hier mag ein residualer Terminus Indikatorfunktion ausüben: Das damals gegründete Polytechnikum, die heutige Eidgenössische Technische Hochschule in Zürich, wird von Insidern und im Volksmund immer noch liebevoll „Poly" genannt, der Platz vor dem Altbauhauptgebäude heißt sogar noch offiziell „Polyterrasse".) Daß der akademische Gleichberechtigungskampf auch damit nicht ausgestanden war, kann die dornenvolle Geschichte des Kampfes um den Ehrentitel eines Gelehrten, lateinisch „doctus", illustrieren. Und selbst als den technischen Hochschulen das Recht zur Verleihung der Doktorwürde zugestanden wurde, war es eben doch nicht dasselbe: Bis weit in unser Jahrhundert hinein mußte der so erworbene Doktortitel in Fraktur gedruckt werden zum Unterschied von dem „richtigen", in Antiqua gesetzten Titel!

Meine nächste These faßt diesen Hintergrundexkurs zusammen:

Die technischen Hochschulen des 19. Jahrhunderts, die institutionell hauptsächlich auf polytechnische Schulen zurückgingen, richteten sich in ihrem Ausbildungsprofil und ihrer spezifischen Zielrichtung nach der Wissenschaftssituation des 19. Jahrhunderts. Diese läßt sich vordringlich dadurch charakterisieren, daß sich das theoretisch-empiristische Paradigma in den Naturwissenschaften seit der Mitte des 19. Jahrhunderts gegenüber der romantischen Naturforschung und Medizin definitiv durchzusetzen beginnt und daß die nach dem an Hegel orientierten Wissenschaftsmodell parallel dazu anzusetzenden Geisteswissenschaften sich ein eigenes Methodenverständnis zu erarbeiten im Begriffe waren. Die Techniker- und Ingenieurausbildung, die sich auf der Stufe der Polytechnika noch als Vermittlung des Wissens in Form des Könnens nach dem Meister-Lehrling-Verhältnis verstanden hatte, orientiert sich nun zunehmend an dem wissenschaftlichen Methodenideal, was auch mit der objektiven Entwicklung nicht kollidiert, in der eine stärker werdende Kooperation zwischen Naturwissenschaft und Technik zu verzeichnen ist. Diese Entwicklung des 19. Jahrhunderts läßt die gemeinsame Wurzel von Geistes-, Natur- und Technikwissenschaften in Vergessenheit geraten, die darin besteht, daß sie als „artes liberales" oder „mechanicae" den dogmatischen Wissenschaften Theologie, Jurisprudenz und Medizin vor- und damit untergeordnet waren.

2. Technologisierung und das Vorurteil der „zwei Kulturen"

Im Versuch, den eigentlich zweckfrei gedachten „reinen" Wissenschaften nachzueifern, bildete sich also das heraus, was wir heute als ingenieur- und technikwissenschaftliche Ausbildung kennen. Die immer stärker werdenden naturwissenschaftlichen Anteile, zunächst ebenfalls im Sinne des propädeutischen Grundlagenwissens gedacht, erklären sich hieraus ebenso wie die – nach dem Vorbild der damals in der Tat beispielhaft fungierenden Freifachabteilung der ETH Zürich – bald überall eingeführten geisteswissenschaftlichen Fächer, die ihrerseits dem Versuch entstammten, ein wenig von der Idee zweckfreier Bildung aus der Humboldt-Universität in die berufsbezogenen Ingenieurausbildungsgänge einfließen zu lassen.[9] Und auch dies hat sich – weitgehend unverändert – bis heute in das Selbstverständnis der Institutionen wie der an ihnen professionell Lehrenden, Forschenden und Studierenden hinein gerettet. Noch in der nach dem 2. Weltkrieg aufgrund der Forderung der Kölner Rektorenkonferenz 1951 nun nicht nur an den technischen Hochschulen, sondern an allen Universitäten eingeführten Institution des Studium generale spiegelt sich dieser Gedanke – letzter Nachhall einer längst verlorenen, vielleicht so überhaupt nie realisierten Idee der Universität![10]
Denn die Entwicklung hatte de facto diesen Zustand längst hinter sich gelassen. Was sich vielmehr damals erst andeutete, von einigen Denkern aber bereits gesehen wurde (ich nenne hier nur den bei einigen verpönten Martin Heidegger), war jener Prozeß, der gegenwärtig überall sichtbar wird: der Prozeß der *Technologisierung*. Darunter verstehe ich die in ihren Folgen durchaus nicht immer segensreiche Einlösung jenes Leistungsversprechens der neuzeitlichen Wissenschaft, das ich erwähnt hatte, nun allerdings auf einer qualitativ neuen Ebene: Nicht mehr ist Wissenschaft – irgendwann einmal – auch fähig, Wissen zu produzieren, das technisch anwendbar wird, sondern die Trennung

---

[9] Vgl. dazu H. Baggenstos / D. Imboden, „Interdisziplinäre Ausbildung Mensch – Technik – Umwelt für Elektroingenieure an der ETH Zürich", in diesem Band S. 120–125.

[10] Vgl. dazu E. Anrich (Hrsg.), Die Idee der deutschen Universität. Die fünf Grundschriften aus der Zeit ihrer Neubegründung durch klassischen Idealismus und romantischen Realismus, Darmstadt 1964; H. Schelsky, Einsamkeit und Freiheit. Idee und Gestalt der deutschen Universität und ihrer Reformen, Reinbek 1963; Verf., Technologie, Ethik und die Idee der Universität, in: Carola Wilhelmina Mitteilungen der Technischen Universität Braunschweig, Jg. XXIV, H. 2 (1989), 35–41.

zwischen Technik und Wissenschaft verschwindet tendenziell selbst. Gegenwärtig ist der Regelfall der, daß die reinen Wissenschaften technisiert und die technische Anwendung verwissenschaftlicht ist, ja: die neuen paradigmatisch fungierenden Wissenschaften sind bereits Hybridbildungen aus Technik und Wissenschaft und heißen deswegen zu Recht auch bereits „Technologien". Die – wie ebenfalls bereits erwähnt – überall diskutierten neuen Technologien sind hier nur die Spitze des Eisberges, und ihre Entwicklung, Erforschung und Weitergabe in der Ausbildung ist auch längst nicht mehr auf die technischen Hochschulen beschränkt; sie haben schon lange ihre Zentren auch in den klassischen Universitäten. Aber nicht nur die Bildungs- und Ausbildungsinstitutionen, sondern auch die Lebenswelt wird zunehmend technologisiert. Von der technologischen Kolonialisierung der Lebenswelt sprechen heute auch nicht mehr nur Frankfurter Sozialphilosophen, sondern sie ist, von der rechnergestützten Verwaltung über das Bankenwesen und die Automobiltechnologie bis zur gentechnisch verfahrenden Biotechnologie zwecks Insulinherstellung u.a. in nahezu alle Lebensbereiche hinein diffundiert.

Auf der anderen Seite hat dies nun aber auch einen anwachsenden Legitimationsdruck auf die Geistes- und Sozialwissenschaften ausgeübt. Wenn der technologische Wissens- und Wissenschaftstyp nicht nur die Natur- und Technikwissenschaften, sondern auch die Lebenswelt zu durchdringen beginnt – und dies läßt sich besonders deutlich am Beispiel der kulturverändernden Kraft der Computertechnologie demonstrieren –, dann stellt sich in der Tat die Frage nach Rolle und Funktion der Geistes- und Sozialwissenschaften in einer ganz neuen Art und Weise. Daher ist es denn auch nichts weniger als verwunderlich, daß die nach den 60er Jahren scheinbar zur Ruhe gekommene Diskussion um die Geistes- und Sozialwissenschaften nun in den 80er Jahren wieder erneut aufflammt, ausgelöst u.a. von durchaus handfesten Problemen, die sich z.B. im Zusammenhang der Prioritätensetzung in der Finanzierung der verschiedenen Disziplinengruppen an unseren Hochschulen und der ihnen gewidmeten Politik oft nach dem Motto „Austreibung des Geistes aus den Wissenschaften" oder „künstliche Intelligenz statt historischer Bildung" u.ä. stellten.[11]
Nicht nur in dieser eher defensiven, sondern auch in anderer Hinsicht ergibt sich die Notwendigkeit einer Neubestimmung der Geistes- und

---

[11] Vgl. dazu vom Verf., Künstliche Intelligenz statt geistiger Kultur? Wissenschaftspolitik, Bildung und gefährdete Zukunft, in: 100 Jahre Göttinger Tageblatt. Jubiläumsausgabe, 16.9.1989, 52f.

Sozialwissenschaften. Die technologische Wendung, die aus dem Zusammenwachsen von Natur- und Technikwissenschaften resultierte, hatte nämlich auch zum Ergebnis, daß eine alte, mit dem neuzeitlichen Wissenschaftsideal der „curiositas" gekoppelte Illusion preisgegeben werden mußte: Naturwissenschaftlich angeleitete Technik und technisierte Naturwissenschaft *lösten* in ihrem Ineinanderwirken, wie sich herausstellte, nicht nur Probleme, sondern *schufen* auf dem Wege der nichtintendierten Folgen zugleich auch eine Unzahl von *neuen* Schwierigkeiten. Damit aber mußte die Hoffnung fahrengelassen werden, daß die „wissenschaftliche Weltanschauung" letztlich auch alle Sinn- und Wertfragen beantworten werde. Allzu deutlich war geworden, daß dies bis in handgreifliche Unzuträglichkeiten der Effekte von Verwissenschaftlichung der Technik und Technisierung der Wissenschaft hinein eben gerade nicht der Fall war. Und so wird denn allenthalben der Ruf nach „Orientierungswissen", „Ethik", „Verantwortung" etc. laut, und liefern sollen dies alles – die Geistes- und Sozialwissenschaften, unter denen vordringlich in den letzten Jahren die Philosophie wieder gefragt ist.[12]

Als eine Art von Zwischenbilanz halte ich das Entwickelte in einer nächsten These fest:

Die objektiven Verhältnisse haben sich von dem zweiten Drittel des 19. Jahrhunderts bis heute drastisch verändert. Was mit dem Stichwort „Übergang vom wissenschaftlich-technischen zum technologischen Zeitalter" im Blick steht, ist eine sukzessive gegenseitige Durchdringung von Naturwissenschaft und Technik, dann aber auch von Technik und Lebenswelt. Die teils hitzige Debatte über die Funktion der Geistes- und Sozialwissenschaften, wie sie in den letzten Jahren geführt worden ist, ist – nolens volens – ein Indikator für dieses Faktum. Zu bemerken ist nur, daß nahezu alle Beteiligten sich über ihre eigene Funktion und über diejenigen der anderen zu täuschen scheinen.

---

[12] Vgl. Bundesminister für Bildung und Wissenschaft (Hrsg.), Neue Technologien und die Herausforderung an die Geisteswissenschaften. Schriftenreihe Studien zu Bildung und Wissenschaft Bd. 54, Bonn 1987; H. Lenk, G. Ropohl (Hrsg.), Technik und Ethik, Stuttgart 1987; Verf., Ethik der Wissenschaften als Ethik der Technologie. Zur wachsenden Bedeutsamkeit der Ethik in der gegenwärtigen Wissenschaftsforschung, in: P. Hoyningen-Huene, G. Hirsch (Hrsg.), Wozu Wissenschaftsphilosophie?, Berlin/New York 1988, 391–418; Warum ist Philosophie so gefragt, Professore Eco?, Interview von Peter Rogalewski und Bettina Dürr, in: Frankfurter Allgemeine Magazin, 43. Woche, H. 504 (27.10.1989), 150f.

Mit der letzten Bemerkung meine ich, daß es alte Vorurteile gibt, die die Einsicht in diese Zusammenhänge und das sich aus ihnen Ergebende verstellen. Insbesondere die Vorstellung, Natur- und Ingenieurwissenschaften stünden den Geistes- und Sozialwissenschaften feindlich gegenüber, herrscht – oft wider besseres Wissen – offenbar immer noch vor. Einige der in diesem Zusammenhang gängigen Stereotype seien im folgenden wenigstens genannt und – wo möglich – zurechtgerückt.

Oft hören wir in der Diskussion zwischen Geistes- und Sozial- sowie Natur- und Ingenieurwissenschaften, eigentlich handele es sich vordringlich um ein gegenseitiges Sprach- oder Verständigungsproblem. Zumal die Natur- und Ingenieurwissenschaftler beharren oft darauf, es sei nahezu unmöglich, die Geisteswissenschaftler zu verstehen, und seit den 60er Jahren wird das stärker auf die Sozialwissenschaftler bezogen: „Wirkliche" Geisteswissenschaftler seien nämlich die, die eine Sprache beherrschten, die man zwar nicht verstehe, die aber mindestens bildungsfördernd sei (oder gewesen sei), nämlich Griechisch, während die Sozialwissenschaftler die seien, die eine Sprache sprächen, die man nicht verstehe und die bildungshindernd sei, nämlich Soziologenchinesisch. Umgekehrt sagen die Geistes- und Sozialwissenschaftler häufig von den Natur- und Ingenieurwissenschaftlern, sie seien in ihrem Horizont zu eng, sie sähen nicht, worauf es eigentlich ankomme, und, was die Sprache betrifft, sie sprächen in einer Sprache, die unverständlich und unmenschlich, weil mathematisch sei. – Nun kann keine Frage sein, daß eine Klage über die sprachliche Kluft zwischen den wissenschaftlichen Disziplinengruppen, so berechtigt sie sein mag, immer zu kurz greifen muß, wenn sie verlangt, alle sollten eine Art wissenschaftlicher Einheitssprache sprechen, sozusagen ein Wissenschaftsesperanto. Daß dies nicht funktionieren kann, darf spätestens seit dem Scheitern des Physikalismus als gesichert gelten. Die statt dessen anzusetzende „Therapie der Wahl" ist vermutlich deswegen so schwer zu finden, weil sie so naheliegend ist: Ebenso wie es, um Menschen aus fremden Ländern zu verstehen, günstig ist, deren Sprache zu erlernen, ebenso wird man sich im real existierenden Wissenschaftspluralismus Kenntnisse in den Sprachen einiger anderer Fächer aneignen müssen. Zudem wirkt weiterhin noch die Unterscheidung vorurteilsbildend, die diesen beiden Wissenschaftsgruppen ursprünglich den Namen gab, nämlich die Unterscheidung nach Maßgabe der Gegenstandsbereiche: *Geist* und *Natur*. Die Naturwissenschaften, so kann man hören, befaßten sich mit dem materiell-körperlichen Bereich und mit dem, was diesen „im Innersten" zusammenhalte, während die Geisteswissen-

schaften sich mit dem Bereich des Denkens und seiner Produkte befaßten, also sowohl mit dem „subjektiven Geist", d. h. mit dem, was in jedem von uns passiert, wenn wir denken und fühlen, als auch mit dem „objektiven Geist", d. h. mit dem, was uns als Produkt dieses Geistes in Form von Geschichte und Kultur vorliegt. Diese Differenz wird (übrigens erst seit den 50er Jahren unseres Jahrhunderts) als die der „zwei Kulturen" bezeichnet,[13] und diese sollen – so lautete die stereotypbildende Annahme von C. P. Snow – nicht nur die Wissenschaften, sondern unsere ganze gesellschaftliche Kultur in 2 Teilbereiche zertrennen. C. P. Snows Kriterium ist bekanntlich die Kenntnis des 2. Hauptsatzes der Thermodynamik: Wer ihn kennt, ist ein Natur-, wer ihn nicht kennt, ist ein Geisteswissenschaftler. Man könnte das allerdings auch erweitern: Wer den 2. Hauptsatz der Thermodynamik auch auf Elemente der Kultur anwendet, der ist ein Natur- und wer seine Unkenntnis des 2. Hauptsatzes auch auf Elemente der Natur anwendet, ist ein Geisteswissenschaftler.[14] (Ich sage nicht, das sei so, ich sage nur: Dies ist ein weiteres Vorurteil, das wir in unserem Arsenal von Vorurteilen so mit uns schleppen!)
Dagegen behaupte ich, daß sowohl die Vorstellung, es handle sich bei Natur- und Geisteswissenschaften um zwei strikt getrennte Wissenschaftsgruppen, als auch die darauf aufbauende Ansicht, unsere Gesellschaft zerfalle notwendigerweise immer mehr in die zwei Kulturen der natur- und der geisteswissenschaftlich Gebildeten, ihrerseits auf Vorurteilen des 19. Jahrhunderts beruhen und – das ist nun die stärkere Behauptung – *falsch* sind. Zum einen sind es nämlich, wie ich auch schon immer unterstellt hatte, längst mindestens *vier* Kulturen geworden (Geistes-, Sozial-, Natur- und Ingenieurwissenschaften), zum anderen werden diese aber gegenwärtig durch den Technologisierungsschub, dem sie unterliegen, de facto in einer Art gegenläufiger Tendenz zugleich auch wieder geeint.
Ich will nicht versäumen zu erwähnen, daß diese Unterscheidung immer auch vorurteilshafte politische Implikationen hat: Im Regelfalle gelten die, die den 2. Hauptsatz der Thermodynamik verstehen, ihn aber auf alles anwenden, auch auf das, worauf er nicht anzuwenden ist, als politisch rechts. Und umgekehrt kann man von diesen wiederum

---

[13] Vgl. C. P. Snow, Die zwei Kulturen, 1959, dt. Stuttgart 1967.
[14] Vgl. als Exempel einer naturwissenschaftlich-technischen Hypostasierung des 2. Hauptsatzes der Thermodynamik K. Knizia, Das Gesetz des Geschehens. Gedanken zur Energiefrage, Düsseldorf und Wien 1986; dazu kritisch vom Verf., Ein lang gesuchter Stein des Weisen. Ein physikalisches Gesetz reicht als Begründung nicht aus, in: Die Zeit, Nr. 14, 27. 3. 1987, 42f.

hören: Es ist ja kein Wunder, daß die Studierenden der Geistes- und Sozialwissenschaften immer auf der anderen Seite des Zaunes in Brokdorf o. ä. stehen, denn natürlich sind das auch Leute, die der anderen Kultur anhängen und gar nicht verstehen, was auf dieser Seite des Zaunes wirklich passiert. Ich will nicht bestreiten, daß darin ein Körnchen Wahrheit liegen kann, da sehr viele Menschen gegen alles sind, was sie nicht verstehen, weil sie es nicht verstehen. Aber die Verallgemeinerung gehört ebenfalls in den Bereich der Stereotype.

Nun gibt es – insbesondere in jüngster Zeit – erfreulicherweise eine ganze Reihe von Versuchen, die Differenz zwischen den „Kulturen" abzubauen. Bei 2 von diesen Versuchen befürchte ich allerdings, daß sie das Böse mit Schlimmerem austreiben, nämlich beim Konvergenz- und beim Kompensationsmodell des Verhältnisses der zwei Kulturen.

Das *Kompensationsmodell* ist 1985 an der Bamberger Jahresversammlung der Westdeutschen Rektorenkonferenz durch meinen Fachkollegen Odo Marquard wirkmächtig formuliert und seither oft wiederholt worden.[15] Bei diesem Modell, dessen Hauptthese er übrigens von seinem Lehrer Joachim Ritter übernimmt, geht Marquard davon aus, daß wir stets in Gleichgewichtszuständen zu denken pflegen: Immer wenn auf einer Seite ein Übergewicht existiert, wächst auf der anderen Seite das Gegengewicht. Bezogen auf die Natur- und Geisteswissenschaften hieße das: Je naturwissenschaftlicher (sprich: moderner) die Welt wird, desto unvermeidlicher werden die Geisteswissenschaften. Das Modell geht also von der Annahme aus, daß die naturwissenschaftlich geprägte moderne Kultur ihrerseits nicht vollständig sein könne und daß sie selbst deswegen immer ihre Ergänzung durch die Geisteswissenschaften erforderlich mache.

Das *Konvergenzmodell* auf der anderen Seite besagt, daß Natur- und Geisteswissenschaften letztlich auf dasselbe hinauslaufen, und es wird, ebenfalls sehr wirkmächtig, von Carl Friedrich von Weizsäcker in seiner These von der „Einheit der Natur" sowie neuerdings auch von Prigogine und anderen vertreten.[16] Diese These ist – so behaupte ich –

---

[15] O. Marquard, Über die Unvermeidlichkeit der Geisteswissenschaften, 1985, wiederabgedruckt in ders., Apologie des Zufälligen, Stuttgart 1986, 98–116.
[16] C. V. von Weizsäcker, Die Einheit der Natur, 1971, 5. Aufl. München 1986; I. Prigogine, I. Stengers, Dialog mit der Natur. Neue Wege naturwissenschaftlichen Denkens, München 1981; E. Scheibe, Gibt es eine Annäherung der Naturwissenschaften an die Geisteswissenschaften, in: Universitas, 42. Jg., Nr. 488, H. 1 (Januar 1987), 5–17; zu diesen Modellen vgl. vom Verf., Naturwissenschaften und Geisteswissenschaften – zwei getrennte Kulturen? Editorial, ebd. 1–4.

ebenso wie die These von der politischen Konvergenz zwischen Ost und West oder wie die Kompensationsthese eigentlich eher eine *normative* oder programmatische These. Was Marquard mit der Kompensationsthese meint, ähnelt ein wenig dem sprichwörtlichen Pfeifen im dunklen Walde, d. h. es ist Ausdruck der Hoffnung, daß die Modernisierungsprozesse *ohne* Geisteswissenschaften zum Glück so schlecht enden werden, daß man schon wieder nach den Geisteswissenschaften rufen werde. Auch die Konvergenzthese weist auf einen Sollzustand hin und beschreibt keineswegs den Istzustand. Von Konvergenz ist nämlich gerade gegenwärtig kaum etwas zu sehen. Es sieht vielmehr so aus, als ob zwar die Notwendigkeit wachse, geistes- und sozialwissenschaftliches Wissen im Rahmen einer technologisch geprägten Kultur zu unterstützen, aber de facto bis auf einige noch zu diskutierende Ausnahmen immer weniger dafür getan werde.

Beiden Modellen mangelt es an etwas: Das *Kompensationsmodell* operiert mit der Vorstellung einer beschnittenen „Freizeitgeisteswissenschaft": Tagsüber arbeiten wir hart, sprich: naturwissenschaftlich, abends weich, sprich: geisteswissenschaftlich. Außerdem enthält dieses Modell zusätzlich den Fehler, sich eigentlich gar nicht auf die Geisteswissenschaften, sondern auf deren Gegenstände, nämlich die kulturellen Objektivationen des Geistes zu beziehen. Kurz: das Kompensationsmodell kann nicht nur theoretisch nicht stimmen, es ist darüber hinaus auch pragmatisch irreführend, weil es dazu verlockt zu sagen: Also brauchen wir nichts für die Geistes- und Sozialwissenschaften zu tun, denn das Ungleichgewicht wird sich schon von selbst ausgleichen, die Kompensation wird sich einstellen. Immer dann nämlich, wenn gefragt wird: „Was tut Ihr denn für die Geistes- und Sozialwissenschaften?", kann erwidert werden: „Die Geistes- und Sozialwissenschaften sorgen für sich selbst", denn – Hölderlin und Heidegger lassen grüßen – „wo ... Gefahr ist, wächst das Rettende auch."[17] Das *Konvergenzmodell* dagegen leidet an der Schwäche, daß es immer nur die Entwicklungslinien, nicht aber den Inhalt der Geistes- und Naturwissenschaften betrifft: Was *in* den Geisteswissenschaften und *in* den Naturwissenschaften selbst passiert, wird durch dieses Modell überhaupt nicht getroffen; d. h. die Überbrückung der (fälschlicherweise behaupteten) Kluft zwischen den zwei Kulturen wird ebensowenig geleistet, wie durch die Anhänger der politischen Konvergenzthese bisher irgend-

---

[17] F. Hölderlin, Patmos. Dem Landgrafen von Homburg, Sämtliche Werke, hrsg. von F. Beissner, Stuttgart 1951 ff., Bd. 2/1, 165; M. Heidegger, Die Frage nach der Technik, 1955, wiederabgedruckt in: ders., Die Technik und die Kehre, 5. Aufl. Pfullingen 1982, S. 28, 35.

etwas im sich auf anderem Wege rasant ereignenden Ost-West-Ausgleich geleistet worden wäre. Es muß also – und das ist die Konsequenz, die ich hieraus ziehe – ein Verhältnis zwischen Natur- und Ingenieur- sowie Geistes- und Sozialwissenschaften angenommen werden, das die Vorzüge des Kompensationsmodelles mit den Vorzügen des Konvergenzmodelles verbindet, ohne die Nachteile von beiden zu haben. Das so geforderte Modell nenne ich das „*Integrationsmodell*".

Bevor ich darauf näher eingehe, stelle ich diesen Zusammenhang – erneut thesenhaft – wie folgt dar:

Das hartnäckige Fortleben der Vorstellung, es ließen sich Natur- und Ingenieurwissenschaften weiterhin von Geistes- und Sozialwissenschaften sowie Lebenswelt isolieren, hat viele Gründe. Am ehesten leuchtet eine funktionelle Erklärung ein: Zur Ausübung der eigenen Tätigkeit und d. h. zur Aufrechterhaltung des eigenen Selbstverständnisses und damit zur Konstitution einer sowohl individuellen als auch kollektiven Identität ist bekanntlich die Bildung von Auto- und Heterostereotypen notwendig. Der bereits im Neukantianismus durch eine Methodendifferenzierung zwischen den nomothetischen Natur- und den idiographischen Geisteswissenschaften formulierte erkenntnistheoretische Wissenschaftsdualismus vermag diese Funktion desto besser auszuüben, je weiter die Beschränkung auf den wissenschaftsinternen Bereich überschritten werden kann. Diese Ausweitung ist in der Nachkriegszeit wirkmächtig durch C. P. Snows These von den „zwei Kulturen" geleistet worden, die als Exempel positiver Verstärkung durch Ideologie die von ihr beschriebene Kluft in der Gesellschaft großenteils erst hervorgebracht hat. Weder das Kompensations- noch das Konvergenzmodell sind nun allerdings in der Lage, diese Kluft zu überbrücken. Dies zu leisten ist – wenn überhaupt – nur das Integrationsmodell imstande.

3. Ausbildung als Bildung: Aspekte des Integrationsmodells

Wenn wir uns an das Ergebnis unserer Überlegungen zu Rolle und Funktion der Geisteswissenschaften in der Ausbildung von Ingenieuren erinnern, so legt sich wohl die Bestimmung nahe, ihr Zweck sei es früher gewesen, den Ingenieuren eine gewisse, wenn auch rudimentäre Allgemeinbildung „auf den Weg zu geben". Mit der Bildung ist es nun allerdings eine schwierige Angelegenheit: Genau genommen handelt es sich nämlich bei Bildung gar nicht um etwas, was man erwerben und danach besitzen könnte; Bildung ist vielmehr ein Zustand, in dem man sich befindet, die „Gestaltung des menschlichen *Gesamt*seins", nach einer Formulierung des Phänomenologen Max Scheler. Und von diesem stammt auch jene schöne exemplarische Bestimmung von Bildung, die ich immer wieder gern zitiere: In seinem Aufsatz über „Die Formen des Wissens und die Bildung" läßt Max Scheler 1925 einen fiktiven klugen Mann sagen, gebildet sei „der, dem man nicht anmerkt, daß er studiert hat, wenn er studiert hat; und dem man nicht anmerkt, daß er nicht studiert hat, wenn er nicht studiert hat."[18] „Ausbildung" dagegen ist eine mehr auf die berufliche Qualifikation bezogene Form von spezifizierter Bildung und steht deswegen auch nicht eigentlich im Gegensatz zu „Bildung", sondern eher zu „Allgemeinbildung". Allgemeinbildung hat nicht die Aufgabe, auf etwas Bestimmtes hin zu qualifizieren und ist mithin in der Tat die Grundbildung, die die Nachfolge der „artes liberales" angetreten hat.

Daher könnte man nun, in Fortschreibung der bisher skizzierten Linie, die Meinung vertreten, Geistes- und Sozialwissenschaften an technischen Universitäten hätten – wie weiland die Geisteswissenschaften an den technischen Hochschulen – eigentlich die Funktion, allgemein zu bilden, also gleichsam den unspezifischen Hintergrund zu liefern, damit aus den hochschulisch Auszubildenden nicht nur die jeweils hochschulisch Ausgebildeten – also etwa Maschinenbauingenieure oder Bauingenieure, sondern eben *allgemeingebildete* Maschinenbauingenieure oder Bauingenieure werden. Meine historischen Analysen versuchten nun allerdings zu zeigen, daß diese Vorstellung einer Zeit entstammt, die die Abtrennung von Ingenieurausbildung und den Natur- ebenso wie den Geisteswissenschaften voraussetzte und daß diese Vorstellung folglich heute keineswegs mehr zeitgemäß ist. Vielmehr behaupte ich, daß die Geistes- und Sozialwissenschaften heute nicht bloß Elemente der Allgemeinbildung, sondern Elemente der *Ausbildung* von Ingenieuren sein müssen. Und weil diese Ausbildung – Stichwort „lifelong-learning" – nicht mit einer bestimmten Verweildauer an der Institution Hochschule oder Universität abgegolten sein

---

[18] M. Scheler, Die Formen des Wissens und die Bildung, 1952, Gesammelte Werke, Bd. 9, Bern/München 1976, 108; vgl. hierzu und im folgenden auch vom Verf. „Bildung oder Ausbildung? Geistes- und Sozialwissenschaften in einer technologischen Zivilisation", in: F. Heckmann (Hrsg.), Zur Bildung öffentlicher Verantwortung an der Hochschule, Essen 1988, 174–199.

kann, behaupte ich darüber hinaus, daß diese spezifische Ausbildung, die in sich nicht nur den ingenieurwissenschaftlichen Teil, sondern schon seit langem die Naturwissenschaften und nun auch die Geistes- und Sozialwissenschaften enthält, ihrerseits zu dem gehört, was wir mit Max Scheler „Bildung" nennen können. Ausbildung dieser Ausrichtung ist also – dies ist Resultat des Strukturwandels unseres Ausbildungs- und Bildungssystems – gegenwärtig etwas, was zur Bildung, zur Gesamtbildung mit hinzugehört und nicht im Gegensatz zu ihr steht. Man könnte Max Schelers exemplarische Definition etwas anders pointieren und sagen: Gebildet in diesem Sinne ist jemand, der an einer technischen Universität studiert hat, wenn man ihm nachher nicht anmerkt, daß er an einer *technischen* Universität studiert hat. Und man müßte umgekehrt – dies sei den technophoben Geistes- und Sozialwissenschaftlern ins Stammbuch geschrieben – ergänzen: ... und dem man nicht anmerkt, daß er nicht an einer *technischen* Universität studiert hat, wenn er nicht an einer technischen Universität studiert hat.

Wenn aber die Geistes- und Sozialwissenschaften, wie ich behaupte, Element der Ingenieur*ausbildung* und nicht nur ihrer *Allgemein*bildung sein sollen, dann bedeutet dies a fortiori, daß sie nicht bloß kompensatorisch sein können. Das wiederum heißt in methodischer Hinsicht, daß sie nicht bloß in einem interdisziplinären Aufsattelungsverfahren zu den ingenieur- und naturwissenschaftlichen Disziplinen hinzuaddiert werden dürfen. Die Formel, die ich dafür geprägt habe, lautet daher denn auch: „*Transdisziplinär-integrativ statt interdisziplinär-additiv!*"[19] Das heißt ganz konkret, daß die geistes- und sozialwissenschaftlichen Wissensanteile *in* die Curricula der Ingenieure integriert werden müssen. Nicht irgendwo, sondern in ihrem konkreten täglichen Arbeiten begegnen den Ingenieuren die Gesellschaft und die Kultur, mit der sie sich auseinanderzusetzen haben. Der Grund dafür ist, daß nicht nur den Ingenieuren, aber ihnen vordringlich bewußt wird, daß die konkreten Probleme der technologisch gewordenen Zivilisation komplex sind; kein einziges der zu lösenden Probleme läßt sich länger rein disziplinär-ingenieurwissenschaftlich begrenzen. Dies ist das, was Jürgen Mittelstraß die „Asymmetrie von Problementwicklung und diszi-

---

[19] Vgl. dazu vom Verf., Von der Disziplinlosigkeit zur Kulturlosigkeit? Gefahren neuer Programme zur Vermeidung der Gefahren alter Programme, in: Marksteine: Universitas 500, 43. Jg. (Januar/Februar 1988), 4–11; ders., Einheit oder Vielheit der Kulturen? Geistes- und Naturwissenschaften in einer techno-logischen Welt, in: Physikalische Blätter, 44. Jg., H. 3 (März 1988), 57–62.

plinärer Entwicklung" nennt.[20] Daß die *technisch* beste Lösung u. U. keineswegs gut ist, ist alltäglich und geläufig; daß aber auch die technisch und ökonomisch beste Lösung u. U. gesellschaftlich, moralisch und/oder ökologisch schlecht sein und daher auch nicht als die „*technologisch* beste Lösung" betrachtet werden kann, dies müssen wir erst langsam lernen. Das Stichwort „Internalisierung externer Kosten" versucht, dies in ökonomischer Hinsicht auszudrücken; die Rede von der „Sozialverträglichkeit", „Umweltverträglichkeit", „Verfassungsverträglichkeit" oder „Zukunftsverträglichkeit" beleuchtet weitere Facetten desselben Lernvorgangs. Man braucht sich nur einmal einige der Fragen anzusehen, mit denen disziplinenübergreifende Technologie heute zu tun hat, von Straßenverkehrsplanung über „künstliche Intelligenz" oder Technikfolgenabschätzung bis zur Entsorgung in großen Energiesystemen oder zur Reinhaltung von Wasser und Luft bzw. zu dem, was wir unter das Stichwort „Klimakatastrophe" subsumieren etc., und es wird deutlich, daß keines dieser Probleme mit ingenieurwissenschaftlichen Mitteln allein gelöst werden kann.

Nun scheint die Alternative in der integrativen Ausbildung von Generalisten zu bestehen. Und so drängt sich denn die bange Frage auf, ob wir – angesichts all der abschreckenden Beispiele aus Wissenschaft und Politik – in der Tat nur noch Generalisten wollen? – Die Antwort auf diese eher rhetorische Frage muß natürlich ein klares „Nein" sein. Die fachlich-disziplinäre Spezialistenqualität muß, so zeigt schon eine einfache Überlegung, exzellent sein, damit die disziplinenübergreifende Qualität gut sein kann; da aus nichts bekanntlich nichts wird, gilt auch, daß die Wirkung nicht mehr Qualität haben kann als die Ursache. (Damit soll nicht geleugnet werden, daß die Wirkung eine *andere* Qualität haben kann als die Ursache, dies bedarf aber der Erfüllung spezifischer Bedingungen!) Außerdem ist die disziplinäre Verortung auch unter Gesichtspunkten einer beruflichen Karriere die unabdingbare Voraussetzung für Wissenschaftler. Die Tatsache, daß es immer einige (wenige) geniale Begabungen gibt, die diesen Betrieb der normalen Wissenschaft durchbrechen, ist kein Gegenargument, sondern stützt diese Überlegung: Sie sind eben deswegen die Ausnahmen, weil sie nicht die Regel sind!

---

[20] J. Mittelstraß, Wohin geht die Wissenschaft? Über Disziplinarität, Transdisziplinarität und das Wissen in einer Leibniz-Welt, in: Konstanzer Blätter für Hochschulfragen, 26/H. 1–2 (1989), 97–115, zit. 105.

Mithin muß das Ausbildungssystem so strukturiert sein, daß die Studierenden Einblick in das Netz verschiedener disziplinärer Aspekte erhalten können, ohne ihr eigenes disziplinäres Standbein damit zu schwächen. In diesem Fall läßt sich für einmal etwas von der Medizinerausbildung lernen: Diese umfaßt nicht deswegen so viele Disziplinen, weil alle Mediziner Generalisten und Allgemeinpraktiker werden sollen, sondern der gute Sinn dessen, daß ein Mediziner, der später ein Spezialist für Thoraxchirurgie wird, im Laufe seines Studiums Kenntnisse z. B. der Ophthalmologie oder der Sozialmedizin oder der Psychiatrie erwirbt, liegt darin, daß er auf diese Weise erfährt, welche Spezialkenntnisse es gibt, die er selbst *nicht* hat. Anders gesagt: Der Wert der integrativen fachübergreifenden Ausbildung des Ingenieurs in nichttechnischen Fächern liegt weder darin, daß er nun zum Generalisten noch auch darin, daß er auch in diesen anderen Disziplinen zum Spezialisten gemacht würde; die Funktion ist vielmehr umgekehrt die negative, den Ingenieur von dem Irrglauben abzuhalten, alles selber machen zu können. Zu lernen, wo die eigene Kompetenz auf ihre Grenzen stößt, ist allerdings nur die eine Hälfte des nötigen Wissens; zu wissen, wen man fragen muß, um hier weiter zu kommen, ist die andere.

Nun sind dies alles schöne und mit Sicherheit erstrebenswerte Ziele. Allerdings fragt sich, in welcher Weise man angesichts explodierender Wissensbestände und Studentenzahlen sowie des allgemeinen Zwangs zur Studienzeitverkürzung diese Postulate soll realisieren können? – Einigkeit herrscht sicherlich darüber, daß dies nicht durch eine erneute Erhöhung der Stundenzahl für die Studierenden geschehen sollte. Von außen wird außerdem genügend Druck in Richtung darauf erzeugt, daß dies alles möglichst kostenneutral geschehen solle. Das bedeutet, daß jede Universität, die hier, ohne auf eine Gesamtreform von oben warten zu wollen, Verbesserungen sucht, mit ihren eigenen „Bordmitteln" auskommen muß, notfalls durch Überlastquoten ergänzt. Das heißt – erneut im Klartext: bessere Ausnutzung der vorhandenen Kapazitäten. Und das reicht von der „Entrümpelung" einzelner Curricula, die, gibt man sich nur etwas Mühe, immer möglich ist, bis hin zur aufwendigen aber erfolgreichen Technik der problemorientierten Kooperationsveranstaltungen von Vertretern verschiedener Disziplinen und Disziplinengruppen, was dann zwingend Teamteachingverfahren notwendig macht.

Diese Konsequenzen, die ich an meiner früheren Hochschule, der Technischen Universität Carolo Wilhelmina zu Braunschweig, in Form eines Studium integrale initiiert und zu realisieren mitgeholfen habe[21] und die ich derzeit an einer meiner neuen Universitäten, der Friedrich-Alexander-Universität Erlangen-Nürnberg, in neuer Form umzusetzen im Begriffe bin, sind von anderen in anderer Weise an anderen Universitäten ebenfalls gezogen worden; sie scheinen ganz einfach „an der Zeit" zu sein. Allerdings realisieren sie sich nicht von selbst; an die Stelle der Hoffnung auf einen Automatismus à la Kompensationsmodell muß die Umsetzung durch eigene Übertragungs- und Reformarbeit treten!

Diesen Überlegungsgang fasse ich in meiner abschließenden These zusammen:

> Während gemäß der klassischen Konzeption die Aufgabe der Bildung den allgemeinbildenden Einrichtungen (Schulen, Gymnasien u. ä.) oblag und die Universität diese weiterzuführen hatte, trat im letzten Jahrhundert mit der Ausdifferenzierung der technischen Hochschulen die *Ausbildung* als gesonderte Hochschulzielsetzung neu hinzu. Um dem, wie man fürchtete, dadurch entstehenden Bildungsdefizit abzuhelfen, wurde in die technischen Hochschulen kompensatorisch (sic!) ein institutionalisiertes geisteswissenschaftliches Lehrangebot aufgenommen. In der gegenwärtigen Situation ist angesichts der technologisch gewordenen Welt eine kompensatorisch als Bildungsgut aufgefaßte Offerte der Geistes- und Sozialwissenschaften längst obsolet geworden, wie die vergeblichen Versuche einer Reanimation des Gedankens eines Studium generale sowie die hilflosen Ansätze zur Interdisziplinarität zeigen. Im Gegensatz hierzu ist vielmehr das Integrationsmodell zu realisieren, das die Vorzüge der anderen Modelle verbindet, ohne deren Nachteile aufzuweisen. Das Braunschweiger Modell, das auf diesem Integrationsgedanken beruht, geht aus von der Einsicht, daß in einer technologischen Welt keine klar abgegrenzten disziplinären Probleme mehr existieren. Daher gilt es, die geistes- und sozialwissenschaftlich relevanten Gehalte in den ingenieurwissenschaftlichen Problemstellungen dort aufzusuchen, wo sie sich finden; die Konsequenz ist ein

---

[21] Vgl. zur „Vorgeschichte" (seit 1983/84) vom Verf., Der Ingenieur und die geistige Quadratur der Ausbildungszirkel. Modelle technikübergreifender Studienangebote angesichts der Studienzeitverkürzung: Das zarte Pflänzlein Braunschweig, in: H. Gräfen (Hrsg.), a.a.O.; zur jüngeren Entwicklung vgl. B. Rebe, „Gedanken zu einer zeitgemäßen wissenschaftlichen Ingenieurausbildung", in diesem Band S. 24–41, bes. 36 ff.

problemorientiertes Konzept einer gegenseitigen transdisziplinären Durchdringung von Lehrinhalten disziplinärer Provenienz: Das Paradigma des Netzes erspart den Strick, den man sich sonst kaufen müßte!

Daß es mit dieser Erweiterung der Ausbildungsgänge in den Ingenieurwissenschaften nicht getan ist, versteht sich nach dem allgemein Entwickelten von selbst; es bedarf zusätzlich der Integration ingenieur-, technik- und naturwissenschaftlicher Wissensbestände in die Ausbildungsgänge der Geistes- und Sozialwissenschaftler. Aber: „That's another story" oder gemäß Ladenburger Diskurs formuliert: „Dies gehört in den zweiten Teil!"[22]

---

[22] S. unten die Beiträge von Wirtz, König, Kuhlen, Müller-Merbach, Dörner, Graf von Westphalen, Böhret, Detzer und Heyder.

Gedanken zu einer zeitgemäßen wissenschaftlichen Ingenieurausbildung

B. Rebe

1. Die Bedeutung der Ingenieurausbildung

Wissenschaft und Technik sind heute die Haupttriebkräfte der wirtschaftlichen und der gesellschaftlichen Entwicklung. Auch die in der Neuzeit „klassisch" gewordene Stimulation dieses Entwicklungsprozesses durch die Gesetzmäßigkeiten eines möglichst renditeträchtigen Kapitaleinsatzes wird typischerweise und zunehmend intensiver über den Einsatz neuer Technologien mit guten Marktchancen realisiert. Management und Engineering sind damit die maßgebenden Entscheidungszonen unternehmerischer Entwicklungsstrategien geworden, und die Ausbildung der in diesen Unternehmensbereichen Tätigen hat zentrale Bedeutung sowohl für den Erfolg einzelner Unternehmen als auch für das Florieren einer Volkswirtschaft überhaupt.

Managementfunktionen werden von Funktionsträgern mit unterschiedlicher Ausbildung wahrgenommen, zu einem Teil auch von solchen, die ingenieurwissenschaftlich ausgebildet sind. Engineeringfunktionen werden dagegen nahezu ausschließlich von auf wissenschaftlichen Hochschulen oder Fachhochschulen in den Ingenieurwissenschaften Geschulten erfüllt. Die Ingenieurwissenschaften haben sich in den letzten 200 Jahren zu einer hochprofessionalisierten Disziplin mit einer Reihe sich ständig wandelnder Teildisziplinen entwickelt, die mit ihrer mathematisch-naturwissenschaftlichen und zunehmend auch informatikorientierten Fundierung in ihrer spezifischen Leistungsfähigkeit durch keine andere Ausbildung für die Wahrnehmung technikgerichteter Entwicklungs- und Anwendungsaufgaben ersetzbar ist.

Die Ausbildung unserer Ingenieure ist damit eine Schlüsselfrage der wirtschaftlich-technologischen Entwicklung.

Wie wichtig ihre Bedeutung ist, zeigte sich bereits im 19. Jahrhundert beim Aufstieg Deutschlands zu einer der wirtschaftlich-technologischen Führungsmächte: Während die Territorien auf deutschem Boden zu Anfang des Jahrhunderts eine ganz überwiegend agrarische Wirtschaftsstruktur aufwiesen und die Manufakturen in ihrem technischen Standard weit hinter den anderen westeuropäischen Ländern, insbesondere hinter dem die Spitzenposition einnehmenden England zurücklagen, war das von englischen Handelsinteressenten ursprünglich zur Diskriminierung deutscher Waren verfügte „Made in Germany" bereits zum Ende des Jahrhunderts zu einer international anerkannten Wertmarke geworden. Die entscheidende Ursache für diese Entwicklung lag im Aufbau eines differenzierten und leistungsfähigen Systems von Polytechniken, später technischen Hochschulen und anderen technischen Ausbildungsstätten, die nach 1815 ausnahmslos durch staatliche Initiativen zur Förderung der Gewerbepolitik gegründet worden waren. 1821 wurde in Berlin als Gegenstück und Ergänzung der 1799 ebenfalls dort errichteten Bauakademie eine höhere technische Lehranstalt als „Technische Schule" gegründet. Es folgte 1825 die Polytechnische Schule in Karlsruhe, gefolgt von weiteren Gründungen in München, Dresden, Stuttgart, Kassel, Hannover und Darmstadt zwischen 1827 und 1836. In Braunschweig erhielt das bereits 1745 gegründete Collegium Carolinum 1835 neben einer humanistischen und einer merkantilistischen auch eine technische Abteilung und wurde dann 1862 in ein Polytechnikum und 1878 in eine technische Hochschule umgewandelt.

Parallel zu diesem Aufbau eines leistungsfähigen technischen Bildungswesens und zu der Anerkennung der Bedeutung der Ingenieure für die wirtschaftliche Entwicklung veränderte sich auch ihr Status und die Einschätzung der Ingenieurausbildung und des Ingenieurberufes. Zwar war es nicht gelungen, in die ganz aus dem Selbstverständnis des neuhumanistischen Universitätsideals lebenden Universitäten technische Abteilungen einzugliedern, aber gegen Ende des Jahrhunderts hatten die technischen Hochschulen den Rang wissenschaftlicher Hochschulen mit Promotions- und Habilitationsrecht erlangt. Und der ebenfalls zunächst in abgrenzend-herabsetzender Absicht so bezeichnete „Dr.-Ing." hat sich nun als ein wissenschaftlicher Qualitätsnachweis hoher Art profiliert, der mindestens gleichgeltend neben anderen Doktortiteln steht.

Sind wir nach dieser Skizze der Entwicklung des technischen (Aus)bildungswesens bereit, die hohe Bedeutung der Ingenieurausbildung für unsere zivilisatorische Entwicklung insgesamt anzuerkennen, so stellt sich um so nachdrücklicher die Frage, welche spezifisch neuen Anforderungen an den Ingenieurberuf entsprechende Änderungen der Ingenieurausbildung notwendig machen.

2. Neue Anforderungen an den Ingenieurberuf

Die neuen Anforderungen an den Beruf des Ingenieurs folgen zum einen schon aus dem engeren Kreis seiner beruflichen Tätigkeit, zum zweiten aus dem weiteren der ökologisch-humanen-sozialen Verträglichkeit von Technik, und in einem weitesten Zusammenhang haben sie auch mit den philosophisch-religiösen Fragen nach Maß und Sinn technischer Verfügbarkeit unserer Lebenswelt zu tun. Bei dem gesamten Fragenkomplex geht es nicht nur um die (zusätzliche) Vermittlung und das Erlernen berufsfunktionaler und extrafunktionaler Qualifikationen, sondern auch um die generelle Akzeptanz eines neuen Selbstverständnisses, in dem sich das Bild des vorwärtsdrängenden Machers mit dem des reflektierend-verantwortungsbewußten Gestalters von Systemzusammenhängen verbindet. Und die neueste Herausforderung einer naturverträglichen Technik ist vielleicht die interessanteste Facette eines (post)modernen Selbstverständnisses der Ingenieure: *Bacons „natura non nisi parendo vincitur"* [Die Natur wird nur besiegt, indem man (den Gesetzen) der Natur gehorcht] ist nun vielleicht zu lesen als *„mechanica non nisi naturae parendo probabitur"* (Die Technik wird nur gutgeheißen werden, wenn sie der Natur gehorcht).

Schon *die beruflichen Anforderungen im engeren Sinne* erfordern heute einen umfassender ausgebildeten Ingenieur, als dies tradiertem Selbstverständnis entspricht. *Die 1. Notwendigkeit,* die Ingenieurausbildung heute in umfassende Zusammenhänge zu stellen, folgt aus der Veränderung der ingenieurwissenschaftlichen Disziplinen selbst. Da ist zum einen die im Verhältnis zu den „klassischen" Ingenieurwissenschaften ungleich größere Bedeutung der Naturwissenschaften offenkundig. Zwar wurde schon bisher eine möglichst gute naturwissenschaftliche Ausbildung als unerläßliche *Grundlage* einer guten Ingenieurausbildung angesehen; die Naturwissenschaften haben aber nun im Hinblick auf *Methoden und Anwendungsfelder* der Ingenieurwissenschaften eine qualitativ völlig neue Bedeutung für den Ingenieur erlangt. *Methodisch* ist es etwa die Atom- und Molekularphysik, die auch technisch bedeutsame Zusammenhänge und Verfahren zu erklären vermag –, sei es in der Werkstoffkunde, in der Oberflächentechnik, bei der Rasterelektronenmikroskopie, beim kontrollierten Kristallwachstum oder bei der Anwendung physikalischer Meßmethoden. *Gegenständlich* können wichtige neue Felder der Ingenieurwissenschaften wie Bioverfahrenstechnik, Umweltverfahrenstechnik und andere Gebiete der Umwelttechnik genannt werden. Aber auch eingeführte ingenieurwissenschaftliche Disziplinen wie etwa Siedlungswasserwirtschaft und Hydrologie,

Hochfrequenztechnik und Strömungsmechanik, Energie- und Reaktortechnik, Triebwerksentwicklung und Landwirtschaftstechnologie können auf fundierte naturwissenschaftliche Kenntnisse nicht verzichten.
Eine 2. Herausforderung aus der ingenieurwissenschaftlichen Entwicklung ist die *Informatikdurchdringung der Ingenieurwissenschaften* und die *zunehmende Bedeutung der Überschneidungszonen ingenieurwissenschaftlicher Disziplinen* untereinander. Sehr viele Experimente in den Ingenieurwissenschaften könnten entweder gar nicht oder nur mit unverhältnismäßig hohem Kosten- und Zeitaufwand durchgeführt werden, gäbe es nicht rechnergestützte Verfahren, einschließlich der Leistung von Prozeßrechnern und der zunehmende Bedeutung erlangenden Verfahren der Computersimulation, durch die Zeit, Kosten und auch Material eingespart und oftmals Umweltbelastungen vermieden werden können. In der Anfangsphase der elektronischen Rechner herrschte noch die Vorstellung, daß die Nützlichkeit des „Rechenkastens" für den Ingenieur lediglich darin liege, im Rahmen ingenieurwissenschaftlich vorformulierter Fragestellungen lediglich eine hohe Rechenkapazität bereitzustellen. Diese Funktion der Computeranwendung mag zwar den Regelfall treffen, sie erschöpft aber die Leistungsfähigkeit der EDV-Anwendung bei der Lösung ingenieurwissenschaftlicher Problemstellungen nicht. Man ließe in dieser Begrenzung der Sicht auf den Einsatz des Gerätes „Computer" bei der Lösung ingenieurwissenschaftlich formulierter Fragen das hiervon zu unterscheidende Potential an methodischem Instrumentarium und an Denkweisen insbesondere zur Bearbeitung komplexer Probleme und ihrer eigenständigen rechnerischen oder bildhaften Darstellung außer acht. Die Informatik steht als methodische Ergänzungsdisziplin der Ingenieurwissenschaften heute gleichberechtigt neben der Mathematik.
Den 3. interdisziplinären Impuls erhalten die Ingenieurwissenschaften durch die aus der Praxis an sie herangetragenen Probleme: Vom Großanlagenbau über die Entwicklung von Verkehrssystemen bis zur Lösung umwelttechnischer Fragen steht der Ingenieur typischerweise vor Problemkomplexen, die er aus der Wissens- und Bearbeitungskompetenz seines engeren Fachwissens allein nicht mehr bewältigen kann. Einmal braucht er die Wirtschafts- und Sozialgeographie, ein anderes Mal die physische Geographie oder geoökologische Informationen, dann benötigt er die Methoden der Schadstoffanalytik, der organischen oder anorganischen Chemie, oder er muß eng mit anderen ingenieurwissenschaftlichen Disziplinen kooperieren, um eine funktionsfähige und umweltgerechte Anlage erstellen zu können.

Eine 4. durchgehende Anforderung an all sein Tun folgt für den Ingenieur aus der Tatsache, daß nahezu alle ingenieurwissenschaftlichen Werke in einen wirtschaftlichen Verwendungszusammenhang gestellt sind. Eine Maschine oder eine Anlage mag mit noch so viel Ingenium entworfen und gebaut worden sein – trifft sie nicht auf eine Nachfrage auf dem Markt oder ist sie unter Kosten-Nutzen-Gesichtspunkten unrentabel oder widerspricht sie in anderer Hinsicht einschlägigen ökonomischen Gesetzmäßigkeiten, so kann sie nicht gebaut oder jedenfalls nicht (auf Dauer) wirtschaftlich sinnvoll betrieben werden. Auch die bundesdeutsche Nachkriegsgeschichte liefert Beispiele dafür, daß selbst hochinspirierte ingenieurwissenschaftliche Innovationen sich auf Dauer nicht durchsetzen konnten, weil die Durchsetzung nicht von kaufmännisch-wirtschaftlichem Sachverstand getragen wurde. Dieser kaufmännisch-wirtschaftliche Sachverstand seinerseits ist nun auch wieder keine fachwissenschaftlich kontingente Größe, sondern enthält erhebliche Erfahrungselemente, konsumentenpsychologisches Einfühlungsvermögen, Rechtskenntnisse und sonstige Anteile notwendigen fachergänzenden Wissens. Für den Ingenieur wird der Zuerwerb wirtschaftswissenschaftlicher Kenntnisse um so bedeutsamer, je mehr er im Unternehmen über rein ingenieurwissenschaftliche Funktionen hinaus und in Leitungspositionen hineinwächst. Je mehr er sich der unternehmerischen Dispositionsebene nähert, desto wichtiger werden für ihn Managementfähigkeiten und wirtschaftswissenschaftliches Know-how. Und da die Bundesrepublik Deutschland ein sehr stark exportorientiertes Land ist, muß die Beherrschung von Fremdsprachen und müssen möglichst landeskundliche Kenntnisse hinzutreten.

Der „Dispositionsingenieur" hat eine besondere Bedeutung dort, wo kleine und mittelständische Unternehmen auf dem Markt agieren, die sich keine Beraterstäbe zulegen können und bei denen Leitungsfunktionen deshalb eine Kombination von fachwissenschaftlicher Kompetenz und Dispositionsfähigkeiten erfordern. Dies ist aber die typische Situation auf dem Hauptsektor ingenieurwissenschaftlicher Praxis, auf dem die Bundesrepublik Deutschland eine führende Position in der Weltwirtschaft hat und auf dem ein großer Teil unserer Exporterlöse erwirtschaftet wird: nämlich im Maschinenbau. Konsequenterweise sollte in der Ausbildung der Ingenieure die Kombination des ingenieurwissenschaftlichen Studiums mit den Wirtschaftswissenschaften ein strategisches Zentralziel sein. Die Nachfrage nach ausgebildeten Wirtschaftsingenieuren bestätigt diese Einschätzung; sie beziehen nach den Informatikern das zweithöchste Anfangsdurchschnittsgehalt aller Hochschulabgänger.

Als 5. Umstand, der eine breite, möglichst fächerübergreifende Ingenieurausbildung fordert, ist der Wandel des Berufsbildes des Ingenieurs und die schnelle Entwicklung des Ingenieurwissens und der geforderten Fähigkeiten zu nennen. Die Orientierung der Ingenieurausbildung an tradierten Berufsbildern würde die berufliche Mobilität, die Entwicklungs- und Lernfähigkeit bei dem Einsatz in neuen Aufgabenfeldern beschränken und damit auch die beruflichen Aufstiegschancen beeinträchtigen. Die Unternehmen suchen den breit ausgebildeten Ingenieur mit Überblick, Urteilsvermögen, schneller Lernfähigkeit und hoher Flexibilität bei der Einarbeitung in neue Aufgabenfelder. In der Konkurrenz um attraktive Stellen und Positionen ist die fachwissenschaftliche Kompetenz die *Condicio sine qua non:* Entscheidend sind in der Regel einschlägige Zusatzqualifikationen, die freilich nicht nur auf dem Gebiet fächerübergreifender Kenntnisse erwartet werden, sondern auch persönliche Eigenschaften beinhalten, wie Umgangsformen, Fähigkeit und Bereitschaft zur Teamarbeit, die Kombination von Konzilianz und Durchsetzungsfähigkeit etc. Urteilskraft und Übersicht und damit auch die Fähigkeit zur Einschätzung eigener Defizite und zur Bestimmung von Lernzielen gewinnt der Ingenieur freilich nur z. T. aus fächerübergreifenden Studien. Es gilt auch hier weiterhin das *„usus magister est optimus":* Praktische Erfahrungen und Auslandsaufenthalte sind unerläßliche Bestandteile einer zeitgemäßen Ingenieurausbildung.

Für den Ingenieur gewinnt 6. die Erklärungsbedürftigkeit seines Tuns zunehmend an Bedeutung. Erklärungsbedarf besteht in verschiedenen Zusammenhängen – beginnend mit eng berufsbezogenem Erläuterungsbedarf bis hin zur Auseinandersetzung mit technikskeptischen und technikkritischen Haltungen in der Öffentlichkeit und im politischen Raum.

Die hohe Bedeutung der Erklärungsfähigkeit ergibt sich für den Ingenieur schon bei Verkauf und Marketing. Der potentielle Kunde möchte die Funktionsweise einer Maschine oder einer Anlage erklärt bekommen, möchte über Wirtschaftlichkeitsgesichtspunkte aufgeklärt werden, Informationen über die Folgen des Einsatzes der Maschine/Anlage für den Produktions- und Arbeitsablauf erhalten und ggf. über Umweltverträglichkeit, Rechtsprobleme oder Akzeptanzfragen unterrichtet werden. Bei umstrittenen Großanlagen muß der Ingenieur in der Lage sein, vor Entscheidungsgremien oder in Bürgerversammlungen das Für und Wider einer Realisation des Vorhabens überzeugend darlegen zu können.

Diese vielfältigen Aspekte der Erklärungsbedürftigkeit von Technik stellen an den Ingenieur die Anforderung, über die engen Grenzen seines Faches hinaus über Implikationen und Folgen der Installation einer Maschine oder Anlage möglichst umfassend informiert zu sein. Es geht allerdings nicht nur um das Erklären absehbarer *Folgen* des Einsatzes einer in bestimmter Weise konzipierten Technik – vielmehr sollte der Ingenieur schon bei Konstruktion und Entwurf technischer Systeme sein Ingenium mit dafür einsetzen, nachteilige oder schädliche Folgen durch das funktionelle Design eines technischen Systems möglichst auszuschließen oder doch nachhaltig zu minimieren: Technikfolgenabschätzung wird damit bereits auch zur unerläßlichen Voraussetzung ingenieurwissenschaftlichen Planens und Konstruierens.

3. Technik und Technikkritik

Ausbildung und Berufsausübung des Ingenieurs sind heute mit einer Gegenströmung konfrontiert, die es in dieser Breite, Nachhaltigkeit und zeitlichen Perseveranz bisher noch nicht gegeben hat: Der Technikskepsis, Technikkritik, ja Technikfeindlichkeit. Die technikkritischen Gegenströmungen beziehen ihre öffentlichkeitswirksame und ihre politische Bedeutung weniger aus rationalem Kalkül denn aus Entsprechungen mit einschlägigen Gefühlslagen, Weltwahrnehmungen und Verlustängsten. Gerade diese rational-emotionale Mischfundierung gibt der Technikkritik ihre eigentliche Sprengkraft; rationale Vorbehalte und emotionale Ablehnung verstärken sich wechselseitig. Emotionen treten im Kleid von rationalisierten Beweisführungen auf – rationale Kalküle der Technikkritik treffen akzeptanzverstärkend auf einen emotional vorbereiteten Boden. Damit wird die rational-diskursive Auseinandersetzung um Technikfolgen in ihrer Aufklärungswirksamkeit begrenzt. Gegen tiefsitzende Emotionen vermag das Vernunftargument wenig auszurichten. Es kommt hinzu, daß technikkritische Strömungen nicht nur ständig neue Nahrung durch ständig neue und höchst beunruhigende Katastrophenmeldungen über das Versagen von Großanlagen oder die technisch-chemisch verursachte Zerstörung von Umweltteilsystemen erhalten, sondern daß die Sensibilität bei Unternehmen für die Tragweite ihres Verhaltens im Zusammenhang mit solchen Ereignissen sich nur mit beachtlicher Langsamkeit entwickelt. Die Dominanz des ökonomischen Gewinnkalküls scheint so erdrückend, daß der Vermeidung von Katastrophen oder auch „nur" von Skandalen im Zusammenhang mit Anwendung und Vertrieb gefährlicher Substanzen und Technologien bisher nicht der rechte Stellenwert beigemessen wird. Mag nun auch Technikkritik durch die typische Verwurzelung in rational-emotionalen Überschneidungszonen gekennzeichnet sein, so gibt es doch keine Frage, daß der erreichte Stand der Technikentwicklung und v. a. ihre nahezu ungezügelte Dynamik auch dem technikfreundlichen und um sachliche Einschätzung bemühten Beobachter zunehmend Nachdenklichkeit abnötigt.

Hans Lenk und *Günter Ropohl* haben in ihrer Einführung „Technik zwischen Können und Sollen" zu dem von ihnen herausgegebenen Reclam-Band *Technik und Ethik* (Stuttgart 1987) die Janusköpfigkeit der Technikentwicklung in folgende Sätze gefaßt:

Die Technik hat Berge versetzt und Flüsse verlegt, aber auch Wälder zerstört und Städte zerrissen. Die Technik hat Märchenwünsche erfüllt, aber auch Alpträume wahrgemacht. Das Schlaraffenland als Automatenparadies oder die Apokalypse des atomaren Infernos – beide Zukunftsvisionen können Wirklichkeit werden. Kühn waren die technischen Phantasien, die unsere Ahnen in Mythen, Fabeln und Utopien ausgemalt haben: Der Flug des Ikarus bis in die Nähe der Sonne, Peterchens Mondfahrt, die Wundertaten des Herkules, die Unterwasserexpeditionen des Jules Verne; doch nur weniges blieb unerreicht. Im Gegenteil: Oft genug wurde die Phantasie von der technischen Wirklichkeit überboten.
Wir fliegen in wenigen Stunden von Kontinent zu Kontinent; Astronauten umrunden die Erde in der gleichen Zeit viermal. Kein Winkel des Planeten erscheint mehr unerreichbar: selbst in Tiefseegräben fahren unbemannte Tauchboote. Kleinkameras lichten Magen und Blutadern von innen ab, rechnergesteuerte Diagnosegeräte prüfen den Körper scheibchenweise auf Herz und Nieren. Schon wurden Kröten aus dem Erbgut von sechs Eltern und Großmäuse mit eingesetzten Rattengenen künstlich erzeugt. Schon kann man das Erbgut bei Lebewesen vervielfältigen und kopieren. Schon werden Verfahren patentiert, mit denen man neuartige Bakterienstämme erzeugt, die beispielsweise Öl verzehren können. Künstliche, überschwere Elemente werden technisch-physikalisch hervorgebracht und in ihrem Zerfall gelenkt: unerschöpfliche Energiequelle und Drohung unermeßlicher Zerstörungsmacht zugleich. Atomstrom und Atombombe – Endpunkte des biblischen Auftrages „Macht Euch die Erde untertan"? Ist der Mensch wirklich der „Herr und Besitzer der Natur" geworden, wie es René Descartes am Anfang der Neuzeit proklamierte? Tatsächlich haben die Menschen beträchtliche Teile der Erde in eine technische Landschaft verwandelt. Und seit 1969 der „Mann im Mond" zur Wirklichkeit wurde, schicken sich die Menschen an, ihre Herrschaft über die Erde auch in den Weltraum auszudehnen. All dies – und vieles mehr – ist das Ergebnis technischer Handlungsmacht.

Dieses das Sollen oder Dürfen überschießende Können bei der technischen Handlungsmacht eröffnet zwingend die Frage nach der Ethik technischen Handelns, und das bedeutet – bei der unlösbaren Verquikkung wissenschaftlicher Forschung und wirtschaftlich-technologischer Realisation von Forschungs- und Entwicklungsergebnissen in unserer „technologischen Gesellschaft" – zugleich die Frage nach der Ethik technikwissenschaftlichen Handelns.

Nun ergeben sich so weitreichende, ethische Entscheidungen fordernde Wirkungs- und damit auch Reflexionshorizonte nicht schon bei der Konstruktion einer jeden kleineren Maschine, sondern typischerweise erst beim Großanlagenbau, bei der Konzeption von besonders gefahrbringenden technischen Systemen oder bei solchen Systemen, deren problematische Wirkungen und Folgen sich erst bei massenhaftem Einsatz einstellen. Dennoch ist hier eine Reflexionsebene entstanden, die dem Ingenieur bewußt sein sollte, mag er auch nicht für alle hier auftauchenden Fragen ihn selbst und andere überzeugende Antworten finden.

4. Konsequenzen für die Ingenieurausbildung

Ist man bereit, die zu 2. und 3. skizzierten, zu einem Teil neuen Anforderungen an den Ingenieurberuf zu bejahen, so ergibt sich die Frage nach den Konsequenzen für die Ingenieurausbildung. Es mag hierbei trostreich sein, daß die Notwendigkeit der fächerübergreifenden Orientierung kein Spezifikum der Ingenieurausbildung ist, sondern sich im Prinzip auch für andere Studienrichtungen stellt. Was ist etwa der Jurist wert, der keine Kenntnisse von den wirtschaftlichen, sozialen und politischen Zusammenhängen in den Lebensbereichen hat, über die er zu urteilen hat? Ist ein guter Mediziner ohne fundierte Kenntnisse etwa der Psychologie, des öffentlichen Gesundheitswesens oder der technisch-naturwissenschaftlichen Grundlagen der von ihm eingesetzten Diagnosegeräte denkbar? Wer möchte einen Wirtschaftswissenschaftler beschäftigen, der exzellente Kenntnisse wirtschaftstheoretischer Modelle mit stupender Unkenntnis der Praxis und realen Funktionsgesetzlichkeiten wichtiger wirtschaftlicher Teilsysteme in sich verbindet? Welcher Technikhistoriker kann Anspruch darauf erheben, in seinen Forschungen ernstgenommen zu werden, wenn er sich nicht mit den Grundlagen ingenieur- und naturwissenschaftlichen Denkens vertraut gemacht hat? Und so weiter.

Für den Ingenieur spielt die fächerübergreifende Orientierung deshalb eine besondere Rolle, weil er eine – wenn nicht *die* – zentrale Disziplin unserer hochtechnisierten Gesellschaft repräsentiert. So wenig man indes von Vertretern anderer Fächer Omnikompetenz verlangen kann, so wenig kann man dies auch vom Ingenieur fordern. Das Hauptziel der Ingenieurausbildung im Hinblick auf die neuen Zusatzanforderungen an den Ingenieurberuf sollte ohnehin in erster Linie nicht die Vermittlung entsprechenden weiteren Wissensstoffes sein, sondern die Vermittlung eines gewandelten Selbstverständnisses, gepaart mit einer neuen Denkweise und dem Bewußtsein, daß die vom Ingenieur geschaffenen technischen Artefakte in technikübergreifenden Zusammenhängen fungieren. Unlängst ist auf einem Kolloquium über „Walther Rathenau und die Kultur der Moderne" von dem Historiker technischer Systeme *Thomas Hughes* (University of Pennsylvania, Philadelphia) dem Idealtyp des „*Erfinder-Ingenieurs*" (wie Thomas Edison), der durch die Generation der „*Manager-Systembauer*" (wie Emil Rathenau) abgelöst wurde, die 3. Generation der Ingenieure gegenübergestellt worden, nämlich die *Systembauer* (wie Walther Rathenau, Samuel Insul, Charles Stone, Edwin Webster und Hugo Stinnes), die als Ingenieure, Finanziers und Organisatoren komplexe Großeinheiten in enger Verschaltung von Technik, Wissenschaft, Wirtschaft und Staat schaffen. Diese Leute mit dem „Instinkt zum Systembau" denken nicht mehr im Stil klassischer Ingenieure und Mechaniker in Kausalbeziehungen und Sukzessionen, sondern wie Mathematiker und Physiker in Begriffen von Netzen, Feldern und Strömen (vgl. den Bericht „Mann vieler Eigenschaften – Walther Rathenau als Unternehmer, Technologe, Organisator" von *Ulrich Raulff* in der *FAZ* vom 26.7. 1989, S. N 3).

Nunmehr wird der Systembauer abgelöst durch den Ingenieur, der zwar auch in „Netzen, Feldern und Strömen", aber auch in Regelkreisen denken muß. Im Unterschied zur Generation der Systembauer bezieht der Ingenieur neuen Typus' die übergreifenden Technik-, Wissenschafts- und Wirtschaftszusammenhänge nicht nur als Funktions*voraussetzungen* auf das von ihm zu schaffende komplexe technische System, sondern er sieht das technische System durch regelkreishafte Austauschbeziehungen in übergreifende Systemzusammenhänge integriert. Und die einbettenden Zusammenhänge sind nicht nur Technik, Wissenschaft, Wirtschaft und staatliches Rechtssystem, sondern es ist in erster Linie der Naturkreislauf, dessen Beeinflussung oder Beeinträchtigung durch das technische Werk mitbedacht sein will. Technik muß heute nicht nur ökonomisch vernünftig und sozial verträglich, sondern auch naturschonend und lebensbewahrend, also konvivial sein. Man könnte den Ingenieur neuen Typs wegen der Notwendigkeit, sein Werk insbesondere in den Systemzusammenhang „Natur" systembewahrend integrieren zu müssen, den „*Integrations-Ingenieur*" nennen.

Für die Ausbildung des Ingenieurs folgt hieraus die Forderung, ihn mit den Grundgesetzen der komplexen Selbstregulation der Natur, den Lebensvoraussetzungen ihrer Teilsysteme, insbesondere mit den lebenserhaltenden Notwendigkeiten von Vielfalt, Zufall und Langfristigkeit der natürlichen Entwicklung vertraut zu machen. Dies erfordert den Einbau naturwissenschaftlicher Unterrichtseinheiten nicht nur im Hinblick auf die naturwissenschaftlichen Grundlagen des technischen Teils der Technik, sondern auch der Biowissenschaften zum besseren Verständnis der Auswirkungen des Gebrauchs der Technik auf natürliche Lebenszusammenhänge.

So wichtig uns diese neue Dimension ingenieurwissenschaftlichen Denkens wegen der umweltzerstörenden Effekte des massenhaft-gleichförmigen Gebrauchs technischer Systeme oder mancher großtechnischer Anlagen auch sein muß, so wenig können wir doch den Ingenieur aus der Pflicht entlassen, das technische Werk auch in seiner Wechselwirkung mit wirtschaftlichen und sonstigen gesellschaftlichen Zusammenhängen zu sehen. Diese notwendige Sichtweise hat eine historische und eine auf die gegenwärtige Bedeutung von Technik gerichtete Dimension, wobei beide Aspekte eng miteinander verknüpft sind. Die vielfältige Leistungsfähigkeit moderner Technik erschließt sich besonders deutlich in der historischen Tiefendimension. Die Vergegenwärtigung technischen Unvermögens in früheren Epochen, Not und Armut auch als Folge geringer Produktivität, die wiederum auf gering entwickelter technischer Verfügbarkeit des Produktionsprozesses und auf das Fehlen größerer und dauerhaft bereitstehender Energie zurückzuführen war, – diese und andere Einsichten in die Geschichte der technischen Entwicklung schärfen im Vergleich zur gegenwärtigen Situation den Blick für die technische Bedingtheit unseres Wohlstandes. Die Technikgeschichte ist aber zugleich auch eine Geschichte von Fehlentwicklungen, von mißbräuchlicher Instrumentalisierung von Technik für illegitime politische oder wirtschaftliche Zwecke; sie lehrt damit, die Dimension notwendiger Steuerung oder doch Mißbrauchsverhinderung technischer Entwicklung als eine der großen Aufgaben unserer Zeit zu begreifen. Damit fordert der gegenwärtige Einsatz von Technik mit seinen Folgen sowie die zukünftige Entwicklung unter der Prämisse möglichst souveräner Technikbeherrschung philosophisch-distanzierende Sinnreflexion und die Entwicklung einer realistisch-differenzierten Technikethik. Der Student der Ingenieurwissenschaften sollte deshalb eine gewisse Vertrautheit mit geistes- und sozialwissenschaftlichen Denkweisen erwerben und unterschiedliche ethische Orientierungsangebote kennenlernen. Zwar liegt die Verantwortung für die Entwicklung und Anwendung der Technik nicht allein, ja nicht einmal in erster Linie beim Ingenieur, da die strukturelle Komplexität der technologischen Entwicklung mit einer entsprechend komplexen Verantwortungsstruktur korrespondiert. Aber: Der Ingenieur trägt für problematische oder gar schädliche Folgen von ihm entwickelter Technik eine Mitverantwortung, die ihm zumindest eine Aufklärungspflicht gegenüber den Anwendern von ihm erfundener oder entwickelter Technik auferlegt. Durch fächerübergreifende Ausbildung und – was noch größere Bedeutung erlangen kann – durch Einbeziehung der Verantwortungsdimension in die fachwissenschaftliche Ausbildung selbst sollte der Ingenieur in die Lage versetzt werden, seiner aus Fachkompetenz erwachsenden Verantwortung in seinem späteren Beruf besser gerecht werden zu können.

Nun ist dies alles nicht so sehr neu. Es gab und gibt eine große Zahl von Ingenieuren mit hoch entwickeltem Berufsethos, die sich ihrer großen Verantwortung bewußt sind und auch entsprechend handeln. Und es gibt kaum eine berufsständische Vereinigung von Ingenieuren in der Welt, die nicht – in oft sehr anspruchsvoller Weise – ingenieurethische Grundsätze auf ihr Banner geschrieben hätte. Aber die „natürliche", fachimmanente Entwicklungstendenz geht doch immer wieder sehr stark in Richtung zusätzlicher fachlicher Ausweitung des Lehrstoffs und Ausformung neuer Subdisziplinen, die die Dimension der Verantwortbarkeit ingenieurwissenschaftlichen Handelns in den Hintergrund drängt und den Blick über die Fachgrenzen insbesondere zu den Geistes- und Sozialwissenschaften verstellt. Es bedarf deshalb insbesondere an den Universitäten ständig neuer Anstrengungen und Impulse, um fächerübergreifende Orientierung auch für jene selbstverständlich zu machen, die aus eigenem Interesse oder wegen zu starker Fachbefangenheit hierfür kein Sensorium entwickeln. Fächerübergreifendes Fragen darf freilich keine Einbahnstraße in der Weise sein, daß sich Ingenieurwissenschaftler den Naturwissenschaften und den Geistes- und Sozialwissenschaften öffnen, umgekehrt aber sehr wenig geschieht: Geistes- und Sozialwissenschaftler können für die Ingenieure nur dann fruchtbare Gesprächspartner sein, wenn auch sie sich über technische Zusammenhänge informiert und Grundstrukturen ingenieurwissenschaftlichen Denkens nachvollzogen haben. Anlaß hierfür besteht schon deshalb, weil keine Geistes- und Sozialwissenschaft heute mehr ohne technische Realisationsverfahren auskommt – vom Buchdruck über das Sprachlabor bis zur EDV-gestützten Datenspeicherung des Herausgebers oder Lexikographen. Und die Technik selbst ist eine – äußerst bedeutsame – Hervorbringung des menschlichen Geistes, wie die Gegenstände der sog. „Geisteswissenschaften" auch. Ingenieur- und Naturwissenschaften einerseits wie Geistes- und Sozialwissenschaften andererseits müssen wechselseitig die Bedeutsamkeit der jeweiligen anderen Arbeitsfelder anerkennen und Verständnis für die unterschiedlichen, wenngleich manchmal in den grundlegenden Arbeitsprinzipien näher als bewußt miteinander verwandten Methoden entwickeln. So bemüht beispielsweise nicht nur der Literaturwissenschaftler die Interpretation als Mittel zur Sinnerschließung von Texten, auch der Naturwissenschaftler spricht davon, daß in physikalisch-chemischen Meßverfahren erlangte Daten „interpretiert" werden müßten. Und daß die Gegenüberstellung von „exakten" Naturwissenschaften und (dann wohl nicht ganz so exakten) Geisteswissenschaften schon in Anbetracht des von Einstein, Planck, Bohr und Heisenberg geschaffenen neuen Weltbildes der Physik eine wissenschaftsgeschichtlich überholte Auffassung ist, dürfte inzwischen Gemeingut aller vorbehaltlos Urteilenden sein, zumal die Geistes- und Sozialwissenschaften ihrerseits ihr wissenschaftliches Niveau und ihr Lebensrecht nur bei hoher begrifflicher Präzision, einem entwickelten Methodenbewußtsein und mit umfassender, „exakter" Wirklichkeitspräsenz bewahren können.

5. Das „Braunschweiger Modell"

Die TU Braunschweig unternimmt – wie auch andere technische Universitäten – sehr nachhaltige Anstrengungen, um die Ingenieurausbildung in der skizzierten Weise zu modernisieren. Bereits laufende, fächerübergreifende Studienangebote insbesondere im Rahmen des seit 1985 angebotenen „Studium integrale" zeigen, daß bei den Studierenden der Ingenieur- und Naturwissenschaften ein deutlicher Bedarf an geistes- und sozialwissenschaftlichen Lehrangeboten besteht.

Das „Studium integrale" trägt programmatisch nicht die überkommene Bezeichnung des Studium generale, weil es gezielt geistes- und sozialwissenschaftliche Lehrangebote für Studierende der Natur- und Technikwissenschaften enthält und umgekehrt in seinem Rahmen von Ingenieur- und Naturwissenschaftlern Lehrveranstaltungen angeboten werden, die Grundinformation über die jeweiligen Disziplinen und eine Einführung in die spezifische Denkweise dieser Fächer gewähren. Darüber hinaus gibt es problemorientierte Kooperationsveranstaltungen, in denen themenorientiert Geistes- und Sozialwissenschaftler mit Natur- und Technikwissenschaftlern zusammenwirken. Zum dritten wird in jedem Wintersemester eine Ringvorlesung angeboten, in der ein Thema in fächerübergreifender Orientierung aus den fachlichen Zusammenhängen verschiedener Disziplinen behandelt wird. In den Wintersemestern 1985/86, 1986/87 und 1987/88 ist das Thema „Industriegesellschaft im Wandel – Chancen und Risiken heutiger Modernisierungsprozesse" behandelt worden; die hier gehaltenen Vorträge sind unter diesem Titel als 2. Band der *Veröffentlichungen der Technischen Universität Carolo-Wilhelmina zu Braunschweig* 1988 veröffentlicht worden.

Darüber hinaus hat sich eine interdisziplinäre Arbeitsgruppe gebildet, die auf den Gebieten der Geschichte von Technik und Naturwissenschaften eine methodisch abgesicherte Geschichte der TU Braunschweig zu ihrem 250jährigen Bestehen im Jahr 1995 vorbereitet. Die Planungen zum Aufbau eines „Gauß-Instituts für Wissenschafts- und Technikforschung" und eines entsprechenden Graduiertenkollegs werden mit Nachdruck weiterverfolgt.

Sehr erfreulich ist die Tatsache, daß spontan von Studierenden des Maschinenbaus eine „Braunschweiger Initiative für interdisziplinäre Zusammenarbeit" (BIIZ) gebildet worden ist, die mit Nachdruck das fächerübergreifende Gespräch in verschiedenen Formen fördert.

Ende Juni 1989 hat eine von mir angeregte, unter der Leitung von Herrn Vizepräsidenten Prof. Dr. Werner Oldekop (Maschinenbau, Energietechnik) tätig gewordene Arbeitsgruppe „Empfehlungen zur fächerübergreifenden Ausbildung an der TU Braunschweig" vorgelegt.

Die Arbeitsgruppe geht davon aus, daß die technischen und gesellschaftlichen Aufgaben in zunehmendem Maße komplexer werden und deshalb zu ihrer Lösung Kenntnisse und Verstehen von Zusammenhängen brauchen, die über die eigentliche Fachausbildung des Ingenieurs hinausgehen. Auf diese Entwicklungstendenz müsse die Hochschulausbildung verstärkt vorbereiten. Gegenwärtig stünden in den Prüfungs- und Studienordnungen hierfür meistens Wahlpflichtstunden zur Verfügung. Die Arbeitsgruppe hat einen Vorschlag zur Strukturierung von fachübergreifenden Ausbildungsanteilen vorgelegt, der allen Studiengängen der TU einen Rahmen geben soll, innerhalb dessen Inhalt, Struktur und Organisation solcher fächerübergreifenden Pflichtanteile von den einzelnen Fachbereichen entwickelt und eingeführt werden können.

Das *Grundkonzept* geht davon aus, daß die 3 Wissenschaftsbereiche der TU, nämlich die Naturwissenschaften, die Ingenieurwissenschaften und die Geistes-, Sozial- und Erziehungswissenschaften über ihre Fachbereiche jeweils fächerübergreifende Lehrveranstaltungen im Umfang von etwa je 20 Semesterwochenstunden je Studienjahr anbieten, die für Studierende der jeweils anderen Wissenschaftsbereiche konzipiert sind und in Einheiten von in der Regel 2 Semesterwochenstunden angeboten werden. In jedem Studiengang der TU Braunschweig soll vom einzelnen Studierenden im Rahmen der in den Prüfungsordnungen ausgewiesenen Wahlpflichtfächer der Nachweis der erfolgreichen Teilnahme von 6–8 Semesterwochenstunden fächerübergreifender Lehrveranstaltungen erbracht werden. Die Wahlpflichtstunden sollen vorwiegend fachübergreifend aus den jeweils anderen Wissenschaftsbereichen gewählt werden und nur ausnahmsweise – unter 50% – begrenzt aus dem gleichen Wissenschaftsbereich kommen, sofern auch diese Stunden fachübergreifenden Charakter tragen. Die Fachbereiche sollen in ihren Studienplänen Fachgebiete in umfassenderer Bezeichnung angeben, aus denen fächerübergreifende Lehrveranstaltungen gewählt werden können. Dem einzelnen Studierenden werden aus jedem dieser Fachgebiete in der Regel höchstens 2 SWS anerkannt, damit eine breitere Streuung erreicht wird.

Hinsichtlich Inhalt und Form der *fächerübergreifenden Lehrveranstaltungen* hat die Arbeitsgruppe folgenden Vorschlag gemacht:

Die Angebote der 3 Wissenschaftsbereiche sollten möglichst sein:

- für die angestrebten fachübergreifenden Ziele eigens konzipierte Lehrveranstaltungen (d. h. nicht jetzt schon vorhandene Fachbereichsvorlesungen, wie z. B. „Einführung in die Soziologie" oder „Einführung in die Informatik");
- ganzheitliche, das Fachgebiet reflektierende Darstellungen (z. B. „Auswirkungen der modernen Physik auf die Philosophie" oder „Denk- und Entscheidungsstrukturen der Ingenieurwissenschaften");
- exemplarische, vom Konkreten ins Allgemeine führende Einzeldarstellungen, aus denen die wissenschaftlichen Arbeitsweisen, die Fragestellungen und Lösungsansätze des gesamten Wissenschaftsbereichs für die jeweils anderen Wissenschaftsbereiche erkennbar werden;
- nicht dagegen: einerseits zu spezielle Einzeldarstellungen aus dem Fachgebiet, andererseits zu allgemein gehaltene Inhalte.

Für die Sicherung der Qualität dieser fächerübergreifenden Lehre kann es erforderlich sein, hierfür spezielle Lehrende zu gewinnen.

Die Lehrveranstaltungen können in Form von
- Vorlesungen,
- Seminaren (möglichst vorzuziehen),
- evtl. auch Übungen

angeboten werden. Bei den Seminaren mit kleinerer evtl. zu beschränkender Teilnehmerzahl könnten z. B. Ingenieure auch das Disputieren und das Referat üben.

Individuelle Leistungsnachweise sind unabdingbar. Sie sollten in der Regel in Form unbenoteter „Scheine" auf der Basis von
- schriftlichen Ausarbeitungen (auch gemeinsam von mehreren Studierenden),
- Referaten,
- mündlichen, prüfungsähnlichen Gesprächen mit dem Dozenten,
- intensiver Beteiligung in einem Seminar

bestätigt werden.

Als Fachgebiete der *fächerübergreifenden Lehrveranstaltungen* hat die Arbeitsgruppe folgende erste Vorschläge für übergeordnete Fachgebiete gemacht:

1) Wissenschaftstheorie,
2) Geschichte der Naturwissenschaften,
3) Geschichte der Technik,
4) Philosophie der Naturwissenschaft und Technik,
5) Nutzen und Folgen der Technik,
6) sozialwissenschaftliche Aspekte der Technik,
7) Politik, Wissenschaft und Gesellschaft,
8) Theologie und Naturwissenschaften,
9) Ökologie und Umwelt,
10) Wirtschaft, Politik und Recht,
11) Denk- und Entscheidungsstrukturen der Ingenieurwissenschaften,
12) Energietechnik und -politik,
13) Entwicklung und Folgen von Informatik,
14) Biowissenschaften,
15) Entwicklung und Folgen der Mikroelektronik,
16) Probleme der heutigen Architektur,
17) psychologische Probleme in Technik und Wirtschaft,
18) ganzheitliche Darstellungen der Ingenieurwissenschaften wie z. B. Maschinenbau, Bauingenieurwesen, E-Technik für Studierende anderer Studienfächer,
19) fachspezifische Fremdsprachen usw.

Die Arbeitsgruppe schlägt weiter vor, daß die Studienordnungen vorschreiben können, daß im Rahmen der 6–8 Wahlpflichtstunden pro Gesamtstudiendauer jeweils höchstens nur 2 Semesterwochenstunden aus einem der genannten Fachgebiete gewählt werden dürfen. Die „übergeordneten Fachgebiete" werden dann durch einen Katalog spezieller Lehrveranstaltungen zur fächerübegreifenden Ausbildung an der TU Braunschweig ausgefüllt.

Die fächerübergreifenden Lehrangebote sollen sowohl im Grundstudium als auch im Hauptstudium angeboten werden. Im Vertiefungsstudium sollte im Rahmen interdisziplinär orientierter Projekte oder Seminare die konkrete Bedeutung von fächerübergreifenden Orientierungen dem Studierenden nahegebracht werden. Nur wenn Lehrende und Lernende die Überzeugung gewinnen, daß sie ihr eigentliches Fach nicht ohne Berücksichtigung fächerübergreifender Kenntnisse, Fragestellungen und Methoden zufriedenstellend ausüben können, werden sie dem fächerübergreifenden Studium Aufmerksamkeit widmen. Solange es an dieser Überzeugung fehlt, solange die Befassung mit fächerübergreifenden Fragen mehr als akademischer Luxus oder Modeerscheinung betrachtet wird, solange wird Interdisziplinarität keine wirkliche Chance auf breite und dauerhafte Anerkennung und Praktizierung haben. Eine Voraussetzung, diese breite und dauerhafte Akzeptanz zu erreichen, liegt sicher darin, daß Ingenieurwissenschaften selbst eine aktive Rolle hierbei spielen.

Möglicherweise hat der Ingenieur hier eine stille Entwicklung erfahren, die in der Unterschiedlichkeit von 2 nur knapp 10 Jahre auseinanderliegenden Zitaten zum Ausdruck kommt. 1977 formulierte *Otto Ulrich* in seinem Buch *Technik und Herrschaft* (S. 261) noch in skeptischer Einschätzung von Selbst- und Berufsverständnis vieler Ingenieure:

> Unsere hochtechnisierte Gesellschaft, die geradezu hilflos vor den immensen Folgeproblemen einer ungehemmten Industrialisierung steht, braucht den fachlich hochqualifizierten, mit sozialer Handlungskompetenz ausgestatteten, kritischen und mutigen Ingenieur, der die bloß instrumentale Vernunft und die Gleichgültigkeit gegenüber den äußeren Verwendungszusammenhängen seiner jeweiligen technischen Arbeit überwindet, die das Denken vieler Ingenieure kennzeichnet.

Am 22. Juni 1985 hat *Heinz Duddeck,* als Professor für Statik an der TU Braunschweig selbst Ingenieurwissenschaftler, in einem Vortrag auf dem fächerübergreifenden Gespräch der TU Braunschweig in der Augusteerhalle der Herzog August Bibliothek in Wolfenbüttel dem Thema „Der Ingenieur – kein homo faber" – nach dem Zitat des gesinnungsstärkenden Ingenieurlieds von *Heinrich Seidel* (1871, „Dem Ingenieur ist nichts zu schwere ..."") – folgende erhellende Facette abgewonnen:

> Ein Lied euphorischer Einfalt? Ein garstig Lied des homo faber, heute, 100 Jahre Später? Ein Lied, als die Welt noch heil war? Jeder Ingenieur also ein kleiner Leonardo da Vinci, der zeichnend und rechnend Maschinen und Brücken erfindet und baut. Und der ein wettergebräunter Ganghofer-Held ist, Luis Trencker und zugleich Röbling (der Brückenbauer von New York) in einer Person, der in Sturm und Wasserflut mit letzter Kraft das Seil verspannt, das Wehr und das Dorf rettet und erschöpft in die Arme der Geliebten sinkt?
>
> Nein, nein – auch ohne die Technikdiskussion der Frankfurter Schule zu Zeiten Habermas': Wir Ingenieure haben längst gelernt, über uns und unser Tun zu reflektieren.
>
> „Schweig", läßt Max Frisch Hanna, die Frau, zu ihrem Walter Faber sagen, „schweig, es wird alles so klein, wenn Du darüber redest." Dieser Ingenieur Walter Faber denkt und handelt ausschließlich in den Kategorien des Technikers. Wirklichkeit ist für ihn reduziert auf das Machbare, das Funktionierende. Technik als Kniff, die Welt so einzurichten, daß wir sie nicht erleben müssen. Ein solcher homo faber kann stundenlang über die Vorzüge einer Maschine reden. Er begreift aber nicht, warum z. B. Kafka so und gerade so Angst artikuliert. Und daß Leben, Lieben, Tod nicht mit Technik zu bestehen sind, begreift der Walter Faber nicht. Und er begreift es immer noch nicht, als alles wie eine griechische Tragödie mit Schlangenbiß und Krebstod endet.
>
> Diese Kritik zielt auf das Individuum, auf das, was Technik mit dem Ingenieur anrichtet, ihn zum homo faber macht, wenn er Denkmuster technischen Handelns in unzulässiger Weise aufs Ganze, was den Menschen ausmacht, überträgt.

Viel ist erreicht, wenn der Ingenieur sein Werk einzupassen sucht in dieses Ganze, was den Menschen und – müssen wir ergänzen – unsere gesellschaftliche und natürliche Lebenswelt ausmacht.

Die fachübergreifende Ingenieurausbildung am Beispiel Bauingenieurwesen

H. Duddeck

1. Einleitung

Ingenieure verändern, Technik einsetzend, die Welt. Bauingenieure verändern durch ihre Projekte auf und unter der Erde unmittelbar Stadt, Land und Wasser. Bauingenieure beeinflussen durch Verkehrsentwicklungen und die zugehörigen Bauten, durch Stadt- und Industriebauten die sozialen Strukturen. Sie partizipieren an der Verantwortung für die ökologische Umwelt durch Wasserwirtschaft und Wasserschutz, durch Abwasserreinigung und Abfalldeponien. Ihre Bauwerke und die Eingriffe in die bestehenden Strukturen sind dabei sogar noch von Dauer und oft irreversible Eingriffe (konzipierte Lebensdauer von Brücken und Hochbauten: mehr als 100 Jahre; von Kanälen und Stauseen meist viel länger).

Was müssen da Bauingenieure, wenn sie so stark in Umwelt und Gesellschaft eingreifen, im Sinne unserer Tagung mehr wissen, mehr können und mehr mitbringen als nur Technik?

Zur Beantwortung dieser Frage kann ich aus 3 Quellen schöpfen:

- ich leitete viele Jahre lang die Studienreformkommission Bauingenieurwesen überregional und in Niedersachsen;
- als Vorsitzender des Fakultätentages für Bauingenieurwesen habe ich an einer Schrift über die Entwicklungstendenzen im Fach Bauingenieurwesen mitgearbeitet;
- ich bringe nicht nur aus dem Fach Statik, das theoretische Grundlagen für alle konstruktiven Fächer bereitstellt, ein breites Fachwissen mit, sondern auch aus der Mitarbeit in der Bauingenieurpraxis bei vielen Großprojekten.

Fachübergreifende Ingenieurausbildung am Beisp. Bauingenieurwesen 43

Es wird nachfolgend versucht, die folgenden Fragen zu beantworten:

1) Welche Anforderungen an überfachliche Bildungs- und Ausbildungsaspekte stellen die praktischen Aufgaben des Bauingenieurwesens?
2) Was ist z. Z. schon an überfachlichen Elementen im Regelstudiengang Bauingenieurwesen enthalten?
3) Was kann man real tun, um den Anforderungen der Praxis in der universitären Ausbildung gerecht zu werden?
4) Zum Schluß will ich auch ein paar das Gesamtthema reflektierende kritische Bemerkungen machen.

2. Anforderungen der Praxis an die Ingenieure

Anforderungen an Idealprofil einer Ingenieursausbildung:

(a) zur Person	(b) ergänzende Bildung	(c) fachliche Ausbildung
– Kreativität	– das Lernen lernen	– große Fachbreite
– Motivation	– 2–3 Fremdsprachen	– praxisnahes Spezialwissen
– Führungseigenschaften	– gesellschaftliche Verantwortung	– technische Grundlagen voll beherrschen
– Tuer, Entscheider sein	– Begreifen der sozialen Implikationen	– Flexibilität für sich wandelnde Berufsfelder
– konstruktive Phantasie	– Ethik des Ingenieurs	– Management und Organisation
– Mobilität	– Technik als Teil der Kultur begreifen	– inhärente Systemtheorie
– Psychologie	– Gesellschaftliche Hauptprobleme verstehen	– Offenheit für neues Wissen

Die Anforderungen an den idealen Ingenieur sind aus Vorstellungen leitender Ingenieure zusammengestellt. Der Katalog übersteigt die realen Möglichkeiten auch des besten Studenten. Er zeigt jedoch – vielleicht ganz besonders den Lesern, die nicht von technischen Disziplinen kommen –, was Ingenieure von sich selbst fordern. Man kann die erwünschten Fähigkeiten und Kenntnisse in 3 Gruppen aufteilen:

(a) in Eigenschaften, die zur Person gehören, die man vielleicht schon weitgehend von Geburt an mitbringt;
(b) in die fachergänzende Bildung;
(c) in Anforderungen fachlicher Ausbildung.

Der ideale Ingenieur müßte schon von seiner persönlichen Begabung her Kreativität, Motivation, Führungseigenschaften mitbringen. Er sollte handeln und entscheiden können, auch wenn er Situationen nur intuitiv erfaßt. Er sollte mit konstruktiver Phantasie technische Lösungen finden, die schon richtig sind, bevor sie oder ohne daß sie berechnet werden. Seine Mobilität sollte ihm möglichst weltweite Erfahrungen eröffnen, und er sollte kraft seiner psychologischen Fähigkeiten Mitarbeiter für das Werk begeistern können.

Unter b) sind auch indirekte, unter c) direkte Studienziele genannt. Beginnen wir bei c): Die Ausbildung sollte einerseits mit einer großen Fachbreite viele Berufsfelder eröffnen, andererseits wenigstens auf Teilgebieten möglichst schon einsatzfähiges Wissen vermitteln. Die technischen Grundlagen (Mathematik, Mechanik) sollte der ideale Ingenieur so gut beherrschen, daß er der raschen Weiterentwicklung seines Faches nicht nur mühelos folgen kann, sondern daß er auch z. B. nach 20 Jahren bei sich wandelnden Berufsfeldern die Fachsparte noch wechseln kann. Da der Ingenieur aber nicht nur erfindet, sondern auch in die Produktion umsetzt, sollte er ein breites Grundlagenwissen von Management und Organisation erlernen. Wenn der Student den intellektuellen Prozeß technischen Tuns exemplarisch verstanden hat, wenn er die den technischen Systemen inhärente Theorie der Entscheidungsprozesse verstanden hat, wird er offen bleiben für neues Wissen, für die neuen technischen Prozesse seiner 30–40 Berufsjahre.

In der mittleren Spalte b) sind die Idealvorstellungen ergänzender Bildungselemente genannt. Für lebenslanges Lernen muß das Lernen erlernt werden. Ohne 1–2 Fremdsprachen bleibt man provinziell, Forschung ist unmöglich. Die Ausbildung sollte genügend Anregungen dafür geben, daß der Student die gesellschaftliche Verantwortung begreift, wenn er Technik in der Welt realisiert. Wissenschaft und Technik haben ihre Unschuld verloren, sie gefährden, wenn die sozialen Implikationen nicht ebenso wie die technischen Werke analysiert, prognostiziert werden. Man könnte sogar in Analogie zum Eid des Hippokrates der Ärzte eine ethische Verantwortung der Ingenieure fordern. Der Ingenieur sollte Technik als Teil der gesamten menschlichen Kultur begreifen. Übrigens, auch dem Nichtingenieur täte ein solches Begreifen not. Und schließlich sollte der ideale Ingenieur die gesellschaftlichen Hauptprobleme unserer Zeit aus der Kenntnis unserer kulturellen Wurzeln, unserer Geschichte verstehen.

Mit diesem Katalog von Anforderungen ist man jedoch jedem Realbezug weit davongeflogen. Das Idealbild gibt dennoch das Ziel an. Gerade die Praxis der Ingenieurtätigkeit verlangt also alles andere als

Fachübergreifende Ingenieurausbildung am Beisp. Bauingenieurwesen

einen Homo faber. Und es ist wichtig, hier zu betonen, daß dies das Selbstverständnis der Ingenieure ist. Dies ist keine Reaktion auf eine von außen kommende Kritik. Dieser Anforderungskatalog ist der Ingenieurtätigkeit inhärent.

Für die Hochschule leitet sich daraus die Aufgabe ab, wie wir durch Ausbildung anregen und durch Vorbild motivieren, daß die Studenten, die zu uns kommen, diesen Maximalanforderungen wenigstens in kleinen Schritten näher kommen. Die Universität hat sehr wohl auch dies zu leisten: ideale Ansprüche zu stellen, vorzuhalten, damit Studenten so werden, wie sie von ihrer potentiellen Veranlagung her werden könnten. Wir müssen uns jedoch fragen:

- Bringt der Student die zur Person gehörenden Begabungen und Fähigkeiten zu a) in der Übersicht überhaupt mit?
- Läßt er sich durch Lehre und Universitätsmilieu, die universitäre Umwelt, zur fachergänzenden Bildung nach b) anregen?
- Kann er durch direkte fachliche Ausbildung die Fähigkeiten und Fertigkeiten der Spalte c) erreichen?

Studenten halten hier entgegen: dies ziele auf die Anforderungen an den Vorstand einer Großfirma, auf leitende Funktionen, jedoch nicht auf den normalen Tätigkeitsbereich eines Ingenieurs.
In der Übersicht oben sind viele Elemente eigentlich indirekte Studienziele. Hier steht „Bildung", wo Prof. Zimmerli „Interdisziplinarität"

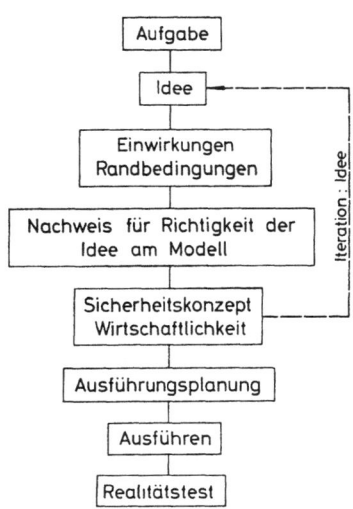

Abb. 1. Prinzipielle Arbeitsweise bei der Lösung einer technischen Aufgabe

fordert. Fachübergreifendes gibt es sowohl im Bereich der Ausbildung als auch im Bereich Bildung. Aus der Einteilung der Übersicht folgt eine wichtige Frage: Gehört Bildung zur individuellen Verantwortung für die je eigene Akzentsetzung des einzelnen Studenten? Sollen, dürfen Bildungsaspekte in die fachliche Ausbildung hinübergenommen, integriert werden? Sollen Professoren Bildung vermitteln? Kann man dies überhaupt? Überspitzt: Ethik des Ingenieurs in Prüfungen abfragbar? Verstehen wir dagegen Fachübergreifendes nicht nur als Vermeiden von Spezialistentum in einer Person, als Einstellung, Haltung, sondern als neue Qualitätsstufe des Kanons fachlicher Wissensgebiete, dann muß Lehre andere, zusätzliche Aspekte einschließen.

Damit deutlich wird, was Hauptaufgabe des Ingenieurs ist, welche intellektuelle Leistung die Lösung einer technischen Aufgabe verlangt, sind in Abb. 1 die wesentlichen Teilaufgaben einer Bauingenieurausbildung skizziert. Der Leser mag für sich selbst diese Teilaufgaben für den Bau z. B. eines Fernsehturms in Frankfurt, eines Flutsperrwerks in der Eider, eines Klärwerks für ein chemisches Großwerk, den Autobahntunnel unter der Elbe in Hamburg konkretisieren.

Die funktionelle Aufgabe stellt der Bauherr, bei Großprojekten in der Regel das politische Entscheidungsgremium, also die Gesellschaft. Die Ingenieure entwickeln daraufhin die grundsätzliche technische Lösung oft mit dem Durchspielen vieler Varianten (für eine Elbquerung also: Brücke oder Tunnel? Wo und welche Anbindung an bestehende Straßen? Wie wird Akzeptanz durch die Bevölkerung gesichert? Welche Tunneltechnik? Ist diese Technik überhaupt machbar und finanzierbar?).

Dann sind, um Prognosen für zukünftiges Verhalten beim Bau, Betrieb und in Endzuständen zu erhalten, Modelle in Phantasie, Zeichnung und Berechnung zu entwickeln, die die zukünftige Wirklichkeit abbilden. Dazu gehören alle Einwirkungen auf das Bauwerk (nicht nur Wind, Wasser, Lasten) auch die Abbildung sozialer Randbedingungen, z. B. das Verkehrsverhalten bei Straßenprojekten.

An rechnerischen, oft sehr komplexen aufwendigen Modellen berechnen Ingenieure nicht nur die Beanspruchungen des Bauwerks selbst (Fernsehturm im Jahrhundertsturm), sondern auch die Folgen des technischen Bauwerks auf die soziale und natürliche Umgebung (Wie verändert sich die Stadt Hamburg durch einen Elbtunnel? Was geschieht mit einem Fluß, wenn er erwärmtes Wasser eines Kraftwerks bei Niedrigstwasser aufnehmen muß?). Solche Berechnungen an Modellen von der Realität liefern die Kriterien,

- ob das Bauwerk seine Funktion erfüllen wird;
- ob es selbst in 100 Jahren keinen Schaden erleidet, sicher ist;
- ob das Werk niemand anderem Schaden zufügt;
- ob es andererseits die wirtschaftlichste Lösung aller denkbaren Varianten ist.

Erst wenn das Modell diese Forderungen und Fragen bestätigt, wird in Plänen und Berechnungen, in Bauverträgen und Baustellenplanungen die Ausführung vorbereitet, gebaut und Qualität der Ausführung gesichert. Ingenieure sind einem harten Realitätstest unterworfen: Fehler in den oft notwendigerweise stark vereinfachten, abstrahierten Abbildungsmodellen der sehr komplexen Realität werden durch Versagen des Bauwerks, durch Nichterfüllen der geplanten Funktion geahndet. Und es gibt nicht nur das Versagen der technischen Planung. Das Werk und der Ingenieur können auch scheitern, wenn z. B. die soziale Akzeptanz falsch beurteilt, wenn z. B. Verkehrsfolgen für die betroffenen Stadtteile falsch prognostiziert wurden.

Man darf diesen grundsätzlichen Prozeß technischen Planens, Entwerfens und Verifizierens an Modellen von der Wirklichkeit nicht aus den Augen verlieren, wenn über fachübergreifende Aspekte der Ingenieurdisziplinen diskutiert wird. Bauingenieure haben längst – manchmal auf sehr schmerzhafte Weise – erfahren, daß das Bauen in der realen Welt mit Technik allein nicht zu meistern ist. In der Technik wenden sie wohl naturwissenschaftliche Erkenntnisse an. Bei der Realisierung ihres Werkes sind jedoch – weil das Werk schließlich dem Menschen dienen soll – auch geisteswissenschaftliche Belange involviert. Die Brücke verändert nicht nur die Landschaft, sondern auch die Menschen, historische Bezüge, Stadtentwicklungen, Kommunikationen. Und ihr Baumeister, der Ingenieur, muß soziale Bezüge verstehen, Menschenführung, Sprachen beherrschen, Überzeugungsarbeit leisten. Vom zeitaufwendigen, geduldigen oft frustrierenden Umgang mit Bürgerinitiativen ganz zu schweigen. Er muß viel mehr sein als ein Techniker, nämlich ein Ingenieur, der den Gesamtkontext seines Werkes (eben mit einem guten Quantum Ingenium) übersieht [2].

In Abb. 2 ist die Summe aller Ingenieurtätigkeiten in Stichworten genannt, die in ein Großprojekt wie den Bau der neuen Bundesbahnschnellstrecken z. B. Hannover – Würzburg eingehen. Diese Aufgabenbereiche muß ein Dezernent der Bundesbahn z. T. beherrschen, mindestens so übersehen, daß er die entsprechenden Fachexperten hinzuziehen kann. Er hat die wesentliche Aufgabe der richtigen Koordinierung, einer gewissen funktionellen und zeitlichen Hierarchie der

48   H. Duddeck

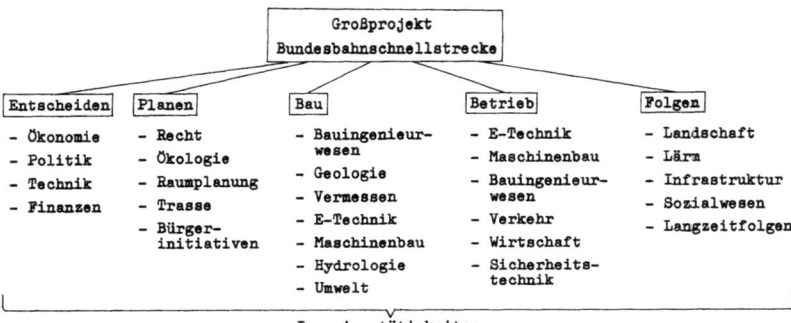

Abb. 2

zu lösenden Probleme zu leisten, damit das Werk als einheitliches Ganzes gelingt. Da sind tausend Details in ein Gesamtkonzept einzuordnen. Was nutzt die modernste elektronische Verkehrssicherung, wenn die Drainage nach wenigen Jahren zugesintert ist. Ingenieure sind heute längst daran gewöhnt, daß sie die gesamte in der Übersicht skizzierte Komplexität einer Aufgabe in ihren Planungen und Entscheidungen einbeziehen müssen.

Verstärkte Aufgaben des Bauingenieurs in der Zukunft

1) Generalplanung von Projekten (Generalist) mit Nutzungsanalysen, Finanzierung, Umwelteinfluß, Planungsprozessen, Akzeptanz von Bürgerbeteiligung
2) Umweltschutz und Umweltgestaltung (Bau und Betrieb): Wasserversorgung, Abwassertechnik, Abfalltechnik, Emissionsschutz
3) Erhalten und Sanieren
4) Unterirdisches Bauen
5) Sicherheitstechnik, Schadens-Risiko-Analyse
6) Informatik, CAD, CAE
7) Akzentverschiebung zu Betrieb, Regelung technischer Systeme
8) Fachübergreifende Tätigkeiten, z. B. bei technischen Großsystemen, Umweltschutz, Behörden

Der Fakultätentag für Bauingenieurwesen hat [3] die Entwicklungstendenzen der Aufgaben der Bauingenieurpraxis zusammengestellt. Obige Übersicht nennt die wesentlichen Gebiete.

– In Zukunft wird der Generalist stärker gesucht werden, der jedoch erst nach Erfahrung und Tiefgang in einem Feld, die Breite im

Reifeprozeß erobert. „Generalist" als Ausbildungsziel führt eher zu oberflächlichem Allroundschwätzer.
- Die Aufgaben im Umweltschutz erfordern viel an Interdisziplinarität mit Chemie, Verfahrenstechnik, Mikrobiologie u. a.
- Bauingenieure werden nicht nur mehr erhalten, unterhalten und sanieren müssen – mit Hilfe besserer Physik- und Umweltkenntnisse;
- sie werden auch sehr verstärkt Tunnel, Lagerräume, Kavernen, Abfalldeponien unterirdisch bauen, also mehr über Fels, Boden, Gebirge wissen müssen.
- Da die Projekte wie Kraftanlagen, Wasserschutzbauten, Verkehrssysteme, Kanaltunnel größer und komplexer werden, sind fachübergreifende Kenntnisse, Fähigkeiten zur Integration gefordert. Die zukünftigen Aufgaben bringen deutlich ein Mehr an überfachlicher Verantwortlichkeit.

Anforderungen an Bauingenieure für zukünftige Aufgaben

1) Breite Grundausbildung, um für Wechsel des Tätigkeitsfeldes flexibel zu bleiben
2) Exemplarisches Erfahren der Komplexheit wissenschaftlicher Zusammenhänge
3) Berücksichtigung der Aspekte gesellschaftlicher Mitverantwortung, der Wechselwirkung von Mensch, Technik, Umwelt; Verstehen der gesellschaftlichen Implikationen technischen Planens und Handelns
4) Neben Fachkompetenz fundierter Überblick über Nachbargebiete
5) Fähigkeit zum interdisziplinären Arbeiten, zur Integration

In obiger Übersicht sind die wichtigsten Anforderungen an Ingenieure skizziert, die der Fakultätentag Bauingenieurwesen für die zukünftigen Aufgaben sieht [3]. Da findet sich alles wieder wie in der 1. Übersicht: die breite Grundausbildung, das exemplarische Heranführen an Wissenschaft, dann aber was uns hier angeht:

- die gesellschaftliche Mitverantwortung, die Wechselwirkung von Mensch-Technik-Umwelt;
- neben der Fachkompetenz ein fundierter Überblick über Nachbargebiete, damit man interdisziplinär arbeiten kann und zur Integration anderer Fachgebiete auch fähig wird.

Spezielle Defizite der Fähigkeiten junger Ingenieure, ebenfalls vom Fakultätentag zusammengestellt, sind nur die negative Spiegelseite der Anforderungen. Für die Diskussion ist hier wesentlich, daß das synthetische, ganzheitliche Denken oft fehlt, gescheut wird, vielleicht weil

50 H. Duddeck

Ingenieure zu sehr das Berechnen lernen, weil sie nicht – das Analytische ergänzend – auch den bei Geisteswissenschaften üblichen synthetischen Weg des Zugewinns an Erkenntnissen erfahren.

3. Die Gesamtheit fachübergreifender Aspekte im Ingenieurstudium

Da Diskussionen zu diesem Thema meist darauf hinauslaufen, unter fachübergreifenden Aspekten vorwiegend, ja eigentlich sogar ausschließlich nur gesellschaftsbezogenes Überfachliches zu sehen, sind in folgender Übersicht und in Abb. 3 exemplarisch für die Bauingenieure die Gesamtheit aller überfachlichen Kenntnisse aufgezeigt.

Fachübergreifende Aspekte beim Tätigkeitsfeld Bauingenieurwesen

1) Abfall- und Deponietechnik   (Verfahrenstechnik)
2) Qualitätssicherung des Wassers   (Chemie)
3) Sanierung und Erhaltung   (Physik)
4) Fels- und Tunnelbau   (Geologie, Bergbau)
5) Management und Baubetrieb   (Wirtschaft, Recht)
6) Verkehrssicherheit   (Psychologie)
7) Schadens-Risiko-Analysen   (Sicherheitstheorie)
8) Umweltschützendes Bauen   (Ökologie, Botanik u. a.)
9) Stadt- und Raumplanung   (Soziologie, Politologie)
10) Numerische Methoden, CAE, CAD   (Informatik)

Abb. 3. Ergänzende Anteile an Fachwissen und Fachbildung am Beispiel des Studiums Bauingenieurwesen

Bauingenieure sind in den genannten 10 Tätigkeitsfeldern nur dann gute Ingenieure, wenn sie eben auch von Verfahrenstechnik, Chemie, Physik, Geologie usw., von Ökologie, Sozialbezügen, Informatik nicht nur eine Ahnung haben, sondern fundierte Kenntnisse besitzen. Man muß einmal Straßenbauingenieure hören, die Landschaftsausgleichsmaßnahmen z. B. für den Bau einer Autobahn in Ostfriesland veranlassen, wie die von Brach- und Stelzvögeln, Numenius und Himantopus himantopus, von Balz- und Brütritualen schwärmen und begeistert vom Einfallen der Graugänse auf den neu geschützten Äckern berichten. Die haben nicht nur in Bürgerversammlungen viel Nichttechnisches hinzugelernt.

Wenn man alles nennt, was – hier exemplarisch – das Bauingenieurwesen von Nachbardisziplinen als zubringendes Wissen einfordert, kann man dies etwa wie in Abb. 3 darstellen. Es gibt eine enge Vernetzung sehr vieler Fachgebiete, die einen Studiengang, eine Fachausbildung ausmachen. Die Anteile der hereinragenden „Blütenblätter" sind natürlich nicht gleich. Eine solche „Sonnenblume" kann man selbstverständlich für jede Berufssparte mit größerer Komplexität zeichnen.

Und nehmen wir das Ganze an Interdisziplinarität, dann haben die Sozial- und Geisteswissenschaften vielleicht nur den in Abb. 3 angelegten Anteil daran. Der ist aber nur deshalb so klein, weil viele geisteswissenschaftliche Aspekte in den meisten anderen, oft sehr fachnahen Anteilen des Studiums enthalten sind. Die Philosophie, die schwebt als Königin der Wissenschaften gewissermaßen als „heiliger Geist" über der ganzen Blume und durchdringt mit Fragen der Ethik und Verantwortung alle Teile.

Reden wir hier über diese schattierte Fläche? Um nicht mißverstanden zu werden: dies stellt Ausbildung dar, nicht Bildung. Bildung bleibt individuell und läßt sich nicht in ein Bild einfangen, denn die legitimen Interessen jedes Einzelnen sind sehr anders: Ein Bauingenieur, der zugleich ein Informatikfreak ist, ist einem anderen, der ein Musikfan ist, an – freilich inkomparabler – Bildung gleich.

Ein zum Nach-Denken zwingender Aspekt sei noch hinzugefügt. Alle Blütenblätter in Abb. 3 werden von Bauingenieuren direkt abgerufen, gesucht, hereingeholt. Nur die Sozialwissenschaften werden nicht nur gesucht, geholt, sie drängeln zusätzlich hinein. Wieso eigentlich? Und noch eins: Wo ist hier bei der Sonnenblume in Abb. 3 die Grenze von technischen und nichttechnischen Fachaspekten? Was wird aus unserer Diskussion, wenn gar gesellschaftliche Aspekte technikimmanenter sind als z. B. Recht oder Geologie?

Es gibt einen direkten Nutzen überfachlicher Aspekte, nämlich dann, wenn sie unmittelbar zur besseren technischen Lösung der Gesamtaufgabe beitragen. Sind Ingenieure in die Entscheidungsfindung in Kommunen, Parlamenten, als Leiter der Exekutive direkt eingebunden, dann brauchen sie gesellschaftsbezogenes Wissen und Können unmittelbar. Es gibt aber auch schon einen indirekten Nutzen des Blicks über den Tellerrand des engeren Fachs, wenn nämlich mit dem Wissen um die Gesamtbezüge eines Großprojekts die eigene Facharbeit besser eingeordnet, also besser geleistet wird. Aus dem Gesamtkontext wird auch der Anteil an der Verantwortlichkeit für Technik besser erkennbar, den Ingenieure direkt tragen. Die Hauptverantwortlichkeit liegt aber nahezu immer auf der Ebene gesellschaftlich-politischer Entscheidungen. Ob man ein Überschallflugzeug bauen soll, ist nicht eine technische Entscheidung.

4. Fachübergreifende Anteile in der Ingenieurausbildung

Was können Studienpläne, die Hochschulen zur Einbeziehung nichttechnischer Ergänzungen leisten? In nachstehender Übersicht sind die Anteile aus den überregionalen Empfehlungen für die Studienreform Bauingenieurwesen genannt. Darin bleiben konkret nur die 8 Wahlstunden, die Behandlung in speziellen integrierenden Seminaren und vor allem die Integration in die Baufächer selbst.

Fachübergreifende Lehrveranstaltungen Bauingenieurwesen

1) Wahlpflichtfächer (1.–7. Semester)	8 SWS
2) Seminar: Projekte I und II	7 SWS
	ca. 8 % aller SWS

„Fachübergreifende Aspekte der Ingenieuraufgaben, gesellschaftliche Bedingungen, Umweltbelange, Problematik der Entwicklungsländer, Sicherheitstechnik, gestalterische Gesichtspunkte sind neben speziell dafür ausgewiesenen Lehrveranstaltungen auch in den jeweiligen Einzelfächern zu behandeln."

Unsere technischen Studiengänge sind schon jetzt mit 25 Semesterwochenstunden und mehr je Semester zu dicht. Die Zwänge sind schier unüberwindbar, erst recht wenn wir auf eine effektive Studiendauer von 10 Semestern zielen (statt der jetzigen von mehr als 13 Semestern).

Als Vorsitzender von Studienreformkommissionen habe ich nur Briefe und Mahnungen erhalten, noch mehr aufzunehmen. Wir haben daher nur eine Option. Wir müssen die so dringend gewünschten und notwendigen überfachlichen Aspekte nicht so sehr durch additive Lehrveranstaltungen einbringen, sondern durch die direkte Integration in die Ingenieurfächer.

Fachübergreifende Aspekte des Ingenieurstudiums

1) In Fachlehre integrieren
2) Additiv in Wahlfächern anbieten
3) Erwünschte Inhalte:
   - Technikgeschichte,
   - gesellschaftliche Implikationen von Technik,
   - Technikfolgen und Ethik der Technik,
   - inhärente Systemtheorie (was Technik eigentlich ist),
   - Sinnvermittlung von Technik (?),
   - Ökologie und Umwelt,
   alles möglichst konkret am Studienfach aufgezeigt.

Wir müssen die Professoren motivieren, diese Aspekte in ihren fachspezifischen Stoff einzugliedern. So werden sie wegen der Fachnähe zugleich auch besser von den Studenten aufgenommen. Freilich, wer lehrt die Fachprofessoren, die überfachlichen Aspekte zu lehren? Wenn wir jedoch auf die Bildung – nicht auf die Ausbildung – zielen, dann müssen wir den Studenten auch in den anderen Bildungsquellen erreichen. Die Universität hat da m. E. nur einen recht bescheidenen Sektor der Bildungseinflüsse. Dies sind Bereiche wie indirekte Fachbildung und Universitätsambiente. Wollen wir auch in die anderen Sektoren Bildung, die der Ingenieur braucht, hineintragen, muß er eher über Aufklären, Motivieren, Überzeugen zu individuellen Bildungskonzepten angeregt werden. Studiengänge und Prüfungen leisten da wenig.

Fachübergreifende Aufbau- und Kontaktstudien	*Bauingenieurwesen*
1) Numerische Methoden	(Informatik)
2) Abfall- und Deponietechnik	(Verfahrenstechnik)
3) Qualitätssicherung des Wassers	(Chemie)
4) Sanierung und Erhaltung	(Physik)
5) Fels- und Tunnelbau	(Geologie)
6) Management und Baubetrieb	(Wirtschaft)
7) Verkehrssicherheit	(Psychologie)

8) Schadens-Risiko-Analysen (Sicherheitstheorie)
9) Bauen in Entwicklungsländern (Ökologie, Ökonomie)

In obiger Übersicht sind charakteristische Aufbau- und Kontaktstudien für den Bauingenieur mit ihren Bezügen zu benachbarten, das zubringende Wissen darreichenden Fachbereichen aufgelistet. Deutlich ist darin die Tendenz nach mehr Interdisziplinarität abzulesen, freilich nicht nur in Richtung auf Geistes- und Sozialwissenschaften, sondern auch zur Integration aller anderen Disziplinen. Hier ist keine „Trägheit der disziplinären Systeme" vorhanden, sondern im Gegenteil: die technischen Aufgaben zwingen Ingenieure geradezu zur Interdisziplinarität.

Für die Grundlagenforschung in technischen Fächern kann man analoge Beziehungen aufzeigen. Die Institute der Technik überschreiten z. B. mit ihren Dissertationen auf allen Gebieten den fachengen Rahmen und sind – nimmt man die gesamte Universität – auf vielfache Weise mit vielen Fachgebieten anderer Fächer stark vernetzt. Diese Transgression der engeren Fachgebiete wird in der fachlichen Zusammensetzung von Sonderforschungsbereichen der Deutschen Forschungsgemeinschaft besonders sichtbar.

Dennoch bleibt im Lehrplan der Technikfächer ein spezifisches Defizit an Lehrveranstaltungen, die über Technik reflektieren. Dazu gehören u. a.

- Technikgeschichte,
- gesellschaftliche Implikationen von Technik,
- Probleme der Technikfolgen,
- technikinhärente Systemtheorie (was Technik eigentlich ist),
- Technik und Umwelt,
- Ethik der Technik.

5. Schlußbemerkungen

Zum Schluß sei noch einiges gesagt, was die Diskussion beflügeln soll, insbesondere zum Verhältnis der Geistes- und Ingenieurwissenschaften.
Wir sind uns sehr wohl darüber einig, daß Technik und besonders die Großsysteme heute eine Entwicklung nehmen können, die den Menschen, seine gesellschaftlichen Strukturen gefährden, weil die sozialen Implikationen der Technik nicht gesehen werden. Ingenieure geraten nur deshalb so oft in Verteidigungspositionen, weil sie den kritischen Übertreibungen widerstehen wollen – vielleicht sogar müssen. Denn wer sonst kann die so deutsch-traditionellen Weltuntergangspropheten in die nicht ganz so chancenlose Realität zurückholen?
Es gibt einen wesentlichen Bereich, der in gleicher Weise für Ingenieur- und Geisteswissenschaften charakteristisch ist. Dies ist der ganzheitliche, qualitative, synthetische Ansatz im Gegensatz zum analytischen. Der Ingenieur meistert einerseits seine Probleme durch die Analyse, durch die Beurteilung mit Maß und Zahl. Ein großer Teil seiner Leistungen, vielleicht 50%, besteht jedoch in der intuitiv richtigen Erfassung der Gesamtproblematik. Ein entscheidender Teil einer Ingenieurleistung entzieht sich der naturwissenschaftlichen Methodik des Analysierens und Berechnens. Im ganzheitlichen synthetischen Weg des Zugewinns an Erkenntnissen sind wir den Ansätzen der Geisteswissenschaften näher. Hier können wir von den Geisteswissenschaften sogar Methodisches lernen. Daher brauchen wir, die Ingenieure, dringend die anderen Denkkategorien, die so ganz andere Problemsuche der Geistes- und Sozialwissenschaften. Dazu gehören das bessere Verständnis von Werden und Sein unserer einheitlichen Geist-Technik-Kultur, die so fruchtbaren synthetischen Denkansätze, die anderen Methoden, die ohne Maß und Zahl zu Entscheidungen führen. Wir brauchen das reflektorische Selbstverständnis, was Technik da eigentlich ist und tut.
Dennoch sehe ich nicht, daß Serviceleistungen anderer Fakultäten dem durchschnittlichen Ingenieurstudenten viel geben. Es beginnt mit der Sprache. Der Ingenieur ist – leider – bis zur Kargheit, Dürftigkeit knapp, ja sprachlos. Die Menge der realen Inhalte ist in Zeichnung, Formel und Zahl beim Ingenieur stets größer als das, was er sprachlich unmittelbar artikulieren kann. Bei den Sozialwissenschaften gehen dagegen – so meint der Ingenieur – die realen Inhalte in Eloquenz verloren wie die Stecknadel im Heuhaufen. Ist da die Integration sozial- und geisteswissenschaftlicher Bezüge in die eigentlichen Inge-

nieurfächer nicht effektiver als die fachfremde Addition? Wie weit muß man andererseits Technik verstehen, um Fachübergreifendes an Technikstudenten zu vermitteln? Und muß man auch Bildung lehren? Ist Studium nicht auch Selbststudium? Wenn jedoch z. B. in Studienreformgesprächen Sozialwissenschaftler den Anspruch erheben, den Ingenieuren das fehlende zureichende Wissen an überfachlicher Bildung geben zu können, weckt dies Mißtrauen und sei es aus Vorurteilen, die noch nicht abgebaut sind.

Wenn – überspitzt gesagt – der Studienplan der Ingenieure etwa genauso viele Stunden wie Mathematik enthalten soll für soziale Verantwortung, Technikgeschichte, gesellschaftliche Hauptprobleme, Umwelt usw., dann gibt es allerlei Widerstände. Die Ingenieure haben auch einen manchmal nicht unbegründeten Argwohn, daß da diejenigen normative Anweisungen geben, zureichendes Wissen vermitteln wollen, Maßstäbe einer Ingenieurethik setzen wollen, die zu wenig wissen, wie Technik im Konkreten eigentlich funktioniert, die nicht sehen, daß Ingenieure sehr wohl die kritische Reflexion lernen, schon wegen der harten Realitätstests in ihren eigentlichen Arbeiten (falsch gedacht: Brücke stürzt ein). Solange Fachvertreter der Sozialwissenschaften auf der Suche nach Schuldigen für Krisensymptome, die in der Regel die Gesellschaft verursacht, die auf den Homo faber heruntergekommenen Ingenieure ausmachen, solange werden Ingenieure Widerstand leisten. Wir Ingenieure fragen zurück, ob solche Schuldzuweisungen nicht eher aus der Tradition deutscher Denker folgen, die Technik kaum als Teil von Kultur verstanden. Wer hat denn Technikfeindlichkeit in den Massenmedien erzeugt? Waren es etwa nicht die Sozialromantiker der 68er Generation? Und warum sind Ingenieure eigentlich so wenig gleichberechtigte Gesprächspartner in den Medien? Es liegt ja nicht nur am Unvermögen der Ingenieure selbst.

Daher seien einige kritisch provozierende Gegenfragen erlaubt.

1) Wieso eigentlich brauchen Geistes- und Sozialwissenschaften keine fachübergreifende Ausbildung, Bildung zur Technik hin?
2) Wieso eigentlich brauchen Juristen, Lehrer, Politiker nicht zu wissen:
   – was Technik eigentlich ist,
   – was die 2 Hauptsätze der Thermodynamik aussagen,
   – was Ingenieure tun, wie sie zu Entscheidungen kommen? Sind da die Defizite bei Geistes- und Sozialwissenschaften nicht sogar größer als umgekehrt bei den Ingenieuren?

3) Entscheidungen, Technik einzusetzen, fällen meist nicht die Ingenieure, sondern die da, die bei Einweihungen in der ersten Reihe stehen. Wieso weist der gesellschaftlich kritische Zeigefinger in unseren Massenmedien (und nicht nur dort) auf den Ingenieur?

4) Vielleicht könnte die Schulung an technischen Denkkategorien sogar zu einer besseren Kultur beitragen. Dann mag ein Walter Jens von sich aus nicht (in *Die Zeit*) schreiben, daß die Mauern um Kernkraftwerke symptomatisch für die „Wagenburg Technik" seien. Als ob nicht auch die Gesellschaft krank sein kann, die aggressiv das angreift, was sie in ihren parlamentarischen Gremien beschließt.

Literatur

1. Böhme H (Hrsg) (1980) Ingenieure für die Zukunft, Ergebnisse und Forderungen des 2. Internationalen Kongresses für Ingenieurausbildung in Darmstadt, Moos, München
2. Duddeck H (1986) Der Ingenieur – kein Homo faber. Bauingenieur 61:1–7
3. Entwicklungstendenzen im Bauingenieurwesen und Folgerungen für die Lehre an Universitäten. Fakultätentag für Bauingenieur und Vermessungswesen. Eigenverlag 1988

I.2 Voten

Ganzheitliches Denken und Ingenieurausbildung

K. Mainzer

Die Suche nach den großen Zusammenhängen hat heute deshalb Konjunktur, da jedermann zu fühlen glaubt: Alles auf diesem Planeten einschließlich unserer eigenen Existenz hängt mit allem zusammen – unsere Lebenseinstellung mit unserem Konsumverhalten, mit der Wirtschaft, dem Recht, der Umwelt, Technik und Naturwissenschaft. Man spricht vom *ganzheitlich-ökologischen Denken,* in dem natur-, sozial- und geisteswissenschaftliche Perspektiven gleichermaßen mit eingehen. Die Motivationslage ist also heute eher im Übermaß da. Wie bringen wir sie auf den Begriff und in das Ausbildungsniveau des Ingenieurs?

Herr Zimmerli hebt im Braunschweiger Modell neue curriculare Ausbildungsformen hervor. In dem Zusammenhang kommt es darauf an, dem angehenden Ingenieur deutlich zu machen, daß geistes- und sozialwissenschaftliche Probleme keine aufgepfropften Ideologiediskussionen sind, die dem ingenieurwissenschaftlichen Denken fremd sind. Es handelt sich vielmehr um die Fortführung des vertrauten Denkens in vernetzten Problemkreisen, zu dem der Ingenieur bereits in den traditionellen Ausbildungsteilen seines Studiums erzogen wird. Zu guten und erfolgreichen Lösungen in der Architektur, Stadtplanung etc., aber auch im Maschinenbau, in der Konstruktionsplanung und anderswo gehört eben die Beachtung von Umweltaspekten, der Mensch-Maschine-Schnittstelle usw. dazu. Nur so wird der Gegensatz zwischen einer „ökologisch-ganzheitlichen" und einer „atomistisch-mechanistischen" Betrachtungsweise, wie er z. B. in der New-age-Ecke konstruiert wird, überwunden.[1]

---

[1] K. Mainzer, Aufgaben und Ziele der Wissenschaftsphilosophie. Augsburger Universitätsreden. Augsburg 1990.

Für die Ausbildung ist also erforderlich, daß nicht nur neue fachübergreifende Studienteile der Geistes- und Sozialwissenschaften eingerichtet werden. Sie stoßen sowieso an die Grenzen von Stoff- und Zeitkapazitäten. Vor allem müssen die derzeitigen und künftigen Kollegen mit ingenieurwissenschaftlichen Fächern erreicht und motiviert werden, um fachübergreifende sozial- und geisteswissenschaftliche Aspekte bereits in ihre disziplinären Veranstaltungen mit einfließen zu lassen. Das mag keine hinreichende, aber notwendige Voraussetzung sein, um „Akzeptanzschwellen" für sozial- und geisteswissenschaftliche Ausbildungsteile bei Ingenieurwissenschaftlern zu überwinden.

Aspekte der Technostruktur

K.J. Schmidt-Tiedemann

1. Technostruktur „auf einen Blick"

Die Vorträge und Diskussionen des Ladenburger Diskurses im Februar 1989 haben gezeigt, daß das Techniksystem aus sehr unterschiedlichen Blickwinkeln betrachtet werden kann. Dies gilt folglich auch für die Beurteilung von Technikanteilen in geisteswissenschaftlichen Studieninhalten. Manche Betrachtungsweisen liegen so weit auseinander, daß die daraus gezogenen Schlußfolgerungen fast inkompatibel erscheinen.

Es könnte daher nützlich sein, einen Überblick über die gesamte Technostruktur zu entwerfen, in dessen Teilbereichen sich die verschiedenen Standpunkte wiederfinden lassen. Im folgenden (s. Übersicht S. 61) wird der Versuch eines solchen, aus den 3 Strata Hochschule, Industrie und Gesellschaft aufgebauten Strukturdiagramms vorgestellt. Diese Schichten sollten nicht als vollständig disjunkt betrachtet werden, d.h. Überlappungen und partielle Inklusionen sind nicht ausgeschlossen. Der Autor lädt hiermit zu kritischen Diskussionsbemerkungen ein, die das Modell verbessern oder (ganz oder teilweise) in Frage stellen können.

Als Grobstruktur wird diese Übersicht natürlich viele Feinheiten unterdrücken müssen. Andererseits sollte ein reduktionistischer Grundansatz vermieden werden, damit das Modell für möglichst viele Interpretationen der darin enthaltenen Interaktionsmuster offen bleibt. Der gewählte Detaillierungsgrad geht von der Forderung aus, die Struktur gewissermaßen „auf einen Blick", d.h. auf einer locker beschrifteten Seite überschaubar zu halten.

Aspekte der Technostruktur

Gesellschaft	Folgenabschätzung	(Prognosen)
Verwendung	Bewertung	(Prioritäten, „trade-offs")
(Besitz)	Umgangsformen	(Vorschriften)
WAS (pragmatisch)	Nutzung	(Bedarf, Kenntnisse)

Industrie	Produktentwicklung	Prozeßentwicklung
F & E	Spezialtechnologien	Generische Themen
(Eigentum)		Nachfrage: Funktionen
WIE (kognitiv)		Angebot: Potentiale

Hochschule	Inselthemen	< >	Generische Themen
Forschung, Lehre	erkennen		erkennen
(Ubiquität)	verstehen	< >	verstehen
WARUM (analytisch)			bewirken

2. Grundsätzliche Verhaltensmuster

Auf der linken Seite der Übersicht werden die in den einzelnen Schichten stark unterschiedlichen Grundbeziehungen zur Technik dargestellt. Im industriellen Bereich werden nur die kreativen Funktionen Forschung und Entwicklung betrachtet. Der eigentliche Produktionsprozeß wird in dieser kurzen Notiz nicht diskutiert, da über seine technischen, wirtschaftlichen und sozialen Verflechtungen bereits eine umfangreiche Spezialliteratur existiert.
Die Beschreibung erfolgt in der Reihenfolge von unten nach oben.
In der *Hochschule,* vorwiegend in den natur- und ingenieurwissenschaftlichen Fächern, ist das Hauptziel der Forschung das Erkennen und Verstehen von naturgesetzlichen, empirischen und systemorientierten (Software!) Zusammenhängen sowie die Entwicklung einschlägiger Theorien. Das methodisch-analytische Vorgehen orientiert sich

an der Leitfrage „*Warum* läuft der und der Vorgang so und so ab?". Die publizierten Ergebnisse der Hochschulforschung stehen (abgesehen von projektbezogenen Einschränkungen in Einzelfällen) international jedermann kostenlos zur Verfügung. Sie zählen also wirtschaftlich gesehen quasi zu den Ubiquitäten, obgleich ihre Erarbeitung u. U. mit ganz erheblichen volkswirtschaftlichen Kosten verbunden ist.

Die *industrielle Forschung und Entwicklung* strebt ebenfalls nach Erkenntnis, stellt jedoch das Verwertungsinteresse deutlich in den Vordergrund. Wichtigste Wissensform ist das Know-how, d. h. „*Wie* sind bestimmte gegebene oder neu zu findende Materialien, Behandlungsweisen und Softwarestrukturen zu kombinieren, um vorgegebene (oder vorgestellte) Produktfunktionen ökonomisch zu realisieren?" Für dieses Wissen ist theoretische Begründbarkeit nicht (immer) gefordert, oft auch mangels geeigneter Theorien gar nicht möglich. Vieles ist empirische, wenn auch u. U. sehr komplexe „Handwerkskunst". Wirtschaftlich gehören Forschungsergebnisse zum geistigen Eigentum des Unternehmens und müssen ihre Gestehungskosten durch entsprechende Deckungsbeiträge aus Produktverkäufen, Lizenzvergaben oder ähnlichem selbst finanzieren. Strategische, langfristige und risikoreiche Forschungsvorhaben, für die noch keine kausale Zuordnung zu Produkten möglich ist, gehen zu Lasten des laufenden Betriebsergebnisses.

Als *Gesellschaft* (in dem hier gemeinten Sinn) stehen die Bürger den eingeführten Techniken als private oder professionelle Nutzer und ggf. Betroffene gegenüber. Das für den Umgang mit technischem Gerät notwendige Wissen konzentriert sich auf die Frage „*Was* muß ich tun, um die gewünschte technische Funktion in Gang zu setzen, und welches Gerät erfüllt meine Wünsche am besten?" Wissensquellen dafür sind Gebrauchsanleitungen und Gerätebeschreibungen. Wie das Gerät funktioniert, liegt i. allg. außerhalb der Interessensphäre des Benutzers.

Technische Geräte im Haushalt und technische Produktionsmittel gelten als Eigentum, über das der Besitzer im Rahmen geltender Rechtsvorschriften frei verfügen kann, mit gewissen (z. T. selbst auferlegten) Pflichten zur Pflege und Instandhaltung. Die soziale Verantwortung gegenüber öffentlichen Infrastruktureinrichtungen ohne offensichtliche Eigentumsbindung stellt ein besonderes Problem dar.

3. Handlungsformen innerhalb der Technostruktur

Technische Studieninhalte der Geisteswissenschaften sollten neben einigen technikwissenschaftlichen Grundkenntnissen („Lehrbuchwissen") v. a. Kenntnisse über typische Handlungsformen umfassen, die vielleicht irgendwo zwischen reinem „Verfügungswissen" und reinem „Orientierungswissen (über Ziele)" anzusiedeln sind. Solche Handlungsweisen sind im mittleren und rechten Teil der Übersicht dargestellt.

Im *Hochschulbereich* treffen wir neben Forschungsprojekten, die sich der Aufklärung eines ganz bestimmten Sachverhaltes widmen („Inselthemen"), auch solche an, die als Basis für ein breites Feld von weiteren Fragestellungen und Anwendungen intendiert sind. Betrachten wir als Beispiel aus der Informatik die Erforschung von Datenbankstrukturen. Noch vor einigen Jahren war dies ein Thema für Spezialisten. Die Anwender (auch Inselthemen können solche haben!) mußten ihre zu speichernden Informationen der vorgegebenen Struktur der Datenbank entsprechend aufbereiten und zur Abfrage eine spezielle Datenbanksprache (z. B. SQL) erlernen. Heute werden Datenbanken zunehmend abgelöst bzw. ergänzt durch flexiblere, mit künstlicher Intelligenz ausgestattete Wissensbanken. In diese kann (im Prinzip) Information so wie sie gerade vorliegt eingegeben, mit anderen Wissenselementen logisch verknüpft und in natürlicher Sprache wieder ausgegeben werden. Damit ist ein generisches Forschungsthema „wissensbasierte Systeme" mit vielen möglichen Weiterentwicklungen und Anwendungen entstanden.

Die beiden Arten von Themen sind weniger disjunkte Klassen als vielmehr polare Endpunkte eines kontinuierlichen Bereiches, der auch eine innere Dynamik aufweist: Inselthemen können sich zu generischen Themen aufweiten, generische Themen können neue Inselthemen hervorbringen, z. B. zum Schließen von Verständnislücken. Es wäre zu empfehlen, in geisteswissenschaftlichen Studiengängen zumindest ein Grundverständnis der wichtigsten generischen ingenieurwissenschaftlichen Forschungsrichtungen, die wegen ihrer Wirkungsbreite bedeutsam sind, zu vermitteln.

Die *industrielle F&E* mit ihren Hauptaufgaben Produkt- und Prozeßentwicklung widerspiegelt die soeben erläuterte Zweiteilung. Neben Spezialtechnologien gibt es generische Fragestellungen, die im technischen Bereich oft als „Basistechnologien" oder „Querschnittstechnologien" bezeichnet werden. Das herausragendste aktuelle Beispiel ist wohl die Mikroelektronik. Querschnittstechnologien leben in intensiver Wechselwirkung mit ihren wissenschaftlichen Grundlagen, die durch ihre Entdeckungen potentiell neue Produktfunktionen möglich machen. Andererseits stimulieren die Nachfrage vom Markt und die Wettbewerbslage die Entwicklung von Querschnittstechnologien mit dem Ziel, neue Funktionen in Form von leistungsfähigeren, ökonomischeren, weniger umweltbelastenden und sichereren Produkten zu realisieren.

Auch hier gilt das oben schon Gesagte: Die wichtigsten Querschnittstechnologien sollten Sozial- und Geisteswissenschaftlern zumindest in den Grundzügen bekannt sein.

In der *Gesellschaft* bezieht sich der weitaus größte Anteil der Technikinteraktionen der Bürger auf die Nutzung technischer Geräte und Einrichtungen. Das kognitive Rüstzeug dazu wie Marktübersichten zur Auswahl passender Produkte, Betriebsanleitungen usw. liefert die lebensweltliche Erfahrung. Es ist wohl (von Spezialfällen abgesehen) kaum als Studieninhalt geeignet, obgleich die Vermittlung gewisser Basiskenntnisse bereits in der Grundschule sicher nützlich wäre.

Im nächsten Schritt, d. h. bei der Frage nach den angemessenen (täglichen) Umgangsformen mit der Technik, sind wir schon mitten im Interessengebiet der Geisteswissenschaften, wie z. B. die gegenwärtig laufende Ethikdebatte zeigt, die auch die Ingenieursethik einschließt. Dabei müßte den Geisteswissenschaftlern auch die gewissermaßen „technische" Seite der Gefahrenminderung vermittelt werden. Man sollte nicht vergessen, daß es in erster Linie Naturwissenschaftler und Ingenieure waren, die für die Aufstellung von (auch ethisch relevanten) Sicherheitsnormen wie TÜV, VDE-Zeichen, Schutzvorrichtungen für Gentechniklaboratorien und Kraftwerke und viele andere gesorgt haben. Die Tatsache, daß der Bürger viele an sich gefährliche technische Geräte bona fide gebrauchen kann, hat auch eine gewisse moralische Qualität.

Die Bewertung von Technologien, ein wirklich interdisziplinäres Problem, erfordert tiefes Wissen über technische und ökologische Zusammenhänge. Es ist oft beklagt worden, daß viele Wissenschaftler die Kernenergie ablehnen, ohne sich über die Klimabelastung durch Kohlekraftwerke oder die mögliche Größenordnung der Erzeugung regenerativer Energien überhaupt Gedanken zu machen. Debatten über ökologische oder soziale Verträglichkeit erfordern ein gewisses Maß an technischen Kenntnissen, das auch in geisteswissenschaftlichen Studiengängen seinen angemessenen Platz finden sollte.

Mit der Bewertung von Techniken hängt die Folgenabschätzung so eng zusammen, daß sich manche Bewertungen fast ausschließlich auf vermutete Zukunftsfolgen stützen (und darüber die gegenwärtige Ist-Situation vernachlässigen). Die Prognostik hat sich, selbst im Rahmen sog. „überraschungsfreier" Szenarien, als eine derart schwierige Kunst erwiesen, daß darauf aufgebaute Hoffnungen einer in den siebziger Jahren propagierten „Zukunftsforschung" heute als gescheitert angesehen werden müssen. Dennoch sollten die (wenigen) Regeln einer kritischen und vor allem selbstkritischen Prognostik Eingang in das geisteswissenschaftliche Studium finden.

Wir können uns nicht mehr darauf verlassen, daß eine wohlwollende Natur durch eine komplexe Verflechtung von Regelsystemen die Folgen menschlicher Fehlhandlungen kompensiert. Prognosen allein sind daher nicht ausreichend, wenn nicht zugleich gegensteuernde Kontingenzmaßnahmen mitüberlegt werden für den Fall, daß die Realität vom prognostizierten Pfad abweicht. Die Aufgabe, in diese vorwiegend politisch orientierten Maßnahmen auch technisches Wissen kompetent einzubringen, wird sich möglicherweise als die größte Herausforderung und als Prüfstein für die interdisziplinäre Zusammenarbeit von Geisteswissenschaften und technikorientierten Wissenschaften erweisen.

Plädoyer für ein integrales Studium

M. Timmermann

Es liegt auf der Hand, daß ein Ingenieur nicht nur seine Technikwissenschaft beherrschen muß, wirtschaftliche, politische, rechtliche, soziale und ethische Aspekte können für seine praktische Tätigkeit von wesentlicher Bedeutung sein. Dies gilt ebenso umgekehrt für einen Diplomkaufmann, der als Sachbearbeiter oder noch mehr als Manager immer wieder auf technische Fragen stößt.

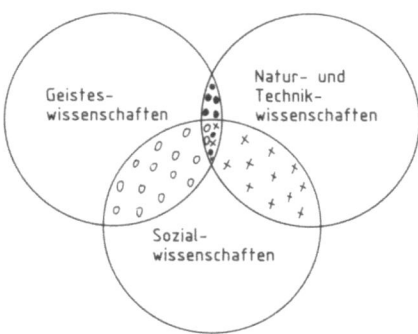

Die Realität ist gekennzeichnet durch Komplexität und Interdependenz, die berufliche Praxis erfordert ganzheitliche Ausbildung, und das wissenschaftliche Studium ist eher auf Spezialisierung ausgerichtet. Soll der Ingenieur also Betriebswirtschaftslehre als Nebenfach studieren, ein Seminar in Rechtskunde machen und zur Beurteilung von Fragen der Technikakzeptanz ein Semester Soziologie betreiben?

Forschung und Lehre sowie Studium richten sich nach Disziplinen und Studiengängen, die sich nach folgenden wissenschaftsanalytischen Grundsätzen entwickeln:

1) Wissenschaft ist forschendes Denken und Handeln nach bestimmten methodischen Regeln mit dem Ziel des Erkenntnisgewinns.
2) Das wissenschaftliche Denken und Handeln bezieht sich auf die Beschreibung, Erklärung, Vorhersage und Gestaltung empirisch wahrnehmbarer Wirklichkeitsausschnitte. Diese sind Gegenstand der entsprechenden arbeitsteiligen Realwissenschaften, die das Ziel verfolgen, die faktische Wahrheit zu finden.
3) Die Regeln des wissenschaftlichen Denkens und Handelns (Methoden) bedienen sich der Konstruktion formaler Zeichensysteme. Diese sind Gegenstand der entsprechenden arbeitsteiligen Formalwissenschaften, die das Ziel verfolgen, die logische Wahrheit zu finden.
4) Die Komplexität der Realität wird durch abgestufte disziplinäre Arbeitsteilung reduziert. Diese disziplinäre Arbeitsteilung kann die Interdependenz der Wirklichkeit nur unvollkommen berücksichtigen und verändert sich im Zeitablauf. An den Grenzen traditioneller Disziplinen entstehen neue Wissenschaftsfelder, die häufig besonders fortschrittsträchtig sind und sich zu eigenständigen Disziplinen entwickeln. Die Wissenschaftslehre hat die Aufgabe, eine optimale disziplinäre Arbeitsteilung zu ermitteln, die zwischen den Extremen des Spezialisten einerseits und des Universalisten andererseits liegt: „To know the more and the more over the less and the less *or* to know the less and the less over the more and the more."
5) Den Nachteilen disziplinärer Arbeitsteilung versucht man durch Integrationsbemühungen zu begegnen. Die inhaltliche Integration erfolgt durch interdisziplinäre Analyse relevanter wissenschaftlicher Spezialisierungen. Die methodische Integration wird durch ganzheitsorientierte Problemlösungsverfahren angestrebt. Es bieten sich die Methoden der Algorithmik und der Heuristik an. Wegen der Ganzheitsorientierung ist die Systemanalyse als inexakte heuristische Methode von besonderer Bedeutung.
6) Generell bestehen für die wissenschaftliche Forschung das Subjektivitäts- und das Kommunikationsproblem.

Das Subjektivitätsproblem bezieht sich sowohl auf den subjektiven Wahrnehmungsfilter und das subjektive Interpretationsmuster als auch auf die individuellen Interessenbezüge. Beide Komponenten führen zu Werturteilen. Es gilt daher, Beobachtungsregeln, Interpretationsregeln und Wertfreiheitsregeln zu formulieren. Das Kommunikationsproblem besteht in unpräzisen Begriffen und unterschiedlichen Verallgemeinerungsgraden, die das Verständnis von wissenschaftlichem Erkenntnisgewinn erschweren. Es gilt daher, eine eindeutige Fachsprache und klare Induktionsregeln zu erarbeiten.

Auf der Grundlage dieser wissenschaftsanalytischen Betrachtungen ergeben sich folgende Möglichkeiten für die Berücksichtigung sozial- und geisteswissenschaftlicher Anteile im Ingenieurstudium:

(a) Nebenfachstudium: „Soziologie für Ingenieurwissenschaftler", „Zivilrecht für Ingenieurwissenschaftler" oder „Betriebswirtschaftslehre für Ingenieurwissenschaftler" sind Beispiele für einen relativ wenig effektiven Weg, dem Anspruch der Praxis an einen Ingenieur gerecht zu werden. Auch der wissenschaftliche Anspruch der Integration oder Interdisziplinarität bei gleicher Fachsprache und Analysemethodik wird bei gegebener klassischer disziplinärer Arbeitsteilung nicht erfüllt.

(b) Kombiniertes Studium: In der Grundstufe absolviert man ein ingenieurwissenschaftliches Grundstudium und kombiniert es mit einem betriebswirtschaftlichen Hauptstudium. Bei diesem Vorgehen setzt man sich dem Vorwurf aus, zwar von jedem etwas, aber nichts richtig zu verstehen. An einigen wenigen Universitäten in der Bundesrepublik Deutschland wird ein Studiengang „Wirtschaftsingenieurwesen" mit gutem Erfolg angeboten; die Absolventen, „Diplomwirtschaftsingenieure" stoßen auf große Nachfrage und genießen einen guten Ruf.

(c) Aufbaustudium: Man wählt ein ingenieurwissenschaftliches Studium und ergänzt es nach dem Abschluß als Diplomingenieur durch ein wirtschaftswissenschaftliches Aufbaustudium. Dieses Modell ist aufwendiger, aber auch erfolgreich. Wissenschaftlich bleibt auch dieser Weg unbefriedigend, da 2 unterschiedliche Disziplinen mit verschiedenen Fachsprachen zusammengeführt werden müssen.

(d) Nachdiplomstudiengang: Für angehende Führungskräfte mit einem nichtwirtschaftswissenschaftlichen Hochschulabschluß, also Diplomingenieure, Apotheker, Diplomphysiker, Diplomchemiker, Mediziner, Theologen und Juristen, wird an der Hochschule St. Gallen ein 2jähriges „Nachdiplom in Unternehmungsführung" berufsbegleitend angeboten. Die Nachfrage nach dem Studiengang ist groß, die bisherigen praktischen Erfahrungen sind vielversprechend. Für die Weiterbildung ist dieser Weg sinnvoll, so lange man keine neuen Konzepte für lebenslanges Lernen anbieten kann.

(e) Interdisziplinäres Studium: Interdisziplinarität ist leicht gefordert, aber schwierig zu realisieren. An der Universität Konstanz sind 2 anspruchsvolle Reformprojekte, das „sozialwissenschaftliche Grundstudium" sowie das „verwaltungswissenschaftliche Hauptstudium" als interdisziplinäre Studiengänge gescheitert. Die Kooperation der Disziplinen ist wieder auf Nebenfachlehrveranstaltungen beschränkt.

(f) Integrales Studium: Der Widerspruch von Generalist und Spezialist kann durch geeignete Kombination von Disziplinen aufgehoben werden. Die Integration von Generalist und Spezialist führt im Rahmen eines T-Modells zum Integralisten. Integrales Studium setzt aber integrale Lehre und Forschung voraus.

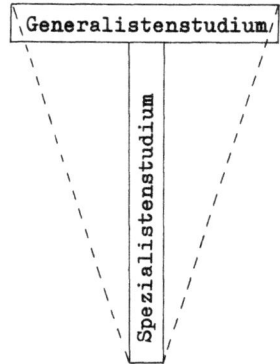

Es hat wenig Sinn, einen Experten für Ökologie in die Unternehmensleitung zu berufen, wenn die Mitglieder der Unternehmensleitung als Generalisten nicht von der Notwendigkeit einer ökologisch orientierten Unternehmensführung überzeugt sind. Ein Vorstandsmitglied als Spezialist für Wirtschaftsethik reicht nicht aus, wenn nicht andere Mitglieder des Vorstands als Generalisten von der Durchsetzung ethischer Verhaltensnormen in der Unternehmenspraxis überzeugt sind. Dies ist nur realisierbar, wenn der Generalist in seiner Ausbildung bzw. in seinem Studium Ökologie und Ethik als integrale Bestandteile der Unternehmensführung kennengelernt hat. Auch im Ingenieurstudium können Ökologie, Ethik oder soziale Akzeptanz effizienter als integrale Elemente moderner Technologie vermittelt werden, als in eine Nebenfachlehrveranstaltung über Ökologie, Ethik oder Technikakzeptanz.

Sozial- und geisteswissenschaftliche Anteile im Ingenieurstudium oder natur- und ingenieurwissenschaftliche Anteile im Studium der Betriebswirtschaftslehre sind durch neue problemorientierte Formen disziplinärer Arbeitsteilung in Forschung und Lehre zu integrieren. Die Wissenschaft muß sich an die Realität anpassen, umgekehrt wird es kaum gehen.

I.3 Modelle

Ein interdisziplinäres Zentrum für Mensch und Technik: Das HDZ der RWTH Aachen

K. Henning

1. Überblick

Das Hochschuldidaktische Zentrum (HDZ) der RWTH Aachen als eine fakultätsübergreifende zentrale wissenschaftliche Einrichtung konzentriert sich in seinem Veranstaltungsangebot und seinen Forschungsvorhaben auf Fragen des Verhältnisses von Mensch und Technik. Dabei sieht sich das HDZ insbesondere im Hinblick auf das Ingenieurstudium primär an der Schnittstelle von Studium und Beruf. Gerade aus den Struktur- und Bedarfsveränderungen des Ingenieurberufs lassen sich Ansprüche und Anforderungen an das ingenieurwissenschaftliche Studium ableiten und Veränderungen im Studium initiieren. Darüber hinaus ergeben sich vielfältige Aspekte, in welcher Weise geistes- und ingenieurwissenschaftliche Ausbildung verknüpft werden kann. Dabei kommen besonders diejenigen Veränderungen von Berufsfeldern ins Blickfeld, die mit dem raschen technologischen Wandel unserer Gesellschaft verknüpft sind. Von wachsender Bedeutung ist hier die gesteigerte Verantwortlichkeit des Menschen unter veränderten Arbeits- und Umweltbedingungen. Über das Berufsfeld der Ingenieure hinaus trifft dies für fast alle Bereiche der heutigen Arbeitswelt zu – seien es nun Hochschulen, industrielle oder öffentliche Einrichtungen.

Es gilt also, in den Arbeitssystemen von Hochschule, Industrie und öffentlichen Einrichtungen verantwortliche Handlungsfähigkeit unter den Bedingungen einer komplexen, technisch orientierten Umwelt zu erhalten bzw. herzustellen.

Handlungsfähigkeit berührt dabei Persönlichkeitsmerkmale wie z. B. Innovations- und Entscheidungskompetenz, kommunikative und soziale Kompetenz. Hieraus folgt für den Arbeitsansatz des HDZ: das

Thema von Forschung, Lehre und Weiterbildung muß für die Hochschuldidaktik aus einer anwendungsorientierten Vorgehensweise für Arbeitsprozesse und die sich daraus ableitenden Anforderungen an die Ausbildungsstrukturen bestehen. Ein zentraler Aspekt besteht dabei in einer interdisziplinären Vorgehensweise für das Gegenüber von Mensch und Technik. Damit ist das Arbeitsfeld des HDZ skizziert.

Das HDZ gliedert sich z. Z. in 4 Bereiche (vgl. Tabelle 1).

Tabelle 1. HDZ: Hochschuldidaktisches Zentrum – Zentrale wissenschaftliche Einrichtung der RWTH Aachen in Verbindung mit KDI: Fachgebiet Kybernetische Verfahren und Didaktik der Ingenieurwissenschaften – Fakultät für Maschinenwesen (Leiter: Prof. Dr.-Ing. Klaus Henning; Stand Ende 1988)

Arbeitsbereiche

Hochschuldidaktische Aus- und Weiterbildung (AOR Dr. rer. nat. Dietrich Brandt)	*Medienzentrum* (AOR Marion Moss, Dipl.-Päd. Regina Oertel)	*Sozialverträgliche Technikgestaltung* (AOR Dr.-Ing. Robert Sell)	*Kybernetische Verfahren* (Dr.-Ing. Sebastian Kutscha)

Vorlesungen

Kommunikation und Organisationsentwicklung	Medientechnik – Entwicklungsgeschichte und Zukunftstendenzen	Soziale Auswirkungen der Automatisierung	Kybernetische Verfahren der Ingenieurwissenschaften

Seminare und Weiterbildungsveranstaltungen

Beratung zu Problemen des Lehrens	Videoeinführung	Problemlöseverhalten	Kybernetisches Denken und Handeln im Unternehmen
Lern- und Arbeitsverhalten	Kommunikation mit Videokonferenz	Mensch und Automatisierung	Ganzheitliches Denken
Studien- und Berufsplanung	Medienanalyse und -kritik	Arbeitskreise zur Gestaltung und Bewertung von Arbeit	Dualer Entwurf von Arbeitssystemen
Ausbildung studentischer Tutoren	Frauen und neue Kommunikationstechnologien		
Rhetorik und Teamentwicklung	Mediendidaktik		

Forschungsbereiche

Sozialisation von Studierenden und Berufstätigen in den Ingenieurwissenschaften unter besonderer Berücksichtigung von Teamprozessen	Perspektiven des Einsatzes von Kommunikationstechnologien in Hochschule und Industrie – Analyse, Bewertung und praktische Anwendung	Gestaltung von Arbeit und Technik unter dem Einfluß neuer Technologien – Partizipation und Qualifizierung, insbesondere Schlüsselqualifikationen für CIM	Entwurfsverfahren für Arbeits- und Informationssysteme mit unterschiedlichem Automatisierungsgrad und daraus abgeleitete Effizienzabschätzungen; Informations- und Entropieanalyse

1) Die *hochschuldidaktische Aus- und Weiterbildung* stellt den klassischen Bereich des HDZ dar. In Aachen ist dieser Bereich v. a. durch die Ausbildung von jüngeren Mitarbeiter(inne)n für die ingenieurwissenschaftliche Lehre und Forschung gekennzeichnet (Rhetorik, Teamentwicklung, Führen von Mitarbeitern). Ferner spielt das Training von studentischen Tutor(inn)en zur Vorbereitung der Einführungsveranstaltungen für die ca. 5000 Erstsemester aller Fachbereiche der RWTH und der FH Aachen eine wichtige Rolle. Diese Programme werden durch Forschungsvorhaben zur Studiensituation und Sozialisation von Ingenieuren in Studium und Beruf unterstützt. Die Frage der Förderung von Ingenieurinnen spielt dabei eine besondere Rolle. Darüber hinaus gewinnen Projekte zur Team- und Organisationsentwicklung sowie zur Entwicklung von Anforderungsprofilen für Ingenieurarbeitsplätze an Bedeutung. Aus diesem Grund werden zahlreiche Projekte in Zusammenarbeit mit Industrieunternehmen durchgeführt.

2) Das *Medienzentrum* des HDZ ist für die medienpraktische und medienkritische Ausbildung in allen Fachbereichen der RWTH verantwortlich. Es beschäftigt sich schwerpunktmäßig mit der Entwicklung kritischer Handlungsfähigkeit gegenüber dem Komplex heutiger und zukünftiger Kommunikationstechnologien (Video, Fernsehen, Einsatz und Vernetzung von Rechnern). Erprobungsfelder in der Hochschule sind hierfür Projekte der Filmproduktion, des Computereinsatzes und der Anwendungsmöglichkeiten der Videokonferenztechnik. Hierzu betreibt das HDZ für den Wirtschaftsraum

Aachen ein von der Industrie und der Deutschen Bundespost unterstütztes Videokommunikationszentrum.

3) *Sozialverträgliche Technikgestaltung* ist das Thema eines seit mehreren Jahren entwickelten Arbeitsbereiches, aus dem vielfältige Kooperationsprojekte in Forschung und Lehre mit Instituten der RWTH Aachen und mit Industrieunternehmen erwachsen sind. Das Thema bezieht sich dabei wiederum auf die Handlungsfähigkeit des Menschen in einer weitgehend technisch orientierten Arbeitswelt. Ziel der Aktivitäten ist die Entwicklung von soziotechnischen Systemen, in denen insbesondere Arbeitnehmer unter dem Gesichtspunkt von Partizipation und Qualifizierung Problemlöse- und Innovationsfähigkeiten entfalten können. Neben Großveranstaltungen, Werkstattseminaren, Beratungen und Kooperationen sowie Arbeitsgemeinschaften gewinnen hierbei Projekte mit grenzüberschreitender Zusammenarbeit im Wirtschaftsraum Aachen zunehmende Bedeutung.

4) *Kybernetische Verfahren* umfaßt das Arbeitsfeld, das sich aus den Forschungsarbeiten des Fachgebietes „Kybernetische Verfahren und Didaktik der Ingenieurwissenschaften" (KDI) der Fakultät für Maschinenwesen der RWTH entwickelt hat. Seine Arbeitsinhalte beziehen sich auf die Anwendung der Kybernetik für die Analyse und Gestaltung von komplexen Systemen. Ziel ist dabei, die Produktionsfaktoren der menschlichen Arbeit einerseits und der Technik andererseits so miteinander zu verknüpfen, daß diese Systeme langfristig effizient und lebensfähig bleiben. Dieser Ansatz wird ergänzt durch die Analyse von Informationsprozessen mit Hilfe der Systemtheorie und der Informationstheorie. Anwendungen finden die Forschungsansätze sowohl in der Gestaltung von Arbeitssystemen als auch in einer kybernetisch orientierten Unternehmensberatung.

2. Forschungslinien

Der wissenschaftliche Ansatz der Arbeit des HDZ läßt sich unter der Gesamtlinie „Handlungsfähigkeit in technisch beeinflußten Arbeitssystemen" zusammenfassen. Dies schlägt sich in einem *theorieorientierten* und einem *anwendungsorientierten* Ansatz nieder. Beide Ansätze sind thematisch miteinander gekoppelt, die einzelnen Forschungsvorhaben sind jeweils in einem der 4 Arbeitsbereiche des HDZ schwerpunktmäßig verankert; aus der Gesamtkonzeption des HDZ ergibt sich jedoch die zwingende Notwendigkeit einer kooperativen und interdisziplinären Arbeitsweise zwischen den einzelnen Bereichen des HDZ und zwischen dem HDZ und anderen Einrichtungen der RWTH.

2.1 Arbeitsbereich Hochschuldidaktische Aus- und Weiterbildung

Theorieorientiertes Vorhaben (Dissertation Hans Wankum 1989)

Untersuchungen zur Sozialisation von Studierenden und Berufstätigen der Ingenieurwissenschaften unter besonderer Berücksichtigung von Teamprozessen in der heutigen Arbeitswelt.

Die Berufsfelder der Ingenieurwissenschaften sind unter dem Einfluß neuer Technologien einer raschen Veränderung unterworfen. Damit verändern sich auch die Qualifikationsanforderungen an die Absolventen der Hochschulen. Besonderes Gewicht wird heute auf Denken in Systemzusammenhängen, teamorientiertes Handeln, Beherrschung von Umwelt- und Systemtechnik und fachübergreifende, gesellschaftswissenschaftliche Kenntnisse gelegt. Mit einem kombinierten Ansatz der Status- und Habitustheorie wird daher der Frage nachgegangen, wie Studierende und Berufstätige die zu erwartenden Veränderungen ihres Berufsfeldes rechtzeitig wahrnehmen und sich antizipierend auf neue Anforderungen einstellen können.

In 3 Befragungen werden die Sozialisationsprozesse und die Übergangsschwierigkeiten, wie sie im Studium und im Beruf sichtbar werden, untersucht. Zunächst wird herausgearbeitet, inwieweit die Hochschule durch Studienordnung und Selektion zur Herausbildung eines ingenieurtypischen Selbstverständnisses beiträgt. Dann wird untersucht, inwieweit der von der Hochschule vermittelte Habitus den Anforderungen der industriellen Realität entgegenkommt. Hierbei werden sowohl Befragungen von Personalreferenten als auch von betroffenen Berufsanfängern durchgeführt.

Abschließend wird ein Leitfaden entwickelt, der die Schwierigkeiten beim Übergang von der Hochschule in den Beruf verringern soll. Der Leitfaden gibt Studenten Anhaltspunkte für eine berufsorientierte Ausbildung und Schwerpunktsetzung, insbesondere beim Übergang vom Studium in den Beruf. Darüber hinaus erhalten Nachwuchsingenieure und Industrieunternehmen Einblicke, welche Schwierigkeiten Hochschulabsolventen der Ingenieurwissenschaften neben der fachlichen Einarbeitung zu Beginn ihres Berufs zu überwinden haben.

Ergänzend hierzu sollen 3 Beispiele für anwendungsorientierte Vorhaben dieses Arbeitsbereiches erwähnt werden:
- Erarbeitung und Erprobung von Informationsmaterialien und Entwicklung von Beratungskonzepten zu Studien- und Berufsplanung für Ingenieure, durchgeführt u. a. in Kooperation mit Berufsverbänden und Beratungsunternehmen.
- Entwicklung und Erprobung von studienbegleitenden Projektphasen zur Teamentwicklung und zur Problemlösefähigkeit unter besonderer Berücksichtigung von Umweltfragen in Zusammenarbeit mit Industrieunternehmen.
- Entwurf und Erprobung von Beratungs- und Fördermaßnahmen für Frauen in Ingenieurwissenschaften, die sich sowohl auf den schulischen/studentischen Bereich als auch auf die Berufssituation beziehen.

2.2 Arbeitsbereich Medienzentrum

Theorieorientiertes Vorhaben (Dissertation Edeltraud Vomberg 1988)

Untersuchung zur Gestaltung und Bewertung heutiger und zukünftiger Kommunikationstechnologien, insbesondere der Mensch-Rechner-Interaktion.

Die rasche Entwicklung neuer Kommunikationstechniken findet in Verbindung mit einer zunehmenden allgemeinen Verfügbarkeit von Massenspeichermedien zu einer neuen Dimension von Problemen im Spannungsfeld der Mensch-Rechner-Interaktion. Dieser Prozeß verändert auch die Bereiche der klassischen Medientechnik nachhaltig. Auf der Grundlage sprachphilosophischer Erklärungskonzepte wird daher untersucht, in welcher Weise sich aus notwendigen Bedingungen zur Erhaltung einer gesunden Mensch-Maschine-Interaktion Gestaltungsbedingungen für die Mensch-Rechner-Interaktion ergeben. Dabei hat die Sprachtheorie Humboldts und die Habermas-Theorie des kommunikativen Handelns besondere Bedeutung.

Aus zentralen anthropologischen Grundmerkmalen der menschlichen Fähigkeit zur Kommunikation leitet sich als wichtigstes Gestaltungskriterium für Mensch-Maschine-Interaktion eine hermeneutische Sprachauffassung ab, die u. a. folgende Merkmale enthält:

- Da der Mensch ein monologisch defizientes Wesen ist, muß die Mensch-Maschine-Interaktion so gestaltet sein, daß ausreichend Möglichkeiten zu einem echten Dialog bestehen.

- Die Vergänglichkeit von Kommunikation durch die gesprochene Sprache muß – in Humboldts Sinne – als dem Denken angemessene Form insofern berücksichtigt werden, als daran orientiert ein sinnvolles Maß für den Umfang der Speicherung kommunikativer Handlungen gefunden werden muß.
- Der Mensch braucht, um sich als Individuum zu konstatieren, die dialogische Auseinandersetzung mit anderen Menschen. Mensch-Maschine-Interaktion muß daher im Umfang des Einsatzes so begrenzt werden, daß der Mensch genügend Raum zur Identitätsentfaltung im nichttechnischen Alltag hat.

Derartige Gestaltungskriterien müssen bezüglich ihrer praktischen Bedeutung mit den Realitäten technischer Kommunikation konfrontiert werden. Deshalb werden die aus der sprachtheoretischen Reflexion gewonnenen Gestaltungskriterien z. B. auf die automatische Computerspracherkennung angewendet. Die Anwendung beschränkt sich dabei nicht nur auf Laborversuche, sondern auch auf Betriebsversuche in industriellen Anlagen. Hierbei wird deutlich, daß eine anwendungsorientierte interdisziplinäre Arbeit die konstruktive und unbürokratische Kooperation sehr unterschiedlich qualifizierter Partner erfordert – im vorliegenden Fall der Linguistik (Jäger), der Kybernetik/Automatisierungstechnik sowie mehrerer Industrieunternehmen.

Ergänzend zu dieser Untersuchung werden 2 weitere Beispiele für anwendungsorientierte Vorhaben dieses Arbeitsbereiches erwähnt:

- Aufbau und begleitende Bewertung eines Kommunikationszentrums mit Videokonferenz für die RWTH und den Wirtschaftsraum Aachen in Zusammenarbeit mit Industrieunternehmen, der Deutschen Bundespost und den örtlichen Wirtschaftsverbänden.
- Entwicklung eines Arbeitssystems zur Identifizierung schnell bewegter Transportmittel und -gefäße, indem die Einsatzmöglichkeiten von Systemen der Videoaufzeichnung und der Computerspracherkennung erprobt werden.

2.3 Arbeitsbereich Sozialverträgliche Technikgestaltung

Theorieorientiertes Vorhaben

Untersuchungen zu Konzepten der Partizipation und Qualifizierung in der Arbeitswelt unter dem Einfluß neuer Technologien (Beteiligungsqualifizierung).

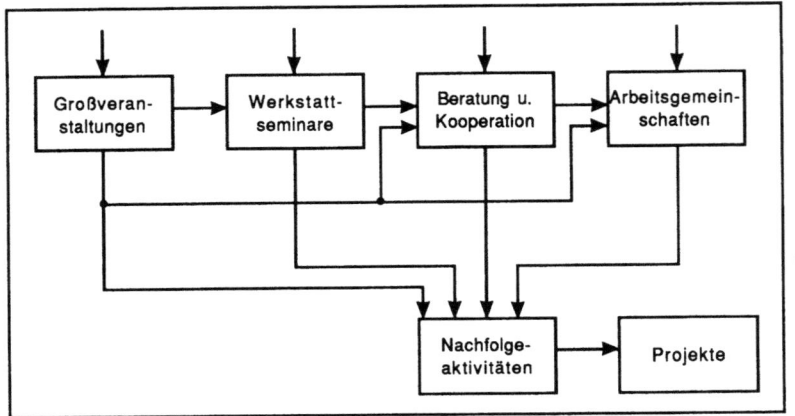

Abb. 1. Konzeption eines Fortbildungsprogramms

Neue Technologien dringen heute nahezu in alle für das gesellschaftliche Zusammenspiel relevante Arbeits- und Lebensbereiche ein. Um mögliche Fehlentwicklungen schon im Entscheidungsprozeß zu erkennen und verhindern zu können, werden Konzepte der Partizipation und Qualifizierung in der Arbeitswelt untersucht, die die Problemlösefähigkeit von Mitarbeitern verbessern können. Insbesondere geht es hierbei um die Entwicklung der Bereitschaft für innovatives Handeln; hierfür müssen sowohl die kognitive als auch die emotionale Seite der Persönlichkeit gefördert werden. Diese Entwicklung soll schließlich zu einer verbesserten Entscheidungskompetenz der Mitarbeiter innerhalb des betrieblichen Geschehens führen. Der Ansatz dieses Arbeitsbereiches ist in Abb. 1 dargestellt.

Die Grundidee eines praxisorientierten Ansatzes zur sozialverträglichen Technikgestaltung besteht darin, daß einerseits Wissenschaftler(innen), die in der Technikentwicklung tätig sind, und andererseits Technikbetroffene, insbesondere außerhalb der Hochschule, in einen interdisziplinären, gruppenübergreifenden Gedankenaustausch treten. In den vergangenen Jahren sind aus diesem Ansatz heraus 5 Ringvorlesungen, 12 Großveranstaltungen, über 100 Werkstattseminare sowie zahlreiche Beratungen in unterschiedlichen Forschungsgruppen und Instituten der RWTH Aachen entstanden. Zur Zeit werden ca. 20 Arbeitsgemeinschaften betreut. Die inhaltliche Beratung und Betreuung schließt ein: Seminarvorbereitungen und -durchführungen, Vergabe und Betreuung von Studien- und Diplomarbeiten sowie Beratung und Unterstützung bei Dissertationen. Ein erheblicher Teil der Abschlußarbeiten wird dabei durch 2 Hochschullehrer aus unterschiedlichen Fachgebieten betreut. In besonderer Weise hat sich dieses Konzept für die Durchführung anwendungsorientierter Magisterarbeiten bewährt.

Für die Ringvorlesungen wurden in den letzten Jahren folgende Themenbereiche behandelt:

- christlicher Glaube und Naturwissenschaft (Daecke, Henning, Hellwig, Hammer, Schnakenberg, Kirchner, Hildebrand, WS 86/87);
- die Verantwortung des Ingenieurs – ethische Aspekte der Technikentwicklung (Daecke, Henning, Hammer, Pfeifer, Balk, v. d. Dekken, Pflug, Rouvé, Curdes, SS 87);
- ethische und anthropologische Probleme der Gentechnologie und der Reproduktionsmedizin (Daecke, Henning, Beier, Fischer, WS 87/88);
- Arbeit und Technik: sozialverträgliche Technikgestaltung (Henning, Sanders, Eversheim, Lenk, Heeg, Hörning, Lüke, Nagl, WS 87/88);
- ethische Aspekte von Wirtschaft und Arbeit (Daecke, Gatzemeier, Wächter, Dreier, L. Jäger, Rehberg, Zinn, Henning, WS 88/89).

Beispiele für anwendungsorientierte Vorhaben dieses Arbeitsbereiches sind:

- Entwicklung und Erprobung von Weiterbildungsprogrammen zur sozialverträglichen Technikgestaltung für wissenschaftliche Mitarbeiter und Hochschullehrer der RWTH Aachen im Auftrag des Ministeriums für Arbeit, Gesundheit und Soziales des Landes NRW;
- Entwicklung und Erprobung von Weiterbildungsprogrammen für Arbeitnehmer in der Euregio Aachen in Kooperation mit Gewerkschaften aus der Bundesrepublik Deutschland, den Niederlanden und Belgien, gefördert von der EG, Programm Comett;
- Untersuchungen der Wirksamkeit von Empfehlungen zur Technikbewertung und zur sozialverträglichen Automatisierung, durchgeführt in Kooperation mit dem Verein Deutscher Ingenieure (VDI) und mit mehreren Industrieunternehmen;
- Entwicklung von Schlüsselqualifikationen von Arbeitnehmern für rechnerunterstützte Systeme, insbesondere im Hinblick auf Problemlösefähigkeit und Innovationskompetenz.

2.4 Arbeitsbereich Kybernetische Verfahren

Theorieorientiertes Vorhaben (A)
(Dissertation Burkhard Ochterbeck 1988)

Untersuchungen zu einer dualen Entwurfsstrategie für Arbeits- und Informationssysteme mit unterschiedlichem Automatisierungsgrad, in denen einem technikorientierten Entwurf ein arbeitsorientierter Entwurf gegenübergestellt wird (Abb. 2).
Bei der Entwicklung hochautomatisierter Systeme findet häufig bei den technischen Systemkomponenten ein großer Innovationsschub statt, dem keine entsprechende innovative Gestaltung der Arbeitsprozesse gegenübersteht. Dies führt häufig zu einem nicht optimalen Verhalten des Gesamtsystems, insbesondere unter betriebswirtschaftlichen Gesichtspunkten. Deshalb wird ein Verfahren benutzt, bei dem bereits in

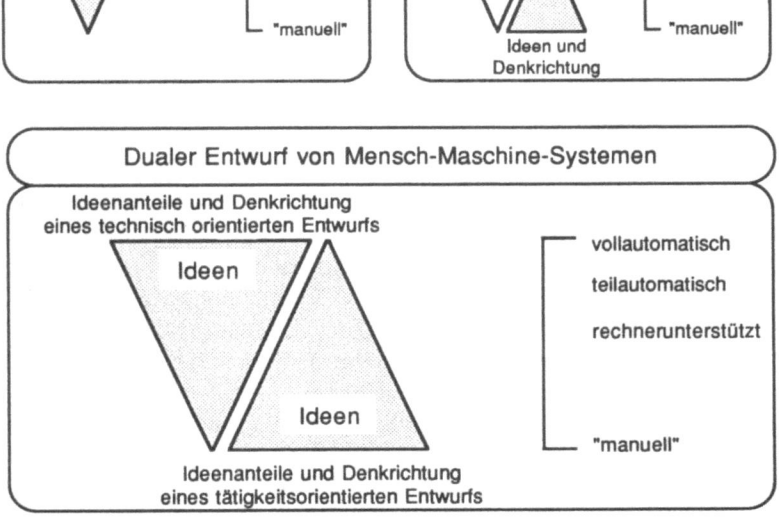

Abb. 2. Dualer Entwurf von Mensch-Maschine-Systemen

der Entwurfsphase dem technikorientierten Entwurf ein tätigkeitsorientierter Entwurf gegenübergestellt wird. Die schrittweise Kopplung beider Ansätze führt zu einem optimierten Gesamtentwurf (dualer Entwurf). Dabei ist jeweils zu prüfen, wie dieser Ansatz zu einer Verbesserung des Zusammenwirkens von Mensch und Technik führen kann. Zielkriterien sind die Verbesserung des Arbeitssystems im Hinblick auf Effizienz, Fehleranfälligkeit und langfristige Lebensfähigkeit.

Theorieorientiertes Vorhaben (B) (Dissertation Sebastian Kutscha 1988)

Untersuchungen zur mathematischen Modellierung von Informationsprozessen in Ereignissystemen, durchgeführt mit Hilfe eines Verfahrens der dynamischen Entropieanalyse.

Bei der Analyse von Informationsprozessen stellt sich immer wieder die Frage, inwieweit diese mit mathematischen Modellen hinreichend oder zumindest teilweise abgebildet werden können. Für beliebige Ereignissysteme – auch im nichttechnischen Bereich – bietet sich hierfür das Konzept der dynamischen Entropieanalyse an. Dieses Verfahren liefert – ähnlich wie die Korrelationsfunktion für lineare Systeme – Aussagen über die dynamischen Zusammenhänge zwischen Teilsystemen eines Informationsprozesses. Das Verfahren ist soweit erprobt, daß es für praktische Anwendungen im technischen und nichttechnischen Bereich eingesetzt werden kann.

Aus dem Arbeitsbereich kybernetische Verfahren seien folgende anwendungsorientierte Vorhaben genannt:
- auf kybernetischen Verfahren basierende Systemuntersuchungen, Beratungs- und Trainingsmaßnahmen zur Teamentwicklung und zum systemischen Management für Organisationen unterschiedlicher Art (z. B. Hochschuleinrichtungen, Industrieunternehmen, Verbände, Institutionen des Gesundheitswesens, Organisationen aus dem kirchlichen Bereich);
- Entwicklung eines modularen Terminalbetriebsführungssystems unter besonderer Berücksichtigung qualifizierter Arbeitsplätze für einen Umschlagbahnhof im Raum Düsseldorf-Neuss, durchgeführt im Auftrag der Deutschen Umschlaggesellschaft Schiene–Straße (DUSS);
- Entwicklung und Erprobung von teilnehmerorientierten Schulungskonzepten für die Einführung in moderne Betriebssysteme und Programmiersprachen, die den unterschiedlichen Eingangsvorausset-

zungen der Lernenden angepaßt sind und sich u. a. auch für geisteswissenschaftliche Fachbereiche eignen;
- Anwendung der statistischen Entropiemaße zur Verbesserung des Arbeitsverfahrens bei der medizinischen Diagnose epileptischer Patienten;
- Anwendung der dynamischen Entropieanalyse für die Modellbildung sozioökonomischer Systeme (z. B. internationaler Zinnmarkt, statistische Modellbildung für betriebliche Kommunikationsabläufe).

3. Ausblick

Der interdisziplinäre Ansatz im Spannungsfeld Mensch und Technik hat sich für die Arbeit des HDZ der RWTH Aachen außerordentlich bewährt. Der zunehmende Bedarf an anwendungsorientierter, interdisziplinärer Kompetenz bei der Gestaltung und Entwicklung komplexer Organisationssysteme hat innerhalb und außerhalb der RWTH Aachen zu einer breiten Nachfrage nach Forschungs-, Entwicklungs-, Beratungs- und Seminarprojekten geführt. Insgesamt arbeiten z. Z. am HDZ/KDI ca. 20 Wissenschaftler, ca. 40 studentische Mitarbeiter und 6 „nichtwissenschaftliche" Mitarbeiter. Die Finanzierung erfolgt zu 1/3 aus Planmitteln, 1/3 aus öffentlicher Forschungsförderung und 1/3 aus direkten Industrieaufträgen.

Besondere Aufgaben des HDZ der RWTH Aachen werden sich in naher Zukunft durch die Entstehung des europäischen Binnenmarktes und die besondere Grenzlage Aachens ergeben. Die Mehrsprachigkeit und die damit zusammenhängenden unterschiedlichen kulturellen Hintergründe stellen für eine grenzübergreifende, interdisziplinäre, wissenschaftliche Zusammenarbeit eine besondere Herausforderung dar. Bei der Frage des Zusammenwirkens von Mensch und Technik wird in Zukunft die Frage von besonderer Bedeutung sein, wie Systeme der „künstlichen Intelligenz" mit dem Erfahrungswissen auf unterschiedlichen Qualifikationsniveaus (Facharbeiter, Techniker, Ingenieure) konstruktiv kombiniert werden können. Parallel hierzu werden sich durch die z. Z. vehement betriebene Umgestaltung vieler Industrieunternehmen mit Mitteln des systemischen Managements und mit der kybernetischen Systemdiagnose neue Herausforderungen für die interdisziplinäre Arbeit eines Zentrums für Mensch und Technik ergeben.

Dabei ist absehbar, daß auch in Zukunft nur eine unbürokratische, problembezogene Zusammenarbeit unterschiedlicher Wissenschaftsbereiche zum Erfolg führt, die insbesondere nicht auf Rechts- oder Wissenschaftspositionen beharrt, sondern in erster Linie an der Lösung gemeinsamer – alleine nicht zu lösender – Probleme interessiert ist.

Literatur

Bitzer A, Sell R (1987) The Social Impact of Technology on Society – An Issue for Engineering Education. Proceedings Conf Utrecht, EARDHE

Brandt D, Sell R (1985) Improving the Ability to Study of Engineering Students. Proceedings, 11th International Conf ‚Improving University Teaching'. Utrecht, 745–754

Henning K (1988) Der Ingenieur und sein Einfluß auf die soziale und technische Entwicklung in der Zukunft. Vortragsmanuskript zum Dreiländer-Ingenieurkontakt, Maastricht

Henning K, Kutscha S (1986) Mangelnde Ursache oder mangelndes Wissen? Zum Begriff Zufall in Philosophie und Naturwissenschaft. In: Naturwissenschaften 71, 493–499

Kutscha S (1989) Statistische Bewertungskriterien für die Entropieanalyse dynamischer Systeme. Diss 1988. Düsseldorf, VDI-Verlag, 178

Ochterbeck B (1989) Dualer Entwurf eines Betriebsführungssystems für Umschlagbahnhöfe des kombinierten Verkehrs. Diss 1988. Düsseldorf, VDI-Verlag, 181

Vomberg E (1989) Gestaltungsperspektiven. Mensch-Maschine-Interaktion im Lichte der Struktureigenschaften sprachlicher Kommunikation. Diss 1988. Aachen, Augustinus Verlag

Wankum H (1989) Vom Studium zu den ersten Berufsjahren. Eine Untersuchung des Studien- und Berufshandelns in Ingenieurwissenschaften. Diss, 1989. Aachen, Augustinus Verlag

Haben sozial- und geisteswissenschaftliche Studien in der Ingenieurausbildung eine Chance?
Fachübergreifende Lehre und interdisziplinäre Technikforschung an der TH Darmstadt

E. Mayer

1. Erfahrungen mit der fachübergreifenden Lehre an der TH Darmstadt

1977, also hundert Jahre nach der Gründung der TH Darmstadt, an der heute etwa 16000 Studenten (zwei Drittel davon in den Ingenieurwissenschaften) eingeschrieben sind, trat eine Rahmenordnung für die Diplomstudiengänge in Kraft, die es erlaubt, beim Ingenieurstudium bis zu 5% für die Wahl sozial- und geisteswissenschaftlicher Veranstaltungen vorzusehen. Umgekehrt sollen in die sozial- und geisteswissenschaftlichen Studiengänge technische Studienanteile aufgenommen werden.[1] Nur zögernd ließen sich die Fachbereiche bei der Anpassung ihrer Studiengänge an die Rahmenstudienordnung darauf ein, fachübergreifenden Lehrinhalten im Studienplan eine nennenswerte Chance zu geben. Für die Ingenieurwissenschaften bedeutete das, daß sie den verbindlichen Anteil von geistes- und sozialwissenschaftlichen Veranstaltungen weit unter der 5%-Marke ansetzten. Im Maschinenbau werden 4–8 und in der Elektrotechnik 4–6 Semesterwochenstunden für das obligatorische Studium nichttechnischer Fächer vorgesehen, wobei sich die Fachbereiche eine Kontrolle über die Fachinhalte

---

[1] „Der Wahlpflichtbereich umfaßt einen fachspezifischen und einen fachübergreifenden Teil. Im fachspezifischen Teil werden Gebiete des eigenen Faches vertieft; im fachübergreifenden Teil erfolgt in interdisziplinärer Zusammenarbeit die Einbeziehung der Nachbardisziplinen und der Geistes- und Gesellschaftswissenschaften. In geistes- und gesellschaftswissenschaftlichen Studiengängen ist eine Einbeziehung der Natur- und Ingenieurwissenschaften anzustreben ... Der fachübergreifende Teil hat einen Umfang von mindestens 10 Semesterwochenstunden." Der Präsident der TH Darmstadt, Mitteilungsblatt, 3.Jg., Nr. 1, Darmstadt 1977.

vorbehalten und Einführungsveranstaltungen aus den Wirtschafts- und Rechtswissenschaften bevorzugen.
Im Bauingenieurwesen und in der Informatik können die Studierenden über die obligatorischen Veranstaltungen hinaus ihre nichttechnischen Studien wahlweise auf weitere 20 Semesterwochenstunden ausdehnen. In der Architektur gibt es ausschließlich ein nichttechnisches Wahlfachstudium von 40 Semesterwochenstunden.
Mit einiger zeitlicher Verspätung wirkte sich die Rahmenstudienordnung auch auf das fachübergreifende Lehrangebot aus. Ab 1980 wurde begonnen, Lehrveranstaltungen neuen Typs zu entwickeln, die die ingenieurwissenschaftliche Ausbildung um Fragestellungen und Wissensgebiete aus geistes- und sozialwissenschaftlichen Disziplinen ergänzen oder gar interdisziplinär ausgerichtet sein sollten. Die Zeit schien günstig für ein solches Vorhaben, da in den 70er Jahren 3 sozial- und geisteswissenschaftliche Fachbereiche eingerichtet und ausgebaut worden waren, in denen heute ein Fünftel aller Professoren der TH Darmstadt lehren. Während sich der Fachbereich „Rechts- und Wirtschaftswissenschaften" von Anbeginn an auf die Ausbildung von Wirtschaftsingenieuren (mit den Fachrichtungen Maschinenbau, Elektrotechnik und Informatik) konzentrieren konnte, verlagerte sich die Aktivität der Fachbereiche „Gesellschafts- und Geschichtswissenschaften" und „Erziehungswissenschaften und Psychologie" von der verebbenden Lehrerausbildung auf ein weites Spektrum sozial- und geisteswissenschaftlicher Hauptfachausbildungen. Auf diesem fachlichen Fundament konnten Lehrveranstaltungen aufbauen, die sich an die Adresse von Studierenden aus ingenieurwissenschaftlichen Fachbereichen richteten. Bei der Entwicklung solcher Lehrveranstaltungen wurde vor allen Dingen an Studierende im Maschinenbau und in der Elektrotechnik gedacht; denn die Fachbereiche des Bauingenieurwesens und der Architektur unterhielten bereits seit langem intensive Arbeitskontakte zu den Sozialwissenschaften, insbesondere zum Fachgebiet Soziologie, Kontakte, die den Weg für ein erweitertes Wahlfachstudium geebnet hatten.
Nach nunmehr 10jähriger Erfahrung mit sozial- und geisteswissenschaftlichen Anteilen am Ingenieurstudium sind die Umrisse dieses fachübergreifenden Studiums noch unscharf; mehr oder minder regelmäßig werden Einzel- oder Kombinationsangebote von Lehrveranstaltungen aus verschiedenen sozial- und geisteswissenschaftlichen Disziplinen angeboten. Die interdisziplinäre Zusammenarbeit mit Hochschullehrern der Ingenieur- und Naturwissenschaften bei der Entwicklung und Durchführung solcher Lehrveranstaltungen ist eher

die Ausnahme als die Regel. Das Studienverzeichnis weist zwar pro Semester etwa 40 Lehrveranstaltungen für das fachübergreifende Studium aus, doch ist dieses Angebot für die Zukunft nur wenig gesichert; es bleibt abhängig vom persönlichen Engagement einzelner Hochschullehrer, ihrer Bereitschaft, Zeit und Mühe in Lehre zu investieren, die sich nicht unbedingt mit den sonst wahrgenommenen Lehr- und Forschungsaufgaben decken muß. Ob sich längerfristig ein stabiles fachübergreifendes Lehrangebot durchsetzen wird, hängt auch von den Interessen der Ingenieurstudenten ab, sich trotz ihrer enormen Studienbelastung mit Themen und Fächern zu befassen, die nicht zum engeren Studienbereich gehören.

Ein selbstkritisches Fazit: Idee und Praxis des fächerübergreifenden Studiums sind an der TH Darmstadt vermutlich weiter entwickelt als an anderen technischen Hochschulen und Universitäten in der Bundesrepublik. Doch handelt es sich bei dem Konzept für sozial- und geisteswissenschaftliche Anteile im Ingenieurstudium um einen unfertigen Entwurf im doppelten Sinne: Die fachübergreifenden Studien dieser Art sind in den Stundenplänen der Ingenieurwissenschaften nicht so eingebaut, daß den Studierenden genügend Raum gegeben würde für ein sinnvolles Kennenlernen sozial- und geisteswissenschaftlicher Fachrichtungen; deren Veranstaltungsangebot wiederum läßt oftmals nicht erkennen, worin die Vorteile bestehen könnten, wenn es beansprucht, das ingenieurwissenschaftliche Curriculum zu ergänzen.

Im folgenden möchte ich dem Implementationsprozeß von fachübergreifenden Studien an der TH Darmstadt schildern. Ich werde mich dabei auf die Einbeziehung der Sozial- und Geisteswissenschaften in das Ingenieurstudium konzentrieren. Ein Vergleich mit der sozial- und geisteswissenschaftlichen Ausbildung von Ingenieuren an amerikanischen Hochschulen schließt sich an, da von ihr viele Anregungen für die Entwicklung der fachübergreifenden Lehre an der TH Darmstadt ausgingen. Dennoch wurde ein eigener Weg beschritten, der er besonderen Tradition der deutschen Ingenieurausbildung und den Strukturen technischer Hochschulen und Universitäten Rechnung zu tragen versuchte. So sollten mit der Gründung eines Zentrums für Interdisziplinäre Techniforschung an der TH Darmstadt u. a. die Voraussetzungen dafür geschaffen werden, daß im sozial- und geisteswissenschaftlichen Studium von Ingenieuren eine engere Verknüpfung von Forschung und Lehre anvisiert werden konnte. Das gilt nicht nur für das fachübergreifende Lehrangebot, sondern das heißt auch, daß die hochschulinternen und -externen Bedingungen untersucht werden müssen, von denen es abhängt, ob ein erweitertes sozial- und geisteswissenschaftliches Studium von Ingenieuren überhaupt eine Zukunft an deutschen technischen Hochschulen und Universitäten hat.

2. Interdisziplinäre „Arbeitsgruppe fachübergreifende Studien"

1985 setzte der Präsident der TH Darmstadt eine Arbeitsgruppe ein, der die Aufgabe übertragen wurde, das fachübergreifende Lehrangebot einzelner Fächer zu sichten und für die gesamte Hochschule zu koordinieren. Dieser Gruppe gehören Hochschullehrer aus den Ingenieur-, Natur-, Geistes- und Sozialwissenschaften an sowie Vertreter der Studierenden und wissenschaftlichen Mitarbeiter. Ein kleiner Etat zur Unterstützung einzelner Lehrveranstaltungen steht inzwischen zur Verfügung. Damit wollte man einen Anreiz schaffen für Hochschullehrer, die sich neben ihren normalen Lehrverpflichtungen für das fachübergreifende Studium einsetzten und Zeit und Mühe in die Entwicklung neuer Veranstaltungstypen investierten.

Die Arbeitsgruppe nahm sich vor, das fachübergreifende Studium in die Lehre an der TH Darmstadt zu integrieren, ohne die Verantwortung von Hochschullehrern und Fachbereichen für das Veranstaltungsangebot anzutasten. Also keine Vorschriften oder am Sitzungstisch konstruierte Curricula für das sozial- und geisteswissenschaftliche Studium der Ingenieure; vielmehr sollten Hochschullehrer aus den Sozial- und Geisteswissenschaften ermuntert werden, ihre Veranstaltungen auch für Studierende der Ingenieurwissenschaften zu öffnen. In einem 2. Schritt sollten solche Veranstaltungen gefördert werden, die einen speziellen Beitrag zum fachübergreifenden Studium in verschiedenen Disziplinen leisten. Dazu wurde eine Reihe von Kriterien zur Vergabe von Fördermitteln entwickelt, von denen man hoffte, daß sie die Entwicklung des fachübergreifenden Studienangebotes in eine bestimmte Richtung lenken könnten:

– Das fachübergreifende Studium soll für das Fachstudium fruchtbar sein.
– Im fachübergreifenden Studium erhalten Studenten der Ingenieur- und Naturwissenschaften Zugang zu Fachrichtungen der Sozial- und Geisteswissenschaften; Studenten aus diesem Wissenschaftsbereich sollen ihr Studium nicht abschließen, ohne ein Grundverständnis für naturwissenschaftlich-technische Zusammenhänge erworben zu haben.
– Die Fähigkeiten zur interdisziplinären Zusammenarbeit sollen gefördert werden durch das Aufzeigen der Bezüge zwischen Naturwissenschaft, Technik und Gesellschaft, durch das Verständnis für die Denk- und Vorgehensweise anderer Wissenschaftsbereiche und durch den Erwerb berufsbezogener Fachkenntnisse aus anderen Disziplinen.

- Die Veranstaltungsformen im fachübergreifenden Studienangebot sollen sich an den Methoden der anbietenden Disziplin orientieren und die aktive Rolle des Studenten soweit als möglich unterstreichen.
- Die Veranstaltungen für den fachübergreifenden Studienanteil im Wahlpflichtbereich der Diplomstudiengänge sollen zusammen mit den Fachbereichen der betroffenen Studenten entwickelt und kontinuierlich angeboten werden.
- Das komplementäre Studium ist nicht identisch mit dem Nebenfachstudium. Dieses ist ein typisches Fachstudium und besteht aus einem Zyklus fachspezifischer Lehrveranstaltungen. Es kann das Angebot fachübergreifender Veranstaltungen erweitern, insbesondere in solchen Fächern, die zu einer Ergänzung des berufsbezogenen Wissens beitragen.

Nach mehreren Förderungsrunden ist es nun für die Arbeitsgruppe für fachübergreifende Studien an der Zeit, kritische Bilanz zu ziehen und Ziele für die nächsten Arbeitsetappen abzustecken. Dabei wird zunächst überprüft werden müssen, wo sich in dem bisherigen Veranstaltungsangebot Möglichkeiten für Lehrprogramme bieten, die über das Flickwerk von zufällig addierten Einzelveranstaltungen hinausweisen. Solche „*Kernlehrprogramme*" können 3 oder mehr Veranstaltungen zu einer Thematik bündeln und erlauben somit ein vertieftes Studium, was unter günstigen Voraussetzungen auch zu einem anerkannten Nebenfachstudium von Ingenieuren in einer sozial- und geisteswissenschaftlichen Disziplin führen könnte. Beispiele für solche Kernlehrprogramme existieren bereits in den Themenbereichen „Umwelt" und „Technologie und Entwicklung in der Dritten Welt". Sie werden von Hochschullehrern verschiedener Fachrichtungen betreut und finden bei den Studierenden in den Ingenieurwissenschaften guten Anklang.

Die nächste Arbeitsaufgabe wird es sein, auch die Studierenden der sozial- und geisteswissenschaftlichen Disziplinen in das fachübergreifende Studium einzubeziehen. Sie haben eine ausgeprägte Distanz zu dem naturwissenschaftlich-technischen Informationsangebot einer Technischen Hochschule und erhalten durch ihre Studienordnungen in ähnlicher Weise wie ihre Kommilitonen in den technischen Fächern nur wenig Anregung zum fachübergreifenden Studium. Eine regelmäßig angebotene Vorlesung „Was steckt dahinter?" soll die Neugierde der Studierenden aus sozial- und geisteswissenschaftlichen Studiengängen für Forschungsthemen aus den Natur- und Ingenieurwissenschaften wecken, hat bisher aber diesen Adressatenkreis kaum in ihren Bann ziehen können.

Der Arbeitsgruppe für fachübergreifende Studien wird die Arbeit kaum ausgehen, wenn sie sich in der geschilderten Weise bemüht, ein

Konzept für die fachübergreifende Lehre an der TH Darmstadt zu entwickeln, das in seinen Zielen, Veranstaltungsbeiträgen und organisatorischen Grundlagen offen und jederzeit für Kritik zugänglich ist. Ein solches Konzept könnte nicht bei der Formulierung von Zielen für ein sozial- und geisteswissenschaftliches Studium von Ingenieuren stehenbleiben; es müßte konsequenterweise auch ein Programm für eine naturwissenschaftlich-technische Ausbildung von Sozial- und Geisteswissenschaftlern enthalten.

Darüber hinaus wird zu überlegen sein, wie ein solches Konzept fachübergreifender Lehre wirksam umgesetzt und erreicht werden kann, daß ein stärker strukturiertes Lehrprogramm in bestehende Curricula integriert wird. Schwierig dürfte das bei den ingenieurwissenschaftlichen Studiengängen klassischer Prägung wie Maschinenbau und Elektrotechnik sein, weil die quantitative Studienbelastung zusammen mit einem tradierten Fächerkanon kaum neue Fächer zuläßt. Hätten demnach auch gut entwickelte Studienprogramme kaum eine Chance, akzeptiert zu werden? Vielleicht ist es sinnvoll, statt einer vorschnellen Antwort sich internationale Erfahrungen vor Augen zu führen.

3. Sozial- und Geisteswissenschaften im amerikanischen Ingenieurstudium

Das amerikanische System der College- und Universitätsausbildung bietet im Vergleich zu deutschen Universitäten den Studierenden der Ingenieurwissenschaften mehr Möglichkeiten, Fachrichtungen außerhalb der gewählten Hauptdisziplin kennenzulernen. Interdisziplinäre oder fachübergreifende Studien können vor allen Dingen während des Undergraduate-Studiums im Rahmen der „liberal education" oder „general education" betrieben werden. Dieses mit dem einen oder anderen Begriff bezeichnete Studienfeld wird nicht von einer Disziplin her strukturiert und bietet den Studierenden ein breites Spektrum an Studien außerhalb ihres Faches. Dabei wird an 2 Traditionen der amerikanischen Hochschulausbildung angeknüpft: Die „liberal education" soll die geistigen Wurzeln einer Kultur lebendig werden lassen, die zu den intellektuellen und wissenschaftlichen Entwicklungen der Gegenwart geführt haben. Das Konzept der „general education" betont weniger spezielle Inhalte als das Ziel, die individuelle Entwicklung der Studierenden zu fördern und diese nicht allein von den Denkweisen einer Disziplin bestimmen zu lassen. Dieses Verständnis einer interdisziplinär angelegten akademischen Bildung ist charakteristisch für die meisten Undergraduate-Programme an amerikanischen Hochschulen und bestimmt auch die Art und Weise, wie an den anerkannten Ausbildungsstätten für Ingenieure sozial- und geisteswissenschaftliche wie künstlerische Fächer in die Ausbildung einbezogen werden. Seit den Anfängen einer wissenschaftlichen Ingenieurausbildung werden von den amerikanischen Hochschulen nichttechnische Studien als fester Bestandteil einer berufsqualifizierenden Ausbildung für Ingenieure eingeplant. Mehr noch, eine Berufsvereinigung der Ingenieure, das Accreditation Board for Engineering and Technology (ABET), anerkennt nur solche ingenieurwissenschaftlichen Studiengänge, die in ihrem Curriculum mindestens 12,5 % der Studienzeit oder ein Semester für sozial- und geisteswissenschaftliche wie musische Fächer oder interdisziplinäre Studien vorsehen.

Umstritten sind freilich die Konzepte für das nichttechnische Studium von Ingenieuren: Seit Beginn dieses Jahrhunderts werden in den USA von wissenschaftlichen Organisationen und von den Berufsvereinigungen der Ingenieure immer wieder neue Untersuchungen zum Stand der geistes- und sozialwissenschaftlichen Ausbildung vorgelegt, die das Grundlagen- und Spezialstudium von Ingenieuren ergänzen soll. Die letzte Studie stammt von der Association of American Colleges[2] und beruht auf einer Umfrage bei allen 285 Ausbildungsstätten für Ingenieure, die von ABET anerkannt werden. Die Ergebnisse zeigen, daß nur wenige Ingenieurcurricula sich bei den sozial- und geisteswissenschaftlichen Inhalten nicht an die Vorschriften von ABET halten und sogar eine beträchtliche Zahl von Hochschulen bei der nichttechnischen Ausbildung von Ingenieuren den gesetzten Mindeststandard überschreiten. Die meisten Ausbildungsprogramme überlassen es den Studierenden der Ingenieurwissenschaften, welche Kurse sie aus den Geistes- und Sozialwissenschaften wählen, sorgen jedoch dafür, daß die nichttechnischen Studien in beiden Bereichen erfolgen und auch Vertiefungsmöglichkeiten wahrgenommen werden. Wenn gezielt Empfehlungen gegeben werden, dann werden eher Kurse aus dem geisteswissenschaftlichen Bereich als obligatorisch eingestuft als aus dem sozialwissenschaftlichen. Generell ist festzustellen, daß der Laissez-faire-Stil, der sich in der Wahlfreiheit bei den nichttechnischen Studien ausdrückt, auch bedeutet, daß das Lehrangebot für dieses Studium

---

[2] J. S. Johnston Jr., S. Shaman, R. Zemsky, Unfinished Design. The Humanities and Social Sciences in Undergraduate Engineering Education. Association of American Colleges 1988.

eher zufälligen Charakter hat und die einzelnen Veranstaltungen thematisch nicht aufeinander bezogen sind. Diese Konzeptionslosigkeit, so meinen die Autoren der vorgelegten Studie, widerspricht der Bedeutung, die gegenwärtig der nichttechnischen Ausbildung von Ingenieuren zukommt. Über die generellen Absichten der „liberal" oder „general education" hinaus sollten Studierende der Ingenieurwissenschaften mit Hilfe nichttechnischer Studien besser kommunizieren lernen, technische Entwicklungen auch unter sozialen Aspekten begreifen können und ein breites Fundament für ihre spätere berufliche Entwicklung und Weiterbildung erhalten.

In erster Linie sind es solche Hochschulen, die bei der nichttechnischen Ausbildung von Ingenieuren über die ABET-Empfehlungen hinausgehen, die auch großen Wert auf die Programmgestaltung in diesem Studienbereich legen und auch sehr aufgeschlossen sind für curriculare Reformen. Zu diesen Hochschulen gehören das Harvey Mudd College in Kalifornien und das Worcester Polytechnic Institute in Massachusetts, die beide ein integriertes sozial-, geistes- und ingenieurwissenschaftliches Studium anstreben; aber auch renommierte Forschungsuniversitäten wie Stanford oder MIT, wo in den letzten Jahren eine intensive Diskussion über ein zukunftsorientiertes nichttechnisches Studium von Ingenieuren stattgefunden hat. An beiden Universitäten gibt es auch sog. STS-Programme, die interdisziplinäre Lehrangebote für Studierende der Ingenieurwissenschaften entwickeln und auch Forschungen zu den Beziehungen zwischen Naturwissenschaft, Technik und Gesellschaft betreiben.

Diese und andere Programme an amerikanischen Universitäten, aber auch vielfältige Kontakte zu europäischen technischen Hochschulen mit sozial- und geisteswissenschaftlichen Lehrangeboten für das Ingenieurstudium bestärken an der TH Darmstadt Kollegen in den Ingenieur- und Sozialwissenschaften, trotz aller Schwierigkeiten für ein nichttechnisches Studium der Ingenieure einzutreten. Sie können dabei an eine Tradition an der TH Darmstadt anknüpfen, wonach bei der Diskussion und Weiterentwicklung der Ingenieurausbildung internationale Erfahrungen eine besondere Rolle spielen: Auf 2 internationalen Kongressen zur Ingenieurausbildung (IKIA 1946, IKIA 1978)[3] wurden nicht nur fachliche Konzepte zur Diskussion gestellt, sondern über die sozial- und geisteswissenschaftlichen Erweiterungen des Ingenieurstudiums am Beispiel von Studienprogrammen anderer Länder diskutiert.

---

[3] H. Böhme (Hrsg.), Ingenieure für die Zukunft, Darmstadt 1980.

Studienreisen nach den USA[4], Austausch- und Kooperationsprogramme mit west- und osteuropäischen Universitäten haben interessierten Hochschullehrern der THD vielfältige Informationen über die Möglichkeiten vermittelt, sozial- und geisteswissenschaftliche Studien in ingenieurwissenschaftliche Ausbildungsprogramme zu integrieren.
In einem Symposium „Ordnung, Rationalisierung, Kontrolle" hat der erste Inhaber der 1985 begründeten SEL-Stiftungsprofessur für interdisziplinäre Studien, der Technikhistoriker Thomas P. Hughes (University of Pennsylvania), Arbeitsgruppen aus Großbritannien, Frankreich und den Niederlanden an die TH Darmstadt geholt, die über ihre Erfahrungen mit interdisziplinären Lehr- und Forschungsprogrammen berichteten.[5]
So vielfältig und anregend diese internationalen Erfahrungen mit einer geistes- und sozialwissenschaftlichen Ergänzung der Ingenieurausbildung auch sind, sie lassen sich ohne ein Gespür für die besonderen fachspezifischen und kulturellen Traditionen im Wissenschaftssystem des eigenen Landes nur schwer übertragen. Anders als in den USA erfolgt beispielsweise in der Bundesrepublik die Hochschulausbildung der meisten Ingenieurstudenten nicht an den allgemeinen Universitäten, sondern an technischen Universitäten und Hochschulen. Das bedeutet u. a., daß die ingenieurwissenschaftlichen Fachrichtungen mit ihren besonderen Methoden und ihrem spezifischen Wissenschaftsverständnis, ihrer Nähe zu experimentellen Verfahren und zu wirtschaftlich relevanten Problemlösungen den Charakter dieser Hochschulen auch im Bereich wissenschaftlicher Lernprozesse bestimmen: Bis ins Detail geregelte und fachspezifisch aufgebaute Ingenieurausbildungen bereiten auf spezialisierte Berufstätigkeiten in enger Koppelung an die Entwicklung von technisch verwertbarem Wissen in den einzelnen Ingenieurdisziplinen und Fachgebieten vor.
Die Überzeugung, daß eine ingenieurwissenschaftliche Ausbildung, die von Forschung und konkreten Entwicklungsaufgaben abgeschnitten ist, notleiden könnte, wird auch durch kulturelle Überlieferung gestützt. In ihrer Geschichte haben sich die ingenieurwissenschaftlichen Ausbildungseinrichtungen in Deutschland in besonderer Weise

---

[4] H. Böhme, E. Mayer et al., Fragen der Ingenieurausbildung. Ergebnisse einer Studienreise in die Vereinigten Staaten von Amerika. THD-Schriftenreihe Wissenschaft und Technik, 27, Darmstadt 1984.

[5] E. Mayer (Hrsg.), Ordnung, Rationalisierung, Kontrolle. Symposium vom 7.–9. Mai 1987. THD-Schriftenreihe Wissenschaft und Technik, 42, Darmstadt 1988.

dem Modell der deutschen Forschungsuniversität verpflichtet gefühlt, weil sie auf dieser Basis die Auseinandersetzung mit den allgemeinen Universitäten um wissenschaftliche und soziale Anerkennung zu bestehen hofften. Diese getrennte und durch das normative Leitbild der Forschungsuniversität doch aufeinander bezogene Entwicklung von allgemeinen und technischen Universitäten wirkt in dem hierarchischen Grundmuster fort, nach dem heute Ingenieurausbildungen an westdeutschen Hochschulen gestaltet werden: Als forschungsorientierte Berufsvorbereitung grenzen sie sich bewußt von der vorgeordneten gymnasialen Ausbildung mit ihren allgemeinbildenden Aufgaben ab und konzentrieren sich ganz auf die wissenschaftliche Grundlagenausbildung und darauf aufbauende fachliche Spezialisierungen. Nach diesem Verständnis ingenieurwissenschaftlicher Ausbildung haben Studienbestandteile keinen angestammten Platz, die eher eine horizontale Erweiterung des Wissens bedeuten und nicht zum festen Ausbildungskanon auf wissenschaftlicher Basis gehören oder sich durch ihre Nähe zu spezialisierter Forschung und Entwicklung legitimieren.

4. Zentrum für Interdisziplinäre Technikforschung (ZIT)

An der TH Darmstadt ist nicht zuletzt im Zusammenhang mit der Diskussion über eine nicht hinreichend durch Forschung fundierte fachübergreifende Lehre die Idee für ein Zentrum aufgetaucht, in dem Forschungen zu Problemen der technischen Entwicklung im komplexen gesellschaftlichen System angesiedelt werden sollten. Sofern nämlich die fachübergreifende Lehre ernsthaft als Teil der ingenieurwissenschaftlichen Ausbildung konzipiert wurde, tauchte für die beteiligten Hochschullehrer aus den Ingenieurwissenschaften wie auch aus den sozial- und geisteswissenschaftlichen Disziplinen das nicht einfach zu lösende Problem auf, auf welche Wissensbasis sie sich in ihren Lehrveranstaltungen stützen sollten. Sehr schnell wurde in der Lehre, v. a. in interdisziplinär organisierten Veranstaltungen, deutlich, wie problematisch es ist, wenn Ingenieurwissenschaftler ihre persönlichen Erfahrungen in bestimmten Bereichen der Technikentwicklung verallgemeinern und auf der anderen Seite die Sozial- oder Geisteswissenschaftler im Team in ihren Disziplinen auf keinen gefestigten Stand an Erkenntnissen zu den sozialen und humanen Implikationen der Technikentwicklung zurückgreifen konnten. Wenn sich fachübergreifende Lehre nicht in routinemäßigen Einführungen in verschiedene nichttechnische Fachrichtungen erschöpfen, sondern einen Bezug zum Fachstudium von Ingenieuren herstellen wollte, dann konnten etwa Soziologen, Ökonomen oder Philosophen aus ihren Gebieten kaum mehr als zufällige und vorläufige Betrachtungsweisen und Befunde zur Technikforschung anbieten, die häufig genug durch eine kaum zu verbergende technikwissenschaftliche Inkompetenz an Informationswert einbüßten. Es gab keine systematischen Forschungsentwicklungen, an die man hätte anknüpfen können; auch wurde bereits in der Lehre sehr schnell sichtbar, daß technikübergreifende Probleme die Analysekapazität einzelner Disziplinen bei weitem übersteigen. Das fachübergreifende Studium von Ingenieuren stieß also, noch ehe es sich hätte etablieren können, an Grenzen, die die beteiligten Hochschullehrer aus den Ingenieur-, Sozial- oder Geisteswissenschaften trotz allem Engagement nicht überwinden konnten. Spezielle Forschung über Technik schien geboten, aber wie diese an der TH Darmstadt in Gang bringen, wenn schon die fachübergreifende Lehre für viele Hochschullehrer eine zusätzliche und kaum honorierte Aufgabe bedeutet?

Unter dieser Perspektive kam das *Forschungsprogramm der hessischen Landesregierung* gerade recht, das 1985 ins Leben gerufen wurde und neben der zentralen Förderung von Zukunftstechnologien wie den Materialwissenschaften auch die Entwicklung eines Schwerpunktes „Technikforschung" zum Ziel hat. Hier sollten längerfristig Forschungskapazitäten gefördert werden, die eine interdisziplinäre Zusammenarbeit bei der Analyse von Technik und ihrer außertechnischen Bedingungen und Folgen ermöglichen. Arbeitsgruppen an Universitäten begannen mit dem Aufbau von Initiativen zur Technikforschung, jeweils im Rahmen der Forschungsprofile, die durch die interessierten Wissenschaftler an den einzelnen Hochschulen vorgegeben waren. So auch die TH Darmstadt, die ihren besonderen Vorteil nutzte und das Wagnis einging, die an anderen Universitäten eher sozialwissenschaftlich akzentuierte Technikforschung unter der Blickrichtung einer integrierten Technikforschung so zu entwickeln, daß Ingenieur- und Naturwissenschaften einbezogen werden konnten. Im Dezember 1987 wurde an der TH Darmstadt das *Zentrum für interdisziplinäre Technikforschung* gegründet, für dessen Aufbau vom hessischen Wissenschaftsministerium eine Frist von gut 3 Jahren vorgegeben wurde. Während dieser Zeit sollen Erfahrungen mit der interdisziplinären Zusammenarbeit von Wissenschaftlern aus den Ingenieur- und Naturwissenschaften mit Angehörigen der Sozial- und Geisteswissenschaften in 3 Aufgabenbereichen gesammelt werden.

Die 1. Aufgabe liegt in der *Forschung*. Hier sollen solche Projekte angeregt, gefördert und verfolgt werden, die von verschiedenen fachwissenschaftlichen Standpunkten aus gesellschaftliche, ökonomische und politische Bedingungen technischer Entwicklungen erhellen, deren Wechselwirkungen mit den Lebensbedingungen der Menschen analysieren oder den Bezug zu kulturellen Überlieferungen aufzeigen. Grundsätzlich soll eine solche interdisziplinäre Technikforschung Wege weisen für ein besseres theoretisches Verständnis des Zusammenspiels von technischen Entwicklungen und gesellschaftlichen Institutionen und Regeln; es sollen Methoden für die interdisziplinäre Analyse von Technikeinführung und der Weiterentwicklung von Techniken erprobt und die erzielten Erkenntnisse auch zur Stärkung von praktischer Urteilskraft unter Wissenschaftlern, Studierenden und in der außeruniversitären Öffentlichkeit eingesetzt werden. Nicht Wissensanhäufung ist das Ziel, sondern die Frage, wie Ergebnisse aus der interdisziplinären Technikforschung dazu verhelfen, daß technische Neuerungen zu einer humanen Gestaltung des menschlichen Zusammenlebens beitragen und einen verantwortlichen Umgang mit den „natürlichen" Lebensvoraussetzungen sichern können.

Diese Ziele münden in eine 2. Aufgabe des Zentrums: Interdisziplinäre Technikforschung soll durch *Kommunikationsstrukturen* gefördert werden, die fachinterne Öffentlichkeiten zugunsten interdisziplinärer Forschergespräche ausweiten. Auch sollen in universitätsöffentlichen Veranstaltungen Angehörige der Hochschule, Studierende aller Fachrichtungen sowie interessierte Bürger über die Arbeit des Zentrums informiert werden.

Der 3. Auftrag des Zentrums besteht darin, theoretische und methodische Einsichten sowie Ergebnisse aus den verschiedenen Bereichen der Technikforschung in die *fachübergreifende Lehre* einfließen zu lassen. Das könnte dadurch geschehen, daß Studierende als Hilfskräfte oder mit ihren Studien- oder Examensarbeiten in Projekten zur Technikforschung mitwirken. Es könnten aber auch, ganz im Sinne einer Verknüpfung von Forschung und Lehre, Themen und Befunde aus dieser zumeist interdisziplinären Forschung für fachübergreifende Veranstaltungen aufbereitet werden. Ansätze dazu gibt es bereits in den Forschungsschwerpunkten des Zentrums, die sich auf der Basis von Einzelprojekten abzeichnen, in der Rüstungskontrollforschung, zu ökonomischen und politischen Problemen des internationalen Datentransfers, zu den Beziehungen zwischen Arbeit, Technik und Bildung oder auch im Bereich von Stadt-, Regional- und Umweltplanung. Schließlich können im Zentrum auch Voraussetzungen untersucht werden, unter denen interdisziplinäre Technikforschung für das fachübergreifende Studium von Ingenieuren fruchtbar gemacht werden kann, so

z. B. die Analysen zur veränderten Berufssituation von Ingenieuren, zu Veränderungen in den Hochschulstrukturen und in der wissenschaftlichen Ausbildung (auch im internationalen Vergleich) oder auch zu den sich wandelnden Einstellungen zu akademischen Ausbildungsprogrammen und Berufswegen.

Das Zentrum für Interdisziplinäre Technikforschung an der TH Darmstadt eröffnet mit seinem Aufgabenspektrum vielfältige Möglichkeiten, die klassische Ingenieurausbildung durch sozial- und geisteswissenschaftliche Studien so zu erweitern, daß daraus kein unverbindliches Studium generale entsteht, das den Bildungsgedanken der Universität lediglich symbolisch aufgreift: Ein fundiertes nichttechnisches Lehrangebot für Studierende der Ingenieurwissenschaften könnte von der Wissensbasis profitieren, die eine problemzentrierte interdisziplinäre Technikforschung im Zentrum künftig bereitstellen wird. Dieses Lehrangebot würde auch durch hochschulöffentliche Diskussionen belebt, die das Zentrum zu sozialen, ökologischen und friedenspolitischen Wirkungszusammenhängen von technisch-wissenschaftlichen Entwicklungen organisiert. Mit der sachkundigen Erörterung von Themen, die gegenwärtig eher außerhalb der Universitäten debattiert werden, kann das Zentrum dazu beitragen, daß Potentiale der Selbstaufklärung von Wissenschaft nicht nur auf die an der Forschung Beteiligten beschränkt bleiben, sondern auch das fachübergreifende Lehrangebot für Studierende intellektuell interessant und attraktiv machen. Darüber hinaus könnte das Zentrum zu einer realistischeren Einschätzung der Möglichkeiten beisteuern, die es gibt, um fachübergreifende Lehrangebote in das Ingenieurstudium zu integrieren. Dazu gehört ein Wissen darüber, welche Entwicklungstendenzen in den Hochschulen eine Überprüfung von Studienordnungen notwendig machen, in welcher Weise bei den Studierenden selbst oder auf dem Arbeitsmarkt für Hochschulabsolventen mit einem Interesse an einer Erweiterung des ingenieurwissenschaftlichen Studienangebots durch nichttechnische Fächer zu rechnen ist.

5. Perspektiven für fachübergreifende Studien an technischen Hochschulen und Universitäten

Die problemorientierte Zusammenarbeit von Ingenieur-, Geistes- und Sozialwissenschaftlern im Zentrum für Interdisziplinäre Technikforschung wird, so ist zu hoffen, die Wissenschaftsorientierung in der fachübergreifenden Lehre fördern. Sie könnte auch dazu anregen, über ein Bildungskonzept für die wissenschaftliche Ausbildung von Ingenieuren nachzudenken, das sozial- und geisteswissenschaftliche Studien einschließt und in dessen Rahmen die Ziele genauer bestimmt werden können, die mit diesen Studien verfolgt werden sollen.

Solche Überlegungen sind nicht nur als „Kopfgeburten" idealistisch gesonnener Bildungsplaner zu betrachten; das Nachdenken über ein Konzept für die Ingenieurausbildung der Zukunft, aber auch generell über die Erweiterung des Fachstudiums durch fachübergreifende Lehrangebote wird von äußeren und inneren Entwicklungen im Hochschulwesen nahegelegt, von denen die technischen Hochschulen und Universitäten in der Bundesrepublik Deutschland nicht ausgenommen sind.

Nach dem 2. Weltkrieg nimmt weltweit die Bedeutung formaler Ausbildung zu, was sich schließlich auch darin ausdrückt, daß nicht nur allgemeinbildende und weiterführende Schulen, sondern auch die Hochschulen expandieren. Höhere Bildung bis hin zur wissenschaftlichen Ausbildung wird zu einem Massenkonsumgut, das Berufs- und Lebenschancen sichern soll, weitgehend losgelöst vom Familienhintergrund und auch von der Zugehörigkeit des Einzelnen zu einer sozialen Schicht.

Seit 1960 hat in der BRD der Anteil von Schulabgängern mit Hochschulreife beträchtlich zugenommen, die Zahl aller Studierenden sich verfünffacht. In den Ingenieurwissenschaften stieg die Zahl der Studienanfänger von 38 000 im Jahr 1975 (als der Ausbau des Hochschulwesens nahezu abgeschlossen war) auf 53 000 im Jahr 1987.[6] In diesen Zahlen drücken sich die Effekte einer „Bildungsrevolution" aus, die für viele junge Menschen, v. a. auch für Frauen, bedeutet, daß sie selbstverständlicher als Generationen zuvor Bildungsangebote wahrnehmen und nach individuellen Nützlichkeitserwägungen und Interessen kombinieren. Dabei wird eine bewußte Planung von Bildungswegen verfolgt, die nicht von den Strukturen des Bildungswesens in der BRD vorgezeichnet sind, weder von der zeitlichen Abfolge verschiedener Ausbildungsstufen, noch von der strikten Trennung von Berufsausbildung im dualen System und einer akademischen Berufsvorbereitung an den Hochschulen. So verfügt inzwischen bereits ein knappes Drittel der Studienanfänger über eine abgeschlossene Berufsausbildung. Auch werden sich, wie schon seit langem in den USA, an den Hochschulen Weiterbildungs- und Kontaktstudien durchsetzen, die von akademisch

---

[6] Der Bundesminister für Bildung und Wissenschaft, Grund- und Strukturdaten 1988/89.

vorgebildeten Berufstätigen, Fachhochschulabsolventen oder Senioren wahrgenommen werden. Durch diese sich überlagernden Entwicklungen wird die Studentenschaft immer heterogener nach Alter, Geschlecht, sozialer Herkunft und Vorbildung, eine Entwicklungstendenz, die auch vor den Ingenieurstudiengängen nicht halt machen wird.

Insofern ist zu fragen, wie Ingenieurcurricula diese Entwicklungen auffangen. Darauf gibt es vorläufig 2 grobe Antworten. Entweder, man hält sich an die „bewährte" Konstruktion des Ingenieurcurriculums, entrümpelt Überholtes, addiert Neues und intensiviert das spezialisierte Fachstudium, um die Fiktion einer in sich geschlossenen ingenieurwissenschaftlichen Ausbildung aufrechtzuerhalten. Oder man geht neue Wege und eröffnet in den Curricula einen Freiraum für fachlich weniger gebundene Studien. Mit diesem flexibel auszufüllenden Studienanteil könnte den vielfältigen Studieninteressen einer heterogenen Studentenschaft Rechnung getragen werden; er könnte zudem fachübergreifende Studien beherbergen. Da während der Expansion der Hochschulen der Sozial- und Geisteswissenschaften auch an den technischen Universitäten haben Fuß fassen können und diese Entwicklung nur um den Preis eingeschränkter Studienmöglichkeiten rückgängig zu machen ist, ist die fachliche Fundierung eines fachübergreifenden Lehrangebotes in seiner ganzen Breite potentiell gesichert. Es bleibt die Notwendigkeit, sich über die Ziele für ein solches Studium im Rahmen einer ingenieurwissenschaftlichen Ausbildung zwischen den Disziplinen zu verständigen. Sollten sich Ingenieurwissenschaften und sozial- bzw. geisteswissencahftliche Fachrichtungen bei einer solchen Frage näherkommen, dann wäre es um die Chancen für sozial- und geisteswissenschaftliche Studien in der Ingenieurausbildung nicht schlecht bestellt. Zudem könnten die technischen Hochschulen und Universitäten für sich in Anspruch nehmen, künftig auch als kulturelle Zentren zu wirken, in denen in der Zusammenarbeit von Hochschullehrern und Studierenden wissenschaftliches Wissen als technischer Sachverstand und soziale Kompetenz bei der Bearbeitung von Zukunftsproblemen moderner Industriegesellschaften eingesetzt werden kann.

„Nichttechnische" Studieninhalte an der Technischen Universität Wien

M. Horvat

1. Einleitung

1.1 Der Untersuchungsraster

Als Grundlage für die vorliegende Analyse soll Ropohls Technikumschreibung,[1,2] ein wesentlicher Beitrag zum Stand der Diskussion im Rahmen der Technikphilosophie, verwendet werden. Danach ist Technik durch 3 Bestimmungsstücke gekennzeichnet:
1) die Menge der nutzenorientierten, künstlichen, gegenständlichen Gebilde (Artefakte);
2) die Menge menschlicher Handlungen und Einrichtungen, in denen Artefakte hergestellt werden und
3) die Menge menschlicher Handlungen, in denen Artefakte verwendet werden.

Bei 2) sind Planung und Entwicklung, bei 3) Entsorgung zu ergänzen. Aus dieser Umschreibung sind Dimensionen der Technik abzuleiten, die wiederum durch spezifische Erkenntnisperspektiven zu erfassen sind. Die Erkenntnisperspektiven werden in der folgenden Aufstellung durch die entsprechenden Wissenschaftsgebiete bzw. -disziplinen ausgedrückt:

- die naturale Dimension mit den zugehörigen Erkenntnisperspektiven: Naturwissenschaften, Ingenieurwissenschaften, Ökologie;
- die humane Dimension mit den zugehörigen Erkenntnisperspektiven: Anthropologie, Psychologie, Physiologie, Ästhetik;

---

[1] G. Ropohl, Eine Systemtheorie der Technik. Hanser, München Wien, 1979, S. 31ff.
[2] G. Ropohl, Zur Technisierung der Gesellschaft, in: W. Bungard, H. Lenk (Hrsg.), Technikbewertung. Suhrkamp, Frankfurt am Main, 1988, S. 82.

– die soziale Dimension mit den zugehörigen Erkenntnisperspektiven: Ökonomie, Soziologie, Rechtswissenschaften, Politologie, (Kultur)-geschichte, Ethik.

Als „nichttechnisch" sollen diejenigen Studienanteile der Ingenieurausbildung bezeichnet werden, die nicht den naturwissenschaftlichen oder ingenieurwissenschaftlichen Erkenntnisperspektiven zuzurechnen sind.

1.2 Sind „nichttechnische" Studienanteile wirklich nicht technisch?

Die naturwissenschaftlichen und ingenieurwissenschaftlichen Erkenntnisperspektiven sind traditionell auf eine Funktionalität von technischen Gegenständen (Artefakten) oder Systemen abgestellt, in deren Rahmen diese isoliert von ihrem Umfeld – mit Ausnahme der Wirtschaft – betrachtet werden. Dies äußert sich u. a. darin, daß beispielsweise im Maschinenbau der Umgebungszustand häufig mit dem Index ∞ (unendlich) gekennzeichnet wird und als unveränderlich (konstant) angenommen wird. Dabei handelt es sich um einen im Rahmen der Modellbildung notwendigen Vereinfachungsschritt. Wird der Gültigkeitsbereich dieser Abstraktions- und Reduktionsmaßnahme aber nicht bewußt reflektiert – das Modell also mit der Wirklichkeit verwechselt – könnte dies implizieren, daß die Umwelt unendlich ausgedehnt ist und ihr daher beispielsweise unbegrenzt Rohstoffe entnommen und Schadstoffe zugeführt werden können. Die Einbeziehung der ökologischen Perspektive kann hier Zusammenhänge aufzeigen, durch die Möglichkeiten kumulativer Wirkungen deutlich gemacht und damit Aspekte vermittelt werden, die für die Abschätzung der Folgen technischen Handelns bedeutend sind.

Angesichts der unübersehbaren Wirkungen der Technik in der Umwelt – der belebten und unbelebten Natur – ist das Konzept einer zu eng gefaßten Funktionalität zu hinterfragen, auch wenn damit schwerer faßbare Kategorien in den technischen Gestaltungs- und Entwicklungsprozeß einbezogen werden müssen.

Wenn die Beschreibung des „Umfelds" zusätzlich um die humane und soziale Dimension (über die wirtschaftliche Perspektive hinausgehend) erweitert wird, ist festzustellen, daß beispielsweise Projekte nicht ausgeführt, neue Technologien nicht eingeführt werden können, weil deren Akzeptabilität nicht gegeben ist. Wenn aber als Ergebnis von Ingenieurarbeit ein Projekt oder ein Produkt vorliegt,

– dessen unerwünschte Umweltauswirkungen den angestrebten Nutzen übertreffen oder in Frage stellen oder
– das nicht in Betrieb gesetzt werden oder in Produktion gehen kann, weil es aus anderen Gründen auf massive Ablehnung stößt,

erscheint die Frage zulässig, welche Bedingungen zu diesem Ergebnis geführt haben.

Der Ingenieur als wesentlicher technischer Akteur muß – wie erwähnt – auf der Basis bestimmter Modellvorstellungen handeln, die gewisse Annahmen und Voraussetzungen sowie Rand- und Anfangsbedingungen beinhalten. Wenn die erzielte Funktionalität – nunmehr in einem weiteren Sinne betrachtet – nicht den angestrebten Zielen entspricht, müssen die Grundlagen des technischen Planens, Entscheidens und Handelns überdacht und dem Erkenntnisstand angepaßt werden.

Es mag für manche noch immer provokativ erscheinen, wenn man aus der Bedeutung für die Umsetzbarkeit von Ideen auf eine Gleichwertigkeit der natur- und ingenieurwissenschaftlichen Bedingungen und Voraussetzungen und der ökologischen, humanen und sozialen Perspektiven schließt. Wenn man allerdings auch die wirtschaftlichen – die betriebs- und volkswirtschaftlichen – Folgen der Nichtbeachtung eines breiten Spektrums von Perspektiven – z. B. bei manchen Großprojekten – betrachtet, wird die gängige Trennung in „technische" und „nichttechnische" Studienanteile, die vielfach auch als Aufteilung in „harte" und „weiche" Fächer verstanden wird, zumindest fragwürdig, wenn nicht obsolet. Es gilt in der Diskussion um die Weiterentwicklung der Ingenieurstudiengänge mit der Umsetzung einer generalistischen Technikumschreibung[3] Wirklichkeit zu machen. Damit wird die Wichtigkeit der Funktionalität in natur- und ingenieurwissenschaftlicher Perspektive in keiner Weise geschmälert. Diese ist selbstverständliche, notwendige Voraussetzung, kann aber nicht mehr als hinreichend angesehen werden.

Forderungen nach der Berücksichtigung ökologischer, humaner und sozialer Gesichtspunkte in der technischen Planung werden noch immer häufig als Gefahr des Aufkommens „irrationaler" Tendenzen diskreditiert und abgelehnt. Dies mag zunächst bloß als Indiz für das Bestehen unterschiedlicher Sichten der Wirklichkeit, unterschiedlicher Rationalitäten – Paradigmen – genommen werden. Wenn es allerdings nicht gelingt, ein neues, umfassendes Technikverständnis umzusetzen,

---

[3] G. Ropohl, Ein generalistisches Programm zur Integration technik- und sozialwissenschaftlicher Ausbildung, in: H. Böhme (Hrsg.), Ingenieure für die Zukunft. Moos, München, 1980, S. 413–431.

welches in nüchterner, pragmatischer Weise die erweiterten Rahmenbedingungen technischen Handelns in die alltägliche Ingenieurstätigkeit integriert, laufen die technischen Wissenschaften in Gefahr, im obigen Sinne selbst dem Vorwurf der „Irrationalität" ausgesetzt zu werden.

1.3 Lehr- und Lernziele der Ingenieurausbildung

Die Ingenieurausbildung muß darauf abzielen, die Studierenden bei der Ausbildung der Fähigkeiten zu fördern, die notwendig sind, um in einem komplexen Handlungsfeld Technik möglichst schonend in systemische Wirkungszusammenhänge mit einem komplexen Umfeld aus Wirtschaft und Gesellschaft sowie belebter und unbelebter Natur einzufügen – zu planen, zu entscheiden, zu handeln und zu verantworten. Eine Untersuchung von Studienplänen darf daher nicht auf die Frage von Inhalten beschränkt bleiben. Es sind auch die umfassenderen Ziele der Ingenieurausbildung zu hinterfragen.

Bei Wilkening und Schmayl[4] werden im Zusammenhang mit dem Technikunterricht an Mittelschulen folgende 4 Zielbereiche angeführt, die unverändert auch auf das Ingenieurstudium angewendet werden können:

1) fachlich inhaltsbezogene Lernziele: sie sind auf die Aneignung von Fachkenntnissen gerichtet (zumeist beschränkt sich die Studienplandiskussion auf diesen Zielbereich);
2) fachlich prozeßbezogene Lernziele: diese sind auf Methodenkenntnisse abgestellt: z. B. Arbeitsmethodik, Problemlösungsverfahren;
3) fachübergreifend verhaltensbezogene Lernziele: sie sind auf die Entwicklung personaler und sozialer Kompetenzen gerichtet: z. B. Kommunikationsfähigkeit, Teamfähigkeit, Flexibilität, Kreativität, Leistungsfreude u. ä.;
4) überfachlich wertungsbezogene Lernziele: sie sollen die Fähigkeit der Bewertung technischen Planens und Handelns in spezifischen Situationen im Zusammenhang von Zielen, Werten und Normen ausbilden.

Aus einer Ausweitung der Zieldiskussion über den Rahmen ausschließlich kognitiver Aspekte hinaus folgt unmittelbar die Notwendigkeit, auch Lehr- und Lernformen in die Betrachtung miteinzubeziehen.

---
[4] F. Wilkening, W. Schmayl, Technikunterricht. Klinkhart, Bad Heilbrunn, 1984, S. 118ff.

1.4 Kumulation vs. Integration – die Bedeutung von Lehr- und Lernformen in der Ingenieurausbildung

Wie angedeutet sind fachliche Ergänzungen bzw. Umorientierungen der Studienpläne notwendig – sowohl in bezug auf außerhalb der Natur- und Ingenieurwissenschaften liegende Fächer als auch auf methodischem Gebiet. Zusätzliche Kenntnisse sind notwendig, aber nicht hinreichend; bloße Addition weiterer Inhalte ist nicht ausreichend. Um das Wissen handlungsrelevant – handlungsleitend und -wirksam – zu machen, sind integrative Ansätze erforderlich. Einerseits hat Integration eine kognitive Seite, andererseits ist aber die Berücksichtigung affektiver und volitiver Aspekte in konkret erlebbaren Handlungssituationen unabdingbar (die derzeitige Krisensituation ist zumeist nicht eine „Krise des (mangelnden) Wissens" sondern eine „Krise des Wollens" – der Bereitschaft entsprechend seiner Kenntnisse zu handeln):

– in Einzelfächern und als ergänzende Bestandteile bestehender Fächer müssen die neuen Inhalte in ihrer relativen Bedeutung im Gesamtzusammenhang dargestellt werden. Beispiele von geeigneten Fächern können aufgrund der Ropohl-Systematik angegeben werden:

– Ökologie;
– Arbeitswissenschaften;
– Betriebs- und Volkswirtschaftslehre;
– rechtswissenschaftliche Fächer;
– Technikgeschichte;

als Grundlagenfach wären z. B. zu nennen:
– Allgemeine Technologie oder
– Technikphilosophie;

als methodische Fächer kämen in Frage:
– Techniken methodischen Arbeitens;
– Grundlagen und Methoden der Planung;
– Projektmanagement;
– Organisation und Führung etc.;
– Grundlagen und Methoden von Technikbewertung und Umweltverträglichkeitsprüfung.

Zusätzlich ist – angesichts der zunehmenden Internationalisierung der Ingenieurtätigkeit – die Bedeutung von Fremdsprachen zu betonen.

Handeln lernt man aber nur in konkreten Handlungssituationen. Die Integration muß didaktisch bzw. sozial organisiert werden. Dazu kommen entsprechende Lehr- und Lernformen in Frage:

- Teamteaching;
- problemorientierte interdisziplinäre Projekte und Fallstudien, die in Gruppen zu bearbeiten (und zu betreuen!) sind;[5]
- Erkundungen, Explorationen etc.;
- integrierte Industriepraktika (siehe dazu etwa Frostik[6] und Combey[7]).

Angesichts der Differenzierung der Wissenschaften – auch der Technikwissenschaften – sind also (Re)integrationsansätze erforderlich. Dabei ist bei der Gestaltung neuer Studienpläne sorgfältig darauf zu achten, daß die gewählten Fächer und didaktisch begründeten Lernformen in ihrer Bedeutung und Anwendbarkeit für das alltägliche Handeln der zukünftigen Ingenieure klar durchschaubar und einsichtig werden. Die Kunst der Studienplangestaltung wird eher darin bestehen, ein sinnvolles und zweckmäßiges Minimalangebot zusammenzustellen, als um möglichst hohe Prozentanteile „nichttechnischer" Studienanteile zu kämpfen, die möglicherweise von den Studierenden gar nicht angenommen werden.

2. „Nichttechnische" Anteile des formellen und informellen Lehrangebotes an der TU Wien

2.1 Das Studienangebot der TU Wien

An der Technischen Universität Wien sind die in Tabelle 1 angeführten Ingenieurstudienrichtungen und -studienzweige vertreten.[8] Es bestehen 2 Aufbaustudien für Absolventen technischer Studien:

---

[5] M. Horvat, Interdisziplinäre Projektarbeit in der Ingenieurweiterbildung. Referat im Rahmen des Forschungskolloquiums „Technologieentwicklung und Weiterbildung", Technische Hochschule Zittau, 25. 5. 1989 (Publikation in Vorbereitung).

[6] D. Frostik, History and development of the total technology course. Imperial College of Science and Technology, London, 1983.

[7] P. Combey, Integration in sandwich course education – a seminar method. Research in education, No. 34, Manchester University Press. November 1985, pp. 34–57.

[8] Technische Universität Wien, Vorlesungsverzeichnis 1988/89, S. 275ff.

"Nichttechnische" Studieninhalte an der TU Wien 105

Tabelle 1. Ingenieurstudienrichtungen und -studienzweige an der Technischen Universität Wien

---

- *Architektur (A)*

- *Raumplanung (RP)*
  Studienzweige:
  Raumplanung,
  Regionalwissenschaft

- *Bauingenieurwesen (BI)*
  Studienzweige:
  Konstruktiver Wasserbau,
  Verkehrswesen und Verkehrswirtschaft,
  Wasserwirtschaft und Wasserbau,
  Baubetrieb und Bauwirtschaft

- *Maschinenbau (M)*
  Studienzweige:
  Maschinenbau,
  Verfahrensingenieurwesen,
  Betriebswissenschaften,
  Verkehrstechnik und Verkehrsmittel,
  Schiffstechnik

- *Elektrotechnik (ET)*
  Studienzweige:
  Elektrische Energietechnik,
  Industrielle Elektronik und
  Regelungstechnik,
  Nachrichtentechnik

- *Technische Chemie (Ch)*
  Studienzweige:
  Anorganische Chemie,
  Organische Chemie,
  Biochemie und
  Lebensmittelchemie,
  Chemieingenieurwesen

- *Technische Physik (Ph)*

- *Technische Mathematik (M)*
  Studienzweige:
  Mathematik naturwissenschaflicher Richtung,
  Wirtschafts- und
  Planungsmathematik,
  Informations- und
  Datenverarbeitung

- *Informatik (I)*

- *Vermessungswesen (V)*
  Wahlfachgruppen:
  Landesvermessung und
  Ingenieurgeodäsie,
  Photogrammetrie und
  Kartographie,
  Erdmessung und
  Geophysik

- Betriebs-, Rechts- und Wirtschaftswissenschaften,
- Technischer Umweltschutz.

Außerdem wird der Weiterbildungsbereich ausgebaut, in dessen Rahmen eine stetig zunehmende Anzahl von Hochschulkursen, Hochschulkurspaketen und Hochschullehrgängen angeboten wird.
In Tabelle 2 wurde versucht, für die einzelnen Studienrichtungen darzustellen, welche Erkenntnisperspektiven der Ropohl-Kategorien aus dem nichtnatur- und nichtingenieurwissenschaftlichen Bereich in eigenen Pflichtfächern – gekennzeichnet durch *P* – oder in Teilen einer Ringvorlesung (gekennzeichnet durch *R*) berücksichtigt werden. Die tatsächlichen Pflichtfächer im Rahmen ausgewählter „klassischer"

106 M. Horvat

Tabelle 2. Nichttechnische Pflichtlehrveranstaltungen (P) (R Ringvorlesung)

Perspektiven	BI	MB	ET	CH	PH	M	I	V
Ökologie		R	P					
Anthropologie								
Psychologie		R					P	
Physiologie		R					P	
Ästhetik								
Ökonomie	P	P	P			P	P	P
Soziologie		R					P	
Rechtswissenschaft	P	P	P			P	P	
Politologie		R						
Geschichte								
Ethik								
(Technik)philosophie		R						
Technikbewertung		R					P	
Fremdsprachen								
Methodologische Fächer	P	P						
Sonstige							P	

Ingenieurstudienzweige sind gemeinsam mit einschlägigen Wahlfächern im Anhang angeführt. Architektur und Raumplanung wurden bei dieser Analyse nicht berücksichtigt.

„Nichttechnische" Pflichtfächer finden sich in den Studienrichtungen Bauingenieurwesen, Maschinenbau, Informatik und Vermessungswesen. In den Studienzweigen Baubetrieb und Bauwirtschaft, Betriebswissenschaften sowie Wirtschaftsmathematik der Studienrichtungen Bauingenieurwesen, Maschinenbau bzw. Technische Mathematik beträgt der Anteil wirtschaftswissenschaftlicher Fächer bis zu 35 %. In der Studienrichtung Elektrotechnik sind Vertiefungen in Richtung Wirtschaftswissenschaften und Umweltschutz durch Fächertausch möglich.

Es zeigt sich erwartungsgemäß eine Betonung wirtschafts- und rechtswissenschaftlicher Fächer. Andere Perspektiven werden im Maschinenbau im Rahmen einer Ringvorlesung sowie in der Informatik in mehreren eigenen Lehrveranstaltungen behandelt.

Bauingenieurwesen und Maschinenbau bieten Pflichtlehrveranstaltungen auf dem Gebiet der Arbeitsmethodik an. Die Studienrichtungen Physik, Chemie und Mathematik weisen keine obligatorischen „nicht-

technischen" Studienanteile auf. Im Rahmen der Studienrichtung Chemie werden auch keine einschlägigen Wahllehrveranstaltungen angeboten.
Bezüglich integrativer Lehr- und Lernformen werden in den Studienrichtungen Architektur, Raumplanung, Bauingenieurwesen und Informatik Gruppenprojekte durchgeführt, die von jeweils einer Betreuergruppe begleitet werden. Ringvorlesungen und andere Lehrveranstaltungen, an denen eine interdisziplinäre Gruppe von Vortragenden beteiligt ist, sind in den Studienplänen von Bauingenieurwesen und Maschinenbau enthalten.
Grundsätzlich muß festgehalten werden, daß in den betrachteten Studiengängen die Integration „nichttechnischer" Inhalte in Pflicht- und Wahlfächern nicht auf einem, mit dem eingangs dargestellten vergleichbaren, umfassenden Technikkonzept beruht. Die Begründung liegt zumeist eher in einer historisch überlieferten Selbstverständlichkeit – wobei bisweilen der oder die ursprüngliche(n) Initiator(en) und deren Motivation oft nicht mehr bekannt sind – als in einem grundlegenden Konzept.
Aus den Studienkommissionen wird zwar großteils eine ernsthafte Auseinandersetzung mit dem vorliegenden Problemkreis berichtet. In den schwierigen Verhandlungen über Stundenanteile unterliegen die „nichttechnischen" Studienanteile jedoch trotzdem noch immer zumeist gegenüber den „harten" Ingenieurfächern. Es wird abzuwarten sein, welche Auswirkungen die kommende allgemeine Reform der technischen Studien in Österreich, auf die weiter unten noch eingegangen wird, in diesem Zusammenhang haben wird.
Neben den in den Studienplänen angeführten Pflicht- und Wahlfächern gibt es an der Technischen Universität Wien noch ein breites Spektrum von einschlägigen Angeboten, sowohl in Form von Lehrveranstaltungen als auch von Sonderveranstaltungen, Vortragsreihen, Symposien etc., welches im folgenden noch dargestellt werden soll.

2.2 Lehrveranstaltungen für Hörer aller Fakultäten

Dem Katalog der Lehrveranstaltungen im Vorlesungsverzeichnis der Technischen Universität Wien ist eine Liste von Lehrveranstaltungen, die für Hörer aller Fakultäten geeignet sind, vorangestellt. Diese Zusammenstellung wird jährlich durch das Außeninstitut aus dem Lehrangebot aller Institute erstellt, enthält etwa 110 Lehrveranstaltungen und ist nach folgenden Bereichen gegliedert:

- Grundlagen und Entwicklungsgeschichte der Wissenschaften und der Technik;
- Soziologie, Psychologie, Pädagogik, Arbeitstechniken;
- Rechtswissenschaften;
- Wirtschafts- und Betriebswissenschaften;
- Umweltschutz, Ökologie, Technikfolgen;
- internationale Zusammenarbeit, Technologietransfer;
- Architektur und Kunst;
- Fremdsprachen;
- besondere Fertigkeiten.

In einem eigenen Vorwort werden diese Lehrveranstaltungen den Studierenden wie folgt empfohlen:[9]

> Vom akademisch gebildeten Techniker werden heute nicht nur gründliche Fachkenntnisse, sondern darüber hinaus zunehmend auch Sprachkenntnisse, Kenntnisse aus wirtschaftlichen Fächern und einschlägigen Gebieten des Rechts sowie organisatorische Fähigkeiten und die Fähigkeit zur Menschenführung verlangt. Gerade heute, in einer Zeit zunehmender Diskussionen über die Wechselwirkungen zwischen Technik, Umwelt und Gesellschaft, sollte sich der angehende Techniker aber auch mit Problemen des Technologietransfers, der Technikakzeptanz und der Technikfolgen beschäftigen.
>
> Es wird daher allen Studierenden empfohlen, über die in den jeweiligen Studienplänen vorgeschriebenen Lehrveranstaltungen hinaus auch Lehrveranstaltungen aus der nachstehenden Liste nach eigener Wahl und nach persönlichem Interesse zu absolvieren.

Neben dem freiwilligen Besuch dieser Lehrveranstaltungen besteht außerdem im 2. Studienabschnitt die Möglichkeit, durch Antrag an die Studienkommission gewisse Fächer aus dem Studienplan begründet gegen andere Fächer und damit auch aus diesem Katalog zu tauschen. Es ist an dieser Stelle noch anzumerken, daß seit dem Wintersemester 1988/89 auch ein Senatsinstitut „Technik und Gesellschaft" Lehrveranstaltungen v. a. aus dem Bereich der Techniksoziologie anbietet, die von Gastprofessoren oder -professorinnen durchgeführt werden. Über den Erfolg dieser Maßnahmen kann auf Grund der kurzen Zeit seit der Einführung noch keine Aussage gemacht werden.

Grundsätzlich gilt nach der Erfahrung des Verfassers für den gesamten Bereich der Lehrangebote das schon weiter oben Gesagte: Eine tatsächliche Integration auf wirklich breiter Basis – also auch für den Durchschnittsstudenten – gelingt nur, wenn der unmittelbare Zusammenhang der Fächer zu den konkreten Handlungsfeldern der Inge-

---

[9] Technische Universität Wien, a.a.O., S. 54.

nieure ersichtlich ist. Lehrangebote, die ausschließlich den Reflexionshorizont erweitern, werden zunächst hauptsächlich von einer kleinen Zahl von Studierenden, die sich zumeist bereits selbständig mit grundsätzlichen Problemstellungen der Technik auseinandersetzen, besucht.

Anschließend zu der Darstellung formalisierter „nichttechnischer" Lehrangebote für angehende Ingenieure soll noch erwähnt werden, daß vom Institut des Verfassers in den letzten Semestern mit großem Erfolg technische Lehrveranstaltungen für Studenten der Wirtschaftswissenschaften an der Wirtschaftsuniversität Wien durchgeführt wurden. Damit soll der Problembereich der Integration technischer Studienanteile in sozial- und geisteswissenschaftliche und wirtschaftliche Studienrichtungen nur angerissen werden, der im Zusammenhang mit den Rahmenbedingungen einer zukünftigen Technikgestaltung nach Kriterien der Wirtschaftlichkeit, Sozial- und Umweltverträglichkeit zweifellos von Bedeutung ist und bei anderer Gelegenheit gesondert behandelt werden sollte.

2.3 Interdisziplinäre Sonderveranstaltungen

Den Forderungen nach einer Auseinandersetzung mit einem breiteren Spektrum von Perspektiven der Technik wird an der TU Wien zusätzlich zu den beschriebenen Lehrveranstaltungsangeboten im Rahmen von interdisziplinären Sonderveranstaltungen des Außeninstitutes Rechnung getragen. Dabei handelt es sich um in der Regel international besetzte Vortrags- und Diskussionsveranstaltungen oder Symposien, in denen Grundlagen, Rahmenbedingungen, Entwicklung und Auswirkungen der Technik behandelt werden. Zielgruppen sind die Studierenden und die Angehörigen der Technischen Universität aber auch die interessierte Öffentlichkeit. In zunehmendem Maße ist auch in diesem Bereich die Bedeutung einer diskursiven Auseinandersetzung ersichtlich geworden, was in der Planung entsprechend berücksichtigt wird.

Als Beispiele in den letzten Jahren behandelter Themenstellungen sind (unsystematisch) anzuführen:
– „10 Jahre Personalcomputer",
– „Zur Historiographie der Dampfmaschine",
– „Technische Trends und ihre ökonomischen Auswirkungen",
– „Chancen und Risiken der Weltraumforschung",
– „Grenzen des Computers",

- „Perspektiven der Technik",
- „Science-fiction: Wissenschaft als Kunst",
- „Entwicklungspolitik",
- „Mensch – Technik – Natur",
- „Rüstungsentwicklung und Friedenserhaltung",
- „Die Technik und der Mensch",
- „Arbeitswelt: Blickrichtung 2000",
- „Das neue Technikverständnis",
- „Sind wir auf dem Wege zu einer Computerkultur?",
- „Die Philosophie des kritischen Rationalismus",
- „Das Prinzip der Selbstorganisation in Natur und Kultur",
- „Gesellschaftskrise und Wissenschaftsentwicklung",
- „Leonhard Euler 1707–1783".

Durch diese Veranstaltungen, die zumeist auch in den Printmedien und den elektronischen Medien berücksichtigt werden, sollen gezielt Impulse gesetzt werden und Beiträge zur Sensibilisierung der Studierenden und der Universitätslehrer geleistet werden. Es handelt sich dabei um eine inhaltlich laufend veränderliche aber sonst kontinuierliche Aktivität, da Wirkungen in diesem Bereich sicherlich nur mittel- bis langfristig zu erreichen sind.

2.4 Ein Beispiel eines integrativen Ansatzes aus dem Aufbaustudium „Technischer Umweltschutz"

Seit etwa 1985 gibt es an der Technischen Universität Wien die weiter oben erwähnten 2 Aufbaustudien, die erfolgreich durchgeführt werden. Da der Verfasser im Aufbaustudium „Technischer Umweltschutz" persönlich involviert ist, soll dieses als Beispiel eines – sowohl in inhaltlicher als auch in didaktischer Hinsicht – integrativen Ansatzes kurz dargestellt werden.

Das Studium richtet sich an Absolventen technischer Studienrichtungen v. a. der Technischen Universität und der Universität für Bodenkultur in Wien. Der Gesamtumfang von 109 Semesterwochenstunden (SWS) verteilt sich wie folgt auf 5 Bereiche:[10]

---

[10] Technische Universität und Universität für Bodenkultur Wien, Aufbaustudium Technischer Umweltschutz – Studienplan, Studienführer, Lehrinhalte – Studienjahr 1988/89. Außeninstitut der Technischen Universität Wien, September 1988.

1) Technisch-naturwissenschaftliche Grundlagen (30 SWS),
2) Ökologie (12 SWS),
3) Allgemeine Rechts- und Sozialkunde (12 SWS),
4) Vertiefung (30 SWS), nach Wahl:
   – Luftreinhaltung und Lärmschutz oder
   – Gewässerschutz und Abfallwirtschaft,
   – 5 SWS der nicht gewählten Vertiefung,
5) Interdisziplinäres Projekt (20 SWS).

Im vorliegenden Zusammenhang sind die nichttechnisch-naturwissenschaftlichen Teile des Studiums von besonderem Interesse. Diese Lehrveranstaltungsblöcke sind wie folgt zusammengesetzt:

1) Ökologie:
   – Grundlagen der Ökologie (7 SWS),
   – Ökologischer Umweltschutz (3 SWS),
   – Humanökologie (2 SWS);
2) Allgemeine Rechts- und Sozialkunde:
   – Umweltrecht (4 SWS),
   – Ökonomie der Umwelt (3 SWS),
   – Systemorientierte Projektorganisation (3 SWS),
   – Technikbewertung (2 SWS).

Als zentraler Teil des Studiums wirkt des sog. „Interdisziplinäre Projekt" – eine problemorientierte Lehrveranstaltung, in deren Rahmen die Studenten in Gruppenarbeit eine umfassende Problemstellung aus dem Bereich des Umweltschutzes bearbeiten müssen.[11] Beispiele von Themenstellungen der letzten Jahre sind:

– Verminderung des Nährstoffeintrages in den Neusiedlersee aus dem Einzugsbereich der Wulka,
– ein Umweltsanierungskonzept für die Region Neunkirchen,
– Beurteilung der Umweltwirkungen und des Standes der Technik der Entsorgungsbetriebe Wien-Simmering.

Auf der Grundlage der in den fachorientierten und überfachlichen Lehrveranstaltungen vermittelten Fach- und Methodenkenntnisse sollen die Studierenden die jeweilige Aufgabenstellung in größtmöglicher Selbstorganisation problemorientiert bearbeiten. Als Betreuer steht eine Gruppe von Fachberatern aus den zuständigen Instituten der beiden genannten Universitäten zur Verfügung. Der Verfasser hat die

---

[11] M. Horvat, a.a.O. (s. Anm. 5).

Rolle des Projektleiters und Prozeßbegleiters bzw. -moderators. Die bisherigen Projekte brachten für die Studierenden (und die Berater) außerordentlich interessante und wertvolle Lernerfahrungen. Gewisse Schwierigkeiten sind auf Seiten der Studenten im Zusammenhang v. a. in folgenden Bereichen aufgetreten:
- Problemorientierung vs. Fachorientierung,
- Selbstorganisation (und Selbstverantwortung): der Arbeitsprozeß als eigenständige Gestaltungsaufgabe,
- Kommunikation und Teamfähigkeit,
- Berichtlegung und Präsentationsmethodik,
- Zeit.

Aber auch für die beratenden Universitätslehrer stellten sich – z. T. ähnliche – Probleme ein. Als beispielhafte Bereiche sind anzuführen:
- Interdisziplinarität und Wissenschaftlichkeit: Relativierung der einzelnen Fachdisziplinen,
- soziale Kompetenz und Teamfähigkeit,
- Methodenreflexion,
- Prozeßreflexion,
- Zeit.

Die bisherigen – teilweise mühevollen – Erfahrungen zeigen, daß sowohl die inhaltliche Angebotsstruktur des Studiums als auch der Projektansatz geeignet sind, der Forderung nach Integration gerecht werden können. Dabei soll nicht verschwiegen werden, daß noch wesentliche Verbesserungen des Studiums im Hinblick auf die Berücksichtigung der Bedürfnisse Berufstätiger stattfinden müssen. Im vorliegenden Zusammenhang muß allerdings auch darauf hingewiesen werden, daß das wesentliche integrative Element – das „Interdisziplinäre Projekt" – für Studierende und Betreuer (wie angeführt) wesentlich zeitaufwendiger ist als traditionelle Lehrveranstaltungen. Dieser Aspekt ist vor dem Hintergrund der Personalsituation, zumindest an den österreichischen Universitäten, zweifellos in Planungen zur Reform der Erststudien zu berücksichtigen.

3. Zur Zukunft der Technikstudien in Österreich

Eine Arbeitsgruppe „Reform der technischen Studien" der Hochschulplanungskommission des Bundesministeriums für Wissenschaft und Forschung hat im Februar 1989 eine erste Fassung von Empfehlungen zur Studienreform veröffentlicht.[12] Als im vorliegenden Kontext z. T. interessante Ziele der Reform werden eingangs angegeben:

- Integration neuer Inhalte und Fertigkeiten in die Ingenieurausbildung:
  - Fremdsprachen,
  - Wirtschaftswissenschaften,
  - ökologische und soziologische Inhalte,
  - Sozialkompetenz,
  - Sprachkompetenz.

Weitere Ziele betreffen die Korrektur von Fehlentwicklungen und die Bereinigung von Strukturproblemen.

Von den Prinzipien der Reform und den Maßnahmen zur Umsetzung der angestrebten Reformziele sind im vorliegenden Zusammenhang einige Punkte der Bereiche

- Studienaufbau,
- Studieninhalte,
- Studienablauf,
- universitäre Entscheidungsprozesse,
- organisatorische und didaktische Begleitmaßnahmen

anzuführen. Die folgenden Darstellungen sind großteils wörtlich aus dem oben angeführten Bericht der Arbeitsgruppe „Reform der technischen Studien" entnommen.

3.1 Studienaufbau

Die Obergrenze des Studienumfanges soll für das gesamte Diplomstudium bei 200 Semesterwochenstunden liegen. Für den 1. Studienabschnitt beträgt der vorgesehene Stundenrahmen 70–90 Wochenstunden, für den 2. Studienabschnitt 90–110 Wochenstunden.
Der derzeit bestehende relative Anteil der Übungen an den Lehrveranstaltungen soll trotz der Reduzierung der Stundenzahlen unverändert bleiben.
Die im 2. Studienabschnitt vorgeschriebenen Lehrveranstaltungen sollen je zur Hälfte auf Pflichtfächer und Wahlfächer verteilt werden.

---

[12] Hochschulplanungskommission, Arbeitsgruppe Reform der technischen Studien: Erste Fassung der Empfehlungen für das Vorberatungsverfahren in den Studienkommissionen. Bundesministerium für Wissenschaft und Forschung, Wien. Februar 1989.

Innerhalb der Wahlfächer soll es einerseits eine gebundene Wahlmöglichkeit aus Wahlfächerkatalogen, andererseits eine freie Wahlmöglichkeit aus dem gesamten Lehrangebot aller Universitäten des Bundeslandes, in dem der Studierende die Studienrichtung inskribiert hat, geben.
Anzahl und Inhalt der Wahlkataloge für die gebundene Wahlmöglichkeit sind im Studienplan festzulegen. Insgesamt sollen 35 % der im 2. Studienabschnitt vorgeschriebenen Lehrveranstaltungen den gebundenen Wahlfächern und 15 % den freien Wahlfächern zugeordnet werden.
Es wird eine Verbreiterung der Prüfungsfächer angestrebt werden. Das Reformkonzept geht vom Lehrveranstaltungsprüfungssystem ab. Der Studienplan hat die Teilprüfungsfächer, die dann nicht mehr in weitere Teilprüfungen zerlegbar sind, zu benennen. Die Zahl der zu absolvierenden Teilprüfungen soll in der Studienordnung für den 1. Studienabschnitt mit maximal 15 und für den 2. Studienabschnitt mit maximal 20 nach obenhin begrenzt werden. Vergleicht man diese Zahl mit den derzeit oft weit mehr als 60 Prüfungen, ist in dieser Reformmaßnahme ein Schritt in Richtung kognitiver Integration zu sehen.

3.2 Studieninhalte

Bei der Abhaltung von Lehrveranstaltungen und bei der Durchführung von Lehrveranstaltungen soll der Fähigkeit zur spezifischen Problemerkennung und Problemlösung im jeweiligen Fachgebiet mehr Bedeutung zugemessen werden als einem extrem in die Tiefe gehenden Spezialwissen. Eine Vertiefung in Spezialbereichen soll nur mehr in der letzten Studienphase in exemplarischer Form stattfinden.
Der Erwerb von Fremdsprachenkompetenz – konzentriert auf Englisch – soll v. a. dadurch erreicht werden, daß Lehrveranstaltungen und Prüfungen aus Fächern, die nicht die englische Sprache selbst zum Gegenstand haben, in der Fremdsprache abgehalten werden. Das Lehrveranstaltungsangebot soll so ausgebaut werden, daß jeder Student pro Studienabschnitt mindestens 8 Wochenstunden seines Programmes in englischer Sprache absolvieren kann.
Der Bereich der freien Wahlfächer bietet auch die Möglichkeit, Grundzüge von „nichttechnischen" Fächern, wie beispielsweise Betriebswirtschaftslehre, Ökologie, Technikfolgenabschätzung etc., aus dem gesamten Studienangebot aller Universitäten des jeweiligen Bundeslandes zu wählen. Zu diesem Punkt des Reformkonzeptes ist

anzumerken, daß es gelten wird, in diesen Bereichen wirklich attraktive Lehrveranstaltungen anzubieten, deren Relevanz für die spätere Berufstätigkeit für die Studierenden ersichtlich ist.

3.3 Studienablauf

Bei der Abfassung der Diplomarbeit soll interdisziplinäres und kooperatives Arbeiten keinesfalls ausgeschlossen werden. Es soll daher in den Studienvorschriften einerseits ermöglicht werden, daß eine Diplomarbeit auch 2 fachlich zuständige Universitätslehrer betreuen und begutachten können. Andererseits soll die Bearbeitung eines Diplomarbeitsthemas gemeinsam von mehreren Studierenden erfolgen können, wobei allerdings die Leistung jedes einzelnen Kandidaten jedenfalls gesondert beurteilbar sein muß.

3.4 Universitäre Entscheidungsprozesse

Die Studienkommission soll im Studiengesetz verpflichtet werden, mindestens alle 2 Jahre zu überprüfen, ob der Studienplan noch der wissenschaftlich-technischen Entwicklung und den pädagogisch-didaktischen Erfordernissen entspricht.
Ein außeruniversitäres Feedback durch die beruflichen Interessensvertretungen wäre speziell für die nach dem Reformkonzept regelmäßig abzuhaltenden Beratungen über die Erneuerung der Studienpläne zweckmäßig. Für eine künftige Novelle des Universitätsorganisationsgesetzes (UOG) wird vorgeschlagen, die Beiziehung von Auskunftspersonen mit beratender Stimme von der bisherigen Kannbestimmung in bestimmten Angelegenheiten (z. B. Studienplanerneuerung) in eine obligatorische Bestimmung umzuwandeln.

3.5 Organisatorische und didaktische Begleitmaßnahmen

Änderungen in der Gewichtung der Studieninhalte und langfristig anzustrebende Veränderung im Qualifikationsprofil der Universitätslehrer (z. B. Vermehrung didaktisch einsetzbarer Fremdsprachenkenntnisse; umfangreichere Lehrbefugnisse) müssen mit einer Personalstrukturplanung einhergehen, die gemeinsam vom Bundesministerium für Wissenschaft und Forschung und den betroffenen Fakultäten getragen wird.

Die z. T. sehr deutliche Reduktion der Stundenzahlen und Änderungen in der Gewichtung der einzelnen Fächer muß zwingend Auswirkungen auf die didaktische Darbietung der Lehrinhalte haben, um zu verhindern, daß diese quantitativen Reformmaßnahmen sich lediglich auf dem Papier niederschlagen oder gar negative Konsequenzen für die Studierenden zeitigen. Das Bundesministerium für Wissenschaft und Forschung wird daher spezielle Didaktikprojekte im Zusammenhang mit der Studienreform fördern.

3.6 Vorläufige Bewertung des Reformansatzes

Die für den vorliegenden Zusammenhang vom Autor ausgewählten Prinzipien und Maßnahmen der kommenden Reform behandeln den Problembereich „Aufnahme nichttechnischer Studieninhalte" eher am Rande. Explizit werden diese Aspekte des Studiums nur im Zusammenhang mit den Möglichkeiten der freien Wahlfächer im zweiten Studienabschnitt erwähnt.

Die Zusammenlegung von Teilprüfungen zu größeren Prüfungsinhalten stellt einen Schritt in Richtung Integration getrennter Bereiche dar. Das gleiche gilt für die neuen Möglichkeiten im Rahmen der Diplomarbeit.

Die in der vorliegenden Darstellung weiter oben beschriebenen Notwendigkeiten der inhaltlichen und didaktischen Organisation einer Integration auf der Basis eines umfassenden Technikkonzeptes sind in dem Reformpapier kaum berücksichtigt. Dabei sind positive Veränderungen in diese Richtung als Nebenwirkungen der Reform durchaus möglich. Die Forderung nach obligatorischen außeruniversitären Beratern in die Arbeit der Studienkommissionen könnte dabei gewisse positive Auswirkungen haben.

4. Schlußbemerkungen

In der vorliegenden Abhandlung wurde ein Überblick über die Ansätze gegeben, die an der Technischen Universität Wien bezüglich der Berücksichtigung von Gesichtspunkten bestehen, die im Rahmen einer umfassenden Technikumschreibung neben natur- und ingenieurwissenschaftlichen Perspektiven bestehen. Die Bemühungen, derartige Inhalte und die zur Integration notwendigen didaktischen Ansätze in die Studienpläne aufzunehmen, gehen in der Regel von Studierenden

und einzelnen Vertretern des Mittelbaues oder der Professorenschaft aus. Es ist allgemein festzustellen, daß sich die Offenheit, die Diskussionsbereitschaft und das Bewußtsein eines Handlungsbedarfes in diese Richtung in den letzten Jahren signifikant verstärkt haben.
Wesentlich wird es sein, in der zukünftigen Diskussion von einer umfassenden Sicht der Technik auszugehen, die offen ist, neue Perspektiven nach dem jeweiligen Stand der Erkenntnisse zu berücksichtigen. In diesem Zusammenhang ist zweifellos auch der Inhalt des Begriffes „Stand der Technik" zu aktualisieren.
Technik als gegenständliches und menschliches Phänomen erfordert, daß im Zentrum der Überlegungen der Mensch – der ganze Mensch mit seinem Denken, Fühlen und Wollen – stehen muß. Daraus folgt unmittelbar, daß bei der Weiterentwicklung der technischen Studiengänge nicht nur die inhaltliche Ebene sondern auch nichtkognitive Aspekte in höherem Maße als bisher zu berücksichtigen sein werden.

Anhang: „Nichttechnische" Studienanteile im einzelnen

Bauingenieurwesen
Studienzweig Konstruktiver Ingenieurbau
Pflichtfächer:
Bauwirtschaft; Verfassungs- und Verwaltungsrecht; Arbeitsmethodik
Wahlfächer:
Management für Ingenieure; verschiedene rechtswissenschaftliche Fächer; Grundlagen der Entwicklungspolitik; Allgemeine Organisationslehre; Projektorganisation – Projektmanagement; Innovation und Unternehmensführung; Methoden der Trendanalyse und Zukunftsforschung; Grundlagen der Ingenieurpädagogik

Maschinenbau
Studienzweig Allgemeiner Maschinenbau
Pflichtfächer:
Technik – Mensch – Gesellschaft (R); Einführung in die Betriebswirtschaftslehre; Verfassungs- und Verwaltungsrecht; Technik methodischen Arbeitens
Wahlfächer:
Aus dem Angebot der Institute der Fakultät Maschinenbau und aus den Wahlfachkatalogen anderer Studienrichtungen

Elektrotechnik
Studienzweig elektrische Energietechnik
Pflichtfächer:
– – –

Bei besonderem Interesse sind Vertiefungen in den Bereichen Wirtschaftswissenschaften und Umweltschutz durch Fächertausch möglich.

Wahlfächer:
Umweltschutz in der Energiewirtschaft; Umweltschutz und Technik; Grundbegriffe der Ökologie für Techniker; Führungspsychologie für Ingenieure; Technologie und Technik – Grenzfragen; Wirtschaftlichkeitsrechnung; Grundkonzepte der Wirtschaftstheorie; weitere juridische und wirtschaftswissenschaftliche Fächer

Technische Chemie
Pflichtfächer:
– – –

Wahlfächer:
– – –

Technische Physik
Pflichtfächer:
– – –

Wahlfächer:
Technik – Mensch – Gesellschaft; Arbeitspsychologie; Sozologie; Verfassungs- und Verwaltungsrecht; Patentrecht; Einführung in die Wissenschaftstheorie; Fremdsprachen, Ingenieurpädagogik

Technische Mathematik
Studienzweig Mathematik naturwissenschaftlicher Richtung
Pflichtfächer:
– – –

Wahlfächer:
verschiedene betriebswirtschaftliche Fächer; Fremdsprachen

Informatik
Pflichtfächer:
Informationsstrukturen; Psychologie; Gesellschaftswissenschaftliche Grundlagen der Informatik; Kommunikation und Sprache; Betriebswirtschaftslehre; Datenschutz und -sicherung; Praktikum Wirkungsforschung

Wahlfächer:
Technik – Mensch – Gesellschaft; Humanökologie und Ethologie; menschliche Aspekte des Computers; Arbeitspsychologie; Führungspsychologie für Ingenieure; Führungs- und Organisationspsychologie; Führungsverhalten; Ergonomische Arbeitsgestaltung; Mikroökonomie; Arbeits- und Sozialrecht; Daten- und Informatikrecht; weitere juridische Fächer; Datenschutz; Geschichte der Informatik; Natur und Leben, Mensch und Technik; Problemanalyse der Technikfeindlichkeit; Einführung in die Wissenschaftstheorie; Kommunikation und Rhetorik

Vermessungswesen
Pflichtfächer:
Volkswirtschaftslehre; Verfassungs- und Verwaltungsrecht; Baurecht
Wahlfächer:
Führungspsychologie für Ingenieure; Berufs- und Standesprobleme der Vermessungsingenieure; Verfassungs- und Verwaltungsrecht; Sachverständigenrecht; Baurecht; Grundbuchs- und Vermessungsrecht

Interdisziplinäre Ausbildung Mensch – Technik – Umwelt für Elektroingenieure an der ETH Zürich

H. Baggenstos, D. Imboden

Zur Geschichte

Geistes- und Sozialwissenschaften an der ETHZ

Bei der Gründung des Schweizerischen Bundesstaates im Jahre 1848 besaßen verschiedene Kantone bereits Universitäten, die älteste war jene von Basel aus dem Jahre 1460. Nun sollte auch der junge Bundesstaat eine eigene eidgenössische Universität erhalten. Föderalistisches Mißtrauen und Furcht vor Germanisierung – Zürich sollte Standort dieser Ausbildungsstätte werden – ließen dieses Projekt scheitern.

Ein Polytechnikum hingegen, zur Ausbildung von Technikern für Hoch- und Tiefbau, industrielle Mechanik und Chemie sowie Forstwirtschaft bot politisch und kulturell weniger Angriffsflächen. Industrie und Wirtschaft benötigten dringend Fachleute. Mit Bundesgesetz vom 7. Februar 1854 wurde schließlich der erste Schritt zur Errichtung einer eidgenössischen polytechnischen Schule getan.

Von der unerwünschten eidgenössischen Universität blieb aber doch etwas hängen. Es heißt in jenem Bundesgesetz: „Es sollen mit der polytechnischen Schule philosophische und staatswirtschaftliche Lehrfächer verbunden werden, soweit sie als Hilfswissenschaften für höhere technische Ausbildung Anwendung finden, wie namentlich die neuern Sprachen, Mathematik, Naturwissenschaften, politische und Kunstgeschichte, schweizerisches Staatsrecht und Nationalökonomie."

Diese heute unter Geistes- und Sozialwissenschaften in der Abteilung XII zusammengefaßten Fachbereiche wurden durch hervorragende Gelehrte und Lehrer vorab in den Sprachwissenschaften, der Philosophie und Geschichte gefördert.

Trotz des hohen Standes von Lehre und Forschung in den Humanwissenschaften wurde ihr geringer Einfluß auf die Ausbildung der Ingenieure, Architekten, Naturwissenschaftler, Mathematiker immer wieder beklagt. Die strengen Studienpläne ließen und lassen auch heute noch wenig Zeit für nichttechnische Fächer. Trotzdem müssen die Studenten seit jeher Fächer allgemein bildenden Inhalts belegen, als ergänzende oder *komplementäre Ausbildung*. Beispielsweise war zu meiner Studienzeit der Besuch einer einstündigen Vorlesung über Schweizergeschichte während eines Semesters vorgeschrieben. Heute wird der Besuch einer 2stündigen Lehrveranstaltung in allgemein bildenden Fächern verlangt. Eine ins Fachstudium *integrierte* Ausbildung in nichttechnischen Fächern findet aber kaum statt. Eine Ausnahme bilden, wie ich meine, die Elektroningenieure und Informatiker. Für diese beiden Ausbildungsrichtungen ist 1973 bzw. 1981 ein „Mensch – Technik – Umwelt" genannter Fächerbereich ins Studium integriert worden.

Ziel

In den Jahren 1970–73 nahm die Idee, nichttechnische Inhalte ins Fachstudium der Elektroingenieure einzubauen, langsam Gestalt an. Die Unruhe unter den Studenten zu dieser Zeit war einem Projekt förderlich, das wesentlich von einem Fachprofessor der Abteilung für Elektrotechnik, von Prof. Hans Kern geplant und gegen viele Widerstände, auch von studentischer Seite, schließlich mit dem Segen des Schweizerischen Schulrates in den Studienplan eingebettet wurde.

Als Ziele werden heute wie damals genannt:
Die zukünftigen Ingenieure sollen

- angeregt werden, sich im nichttechnischen Bereich selbständig weiterzubilden;
- befähigt werden, sich mit ganzheitlichen Systemen erfolgreich zu befassen;
- angeleitet werden, ihre technischen Ziele mit allen Konsequenzen im umfassenden nichttechnischen Rahmen zu sehen.

Konzept

Während des Fachstudiums werden Stoff und Methoden ausgewählter nichttechnischer Fachgebiete in Vorlesungen, Seminaren usw. vorgetragen und eingeübt. Eine größere Aufgabenstellung interdisziplinärer Art wird während eines Studiensemesters im Team bearbeitet.

Programm

Die MTU-(Mensch-Technik-Umwelt)Ausbildung wird von den Professuren der Abteilung für Geistes- und Sozialwissenschaften und den Instituten für Wirtschaftsförderung, für Verhaltenswissenschaften und Betriebswissenschaften, ferner den Professuren für Arbeits- und Organisationspsychologie sowie der Eidgenössischen Anstalt für Abwasserreinigung und Gewässerschutz getragen.

Sie betreuen die folgenden Lehrveranstaltungen:

- Technik und Umwelt,
- Wirtschaftswachstum und Umwelt,
- Mitarbeiter- und Unternehmensführung,
- Arbeitspsychologie,
- Ergonomie,
- soziale Kommunikation,
- Soziologie,
- Rechtslehre.

Im Winter- und Sommersemester ist ein Vormittag ausschließlich für diese Lehrveranstaltungen reserviert, um die Integration in den Stundenplan sicherzustellen. Die Studenten sind verpflichtet, aus diesem Angebot 4 Fächer nach Wahl zu belegen.
Die MTU-Gruppenarbeit kann im 6., 7. oder 8. Semester durchgeführt werden; 4 Semesterwochenstunden sind dafür reserviert.

Technik und Umwelt als Beispiel für MTU-Lehrveranstaltungen und MTU-Gruppenarbeiten

Zur Illustration des Lehrprogramms sei die Lehrveranstaltung „Technik und Umwelt" kurz skizziert. Die Vorlesung hat zum Ziel, dem Studierenden eine selbständige Beurteilung von natürlichen und durch den Menschen bedingten (anthropogenen) Faktoren zu ermöglichen, welche die Umwelt beeinflussen. Anhand der dem Denken des Ingenieurs vertrauten Prinzipien der Thermodynamik werden die grundlegenden physikalischen, geologischen und chemischen und biologischen Prozesse erläutert, welche diese Umwelt charakterisieren. Der von Prigogine geprägte Begriff der „dissipativen Strukturen" für Systeme, welche innere Struktur (Ordnung, Negentropie) dank eines ständigen, von außen (Sonne) gespeisten Energieflusses aufrechterhalten, kann nicht nur auf ökologische Systeme übertragen werden; er charakterisiert auch unsere soziale und politische Organisation. Allerdings ist der Mensch längst dazu übergegangen, neben der direkten Nutzung gespeicherter Sonnenenergie (Nahrung) die *Energieflüsse und Materialkreisläufe* für seine Zwecke abzuzweigen und in vielen Fällen gewaltig zu beschleunigen.

In welcher Art die Eingriffe des Menschen das globale ökologische Gleichgewicht beeinträchtigen können, wird anhand verschiedener Problemkreise erläutert. Es sind dies:

1) Einführung in die Ökologie, Grundlagen der relevanten physikalischen, geochemischen, biologischen und ökologischen Prozesse;
2) geochemische Kreisläufe und deren Beeinflussung durch den Menschen;
3) Energie und Umwelt: Energiequellen und deren Nutzung, Bedeutung der Energie für den Menschen. Einfluß von Energieerzeugung und -verbrauch auf die Umwelt;
4) anthropogene Stoffkreisläufe: Rohstoffe, Abfälle, Recycling, Auswirkung des Rohstoffverbrauchs auf die Umwelt;
5) Wasser und aquatische Ökosysteme: Wasserhaushalt der Erde, Wassernutzung durch den Menschen, Gefährdung aquatischer Ökosysteme, Probleme des Gewässerschutzes in der Schweiz;
6) Atmosphäre: Natürliche und anthropogene Stoffe, Emissionen und Immissionen, Auswirkungen der Luftschadstoffe auf die Umwelt, Maßnahmen;
7) Klima: Theorie der natürlichen Klimaentwicklung. Einflüsse des Menschen auf das Mikro- und Makroklima;
8) Radioaktivität: Natürliche Radioaktivität. Die Produktion radioaktiver Substanzen durch den Menschen, Kernkraftwerke, Abfälle. Der Einfluß radioaktiver Strahlung auf biologische Prozesse;
9) Landwirtschaft: Zusammenhänge zwischen Verbrauch von Ressourcen (Energie, Düngen u. a.), Erträgen und Umweltbelastung, Landwirtschaftsformen und Welternährung. Vergleich zwischen konventionellen und ökologischem Landbau;
10) Chemikalien in der Umwelt: Produktion, Verbrauch und Umweltbelastung, Wirkung von Schadstoffen auf den Menschen und auf ökologische Systeme.

Die Erfahrungen haben gezeigt, daß wegen der großen Nachfrage und der Komplexität gewisser Umweltprobleme *Gruppenarbeiten* am besten in Form von Proseminaren durchzuführen sind, wie sie im Studienplan der Geistes- und Sozialwissenschaften üblich sind. Gruppen von 3–5 Studenten bearbeiten einerseits ein Thema aus dem Bereich der Vorlesung und tragen darüber vor, andererseits nehmen sie an den Diskussionen über die Themen anderer Gruppen teil. Es hat sich gezeigt, daß neben dem eigentlichen Anliegen der Vorlesung damit auch eine Erfahrung vermittelt wird, welche in den meisten technischen und naturwissenschaftlichen Studiengängen ohnehin zu kurz kommt, nämlich die Präsentation eigener Gedankengänge und deren Vertretung in einer Diskussion.

Einige Beispiele von Arbeiten aus den letzten Jahren:

- Energieanalyse für wichtige Baustoffe der Elektrotechnik, insbesondere für Aluminium, Kupfer, Stahl;
- Energieanalyse für Isolierstoffe der Bauindustrie: Gegenüberstellung von Energieaufwand und Energieeinsparung;
- radioaktive Abfälle: Behandlung eines kontroversen Themas in der Fachliteratur;
- CO_2 und Klima: Fakten, Modelle, Prognosen, Spekulationen;
- saurer Regen;
- chemische Abfälle: Künstliche organische Verbindungen in der Umwelt;
- Energie und Landwirtschaft;
- ökologische Konsequenzen von Skipisten und Schneekanonen;
- Möglichkeiten der Solarzellennutzung in der Schweiz;
- Wärmepumpen: Probleme, Anwendung, Verbreitung;
- Entsorgung und Recycling von Batterien;
- ökologische Folgen tropischer Abholzungen.

Die bei den Gruppenarbeiten erzielten Resultate zeigen, daß auch der Laie nach kurzer Zeit in der Lage ist, die für ein ökologisches Denken wichtigen Aspekte zu erkennen. Gerade diese Fähigkeit aber macht den zukünftigen Ingenieur zu einem kompetenten Partner innerhalb multidisziplinärer Gremien, auf die zur Lösung komplexer Fragen heute nicht mehr verzichtet werden kann.

Bewertung der MTU-Ausbildung

Nach 15 Jahren ist diese interdisziplinäre Ausbildung für alle Beteiligten eine Selbstverständlichkeit, da Lehrveranstaltungen und Gruppenarbeit ins Fachstudium integriert sind. Unsere Erfahrung lehrt, daß ein integratives Modell ein ernsthafteres Mittun sichert als ein komplementäres. Da das Ingenieurstudium ein sog. „hartes" Studium ist, wirkt sich der Wegfall von Testat- und Prüfungsdruck sehr nachteilig auf die Beschäftigung mit nichttechnischen Themen aus, die nur in Wahlfächern angeboten werden. Diese Problematik wurde im Ladenburger Diskurs behandelt.

Ingenieure sind gewohnt, technische Sachverhalte mittels Skizzen und der mathematischen Sprache darzustellen. Die Beschäftigung mit nichttechnischen Fachgebieten zwingt sie, die Probleme gedanklich klar zu strukturieren und nachfolgend in einfacher verständlicher Sprache darzustellen.

Daß moderne technische Systeme stark in Umwelt und Gesellschaft eingreifen, braucht nicht speziell betont zu werden. Der Ingenieur, der Anlagen und Systeme schafft und betreibt, muß sich deshalb in den Geistes- und Sozialwissenschaften zu Hause fühlen.

II. Technische Studienanteile in den Geistes- und Sozialwissenschaften

II.1 Beispiel Technikgeschichte

Technik in Geisteswissenschaften: Das Fach Geschichte

R. Wirtz

Wenn hier von Technik in der Geschichte die Rede sein soll, dann weniger von Technikgeschichte, darauf wird später noch eingegangen, als vielmehr von Technik in der Geschichtswissenschaft in einem ganz allgemeinen Sinn. Es versteht sich dabei von selbst, daß es die eine Geschichtswissenschaft auch noch gibt. Die Fachbereiche für Geschichte an Technischen Universitäten haben z.B. ein ganz anderes Lehrprogramm als die in einer gewachsenen philosophischen Fakultät alter Art. Von daher ist von vornherein klar, daß bei den folgenden Überlegungen bisweilen unzulänglich verallgemeinert wird. Dennoch sollte es möglich sein, aufgrund der verschiedenen publizierten Einführungen in die Geschichtswissenschaft oder aufgrund der Äußerungen von Technikhistorikern, die um die Etablierung ihres Faches im geschichtswissenschaftlichen Spektrum ringen, Klärungsversuche zu unternehmen, die das Verhältnis von Technik und Geschichtswissenschaft bestimmen helfen. Schließlich hilft auch der Vergleich mit den Geschichtswissenschaften in England, Frankreich oder den USA, um zu sehen wie das Fach Geschichte hierzulande mit der Technik umgeht. Wenn wir bereit sind, Technik in das breite Feld von Kultur und Kulturgeschichte einzubetten, dann wird besonders deutlich, daß in den Geschichtswissenschaften der genannten Länder eine größere Offenheit für die Phänomene der Kultur im weitesten Sinne vorhanden ist, damit auch für Technik. Noch deutlicher fällt dieser Unterschied auf, wenn wir an die *Darstellung* von Geschichte denken, denn es ist bekannt, daß die Kollegen im Ausland „populärer" zu schreiben verstehen und daß dies ihnen nicht als ein wissenschaftliches Manko ausgelegt wird. Sie bedienen sich auch leichter anderer Medien. Gemeint sind Filme, Videos und die museale Darstellung. Hier setzen in der deutschen Geschichtswissenschaft allmählich Prozesse ein, werden Berührungsängste abgebaut. Es bleibt dennoch zu fragen, wieviel von der durch Eckhart Kehr bereits in den frühen 30er Jahren beklagten politik- und ideengeschichtlichen Enge der deutschen Geschichtswissenschaft noch vorhanden ist.[1] Vermutlich kann in diesem Ausmaß, wie es Kehr noch feststellte, heute keine Klage mehr über den engen Horizont der Geschichtswissenschaft geführt werden. Seit Mitte der 60er Jahre kann man doch eine weitreichende Differenzierung innerhalb des Faches beobachten. Sie bleibt alles in allem zwar immer noch politikorientiert, aber mit der sog. „historischen Sozialwissenschaft", mit der Rezeption der Annales-Schule, mit der Hinwendung zu neuen Themen und Methoden, beweist sie letztendlich eine beachtliche Offenheit. In diesem Kontext ist auch eine gewisse Hinwendung zur Technikgeschichte zu sehen.

Um im Bild der Museumswelt zu bleiben, soll hier nur angedeutet werden, daß im Fundus der geschichtswissenschaftlichen Literatur eine beachtliche Anzahl von Beiträgen vorhanden ist, die auf Kongresse, Symposien, geförderte Forschungsschwerpunkte und ähnliches zurückzuführen sind, die v. a. die Technikgeschichte, ihre Etablierung und ihr Verhältnis zur Geschichtswissenschaft zum Thema haben.[2] Vielen sind die Beiträge von den Professoren Troitzsch, Klemm, Timm, Treue, Weber, Rürup u. a.[3] bekannt. Die einzige Frau dabei, Karin Hausen, sollte nicht vergessen werden. All diesen Beiträgen ist aber gemein, daß sie einmal um eine hinreichende Anerkennung und Absicherung des Faches Technikgeschichte ringen und zweitens die Technikgeschichte im

---

[1] Eckart Kehr, Neuere deutsche Geschichtsschreibung, in: Aufsätze zur preußisch-deutschen Sozialgeschichte im 19. und 20. Jahrhundert. Hg. und eingeleitet von H.-U. Wehler, Frankfurt–Berlin–Wien 1980.
[2] U. a.: Technikgeschichte. Voraussetzung für Forschung und Planung in der Industriegesellschaft. Jahresversammlung des Deutschen Verbandes technisch-wissenschaftlicher Verein (DVT). Beiträge veröffentlicht in DVT Schriften Nr. 2/1972 (Düsseldorf). Wilhelm Treue (Hrsg.), Deutsche Technikgeschichte. Vorträge vom 31. Historikertag am 24.9. 1976 in Mannheim, in: Studien zu Naturwissenschaft/Technik und Wirtschaft im Neunzehnten Jahrhundert. W. Treue (Hrsg.), Bd. 8, Göttingen 1977.
[3] Moderne Technikgeschichte, K. Hanssen, R. Rürup (Hrsg.), NWB, Köln 1975; Technikgeschichte. Historische Beiträge u. neuere Ansätze, U. Troitzsch, G. Wohlauf (Hrsg.), Frankfurt 1980; A. Timm, Einführung in die Technikgeschichte, Berlin 1972; F. Klemm, Zur Kulturgeschichte der Technik, Aufsätze und Vorträge 1954–1978, München 1979; W. Treue, a.a.O. 1977; W. Weber, Von der „Industriearchäologie" über das „Industrielle Erbe" zur „Industriekultur". Überlegungen zum Thema einer Wandlung, in Troitzsch/Wohlauf.

Spektrum der historischen Fächer verankern wollen. Für die 70er Jahre ist dann zu beobachten, daß es eher um den Ausbau des Faches Technikgeschichte geht. Schließlich kommt auch die Forderung nach Interdisziplinarität auf, die Technikgeschichte im Zusammenhang mit Soziologie, Politologie und Sozial- und Wirtschaftsgeschichte sehen möchte. Über die Entwicklung des Faches Technikgeschichte soll hier aber nicht weiter gesprochen werden. Gerade die Wendung des Themas, nämlich Technik in der Geschichte, soll uns hier beschäftigen. Damit soll nicht gesagt werden, daß wir uns über Technikgeschichte keine Sorgen zu machen brauchten, aber die etwas im fordernden Ton gehaltenen Diskussionen der 60er und 70er Jahre sind doch inzwischen verstummt. Der Grund des Forderns ist heute ein anderer. Und er mag gerade mit der zunehmenden Etabliertheit und Professionalisierung des Faches Technikgeschichte zusammenhängen, daß nämlich Technik anscheinend aus der allgemeinen Geschichtswissenschaft völlig herausfällt oder doch nur in merkwürdigen Bildern überliefert wird. Macht man einmal den Versuch und geht einige Einführungen in die Geschichtswissenschaft auf das Stichwort Technik durch, dann wird man Technik kaum oder gar nicht finden. Jedenfalls im Register wird bei der jüngsten Einführung von 1987, Autor Winfried Schulze, Bochum, Technik gar nicht geführt. Hier verbirgt sich das Gemeinte möglicherweise in dem Abschnitt „Von der Agrar- zur Industriegesellschaft". Es werden da Beispiele gegeben für die Entstehung von Industrielandschaften und einzelner Gewerbezweige. Es werden die Fragen nach möglichen Produktionsfaktoren aufgeworfen, und der technische Fortschritt dokumentiert sich z.B. in wenigen Bahnkilometern im Jahre 1840 und in vielen 1860. In ganz bestimmten Stadien wird industrielles Wachstum, gewöhnlich nach Rostow, gegliedert. Der Prometheus wird entfesselt und dann? Immerhin liegt bei Winfried Schulze noch ein gewisses Problembewußtsein vor, denn er wird für eine Einführung in die Geschichtswissenschaft sehr aktuell, wenn er schreibt:

Seit etwa 10 Jahren sind freilich Zweifel an der Wirksamkeit und an der Sozialverträglichkeit des Wachstums aufgekommen. „Die Grenzen des Wachstums" wurden nicht nur wissenschaftlich-publizistisch abgesteckt, sondern sie wurden auch in neuer und bedrohlicher Weise erfahrbar gemacht. So steht die Wirtschaftsgeschichte in der Mitte der 80er Jahre erstaunlicherweise nicht vor der Frage, zu welchen Gipfeln des Wachstums wir noch gelangen können, sondern vor der drängenden Frage, ob Wachstum unverzichtbar für das politische und soziale System der westlichen Industriegesellschaft ist oder ob Möglichkeiten der Anpassung an stagnierendes Wachstum oder gar Regression vorhanden sind. Die Einsicht in die historische Bedingtheit von Statik und Wachstum kann die Antwort auf diese Frage erleichtern und der Aufweis eines historisch extraordinären Wachstumsschubs nach dem Zweiten Weltkrieg kann gewiß die Anpassung an bescheidenere Wachstumsziffern erleichtern.[4]

Von der Gegenwart aus gesehen haben wir also eine Menge Fragen an die Vergangenheit. Fragen von so universalem Charakter, daß sie nicht der Technikgeschichte in einem engen Sinne überlassen bleiben sollten. Nur eingelöst werden diese Anforderungen von der allgemeinen Geschichte auch nicht. In den einschlägigen geschichtlichen Übersichtswerken wird im wesentlichen die sog. Industrialisierungsperiode abgehandelt. Ob danach die Industrialisierung in irgendeiner Form weiterging oder ob nicht vor der Industrialisierung auch eine Form von Industrie da war, etwa die „Protoindustrialisierung", bleibt mehr oder weniger im Dunkeln. In den Köpfen junger Historiker muß zwangsläufig der Eindruck entstehen, daß es eine Technisierung erst mit der Industrialisierung gibt, d.h. seit dem späten 18. Jahrhundert. Dieser Technisierung ist wundersamerweise wieder eine Reihe von großartigen Erfindungen zu verdanken. Diese Erfindungen schieben dann die Industrialisierung an und damit den gesamten Fortschritt. Dies mag überzeichnet sein, aber es ist leider doch viel Zutreffendes in diesem skizzierten Geschichtsbild. Technik in diesem vordergründigen Sinne oder die Durchsetzung der Technik ist angesiedelt im ausgehenden 18. und im 19. Jahrhundert. Entwicklungen, Prozesse, Irrtümer, Sackgassen scheint es kaum gegeben zu haben, von Kosten und Nutzen gar nicht zu reden. Diesen Eindruck braucht man nicht weiter detailliert zu belegen. Karin Hausen und Reinhard Rürup, Ulrich Troitzsch und Gabriele Wohlauf müssen notgedrungen die gleichen Feststellungen machen.[5]

Eine 1. Konsequenz sollte gezogen werden: Diese merkwürdige Technikbegrenzung auf das 19. Jahrhundert muß aufgehoben werden. Die Übergänge vom Agrarstaat zum Industriestaat in diesen einfachen Kausalketten stimmen schlicht nicht, sie führen wenn nicht zu einem statischen so doch zu einem reduktionistischen Geschichtsbild, sie mindern in einem nicht zu verantwortenden Ausmaß die Leistungen in der frühen Neuzeit oder auch im Spätmittelalter, ohne daß man gleich so weit gehen muß, um von der industriellen Revolution im Spätmittelalter zu sprechen.[6]

---

[4] W. Schulze, Einführung in die Neuere Geschichte, Stuttgart 1987, S. 122f.
[5] Troitzsch/Wohlauf, a.a.O., S. 17f.; Rürup/Hansen, a.a.O., S. 11f.
[6] J. Gimpel, La Révolution en Moyen Age, Paris 1979; W. von Stromer, Eine „Industrielle Revolution" des Spätmittelalters?, in Troitzsch/Wohlauf, S. 105–138.

Wichtig ist vielmehr, in längerfristigen Entwicklungen zu denken und nicht in lexikonhaften Schablonen. Es gab Historiker wie Karl Lamprecht im ausgehenden 19. Jahrhundert und auch Franz Schnabel im frühen 20., die den Versuch machten,[7] beträchtliche kulturelle und technische Entwicklungen in einer Synopse zu sehen. Im dritten Band seiner Geschichte des 19. Jahrhunderts „Erfahrungswissenschaften und Technik" schreibt Franz Schnabel:

> So ist das Jahrhundert des formalen Rechtsstaates zugleich auch das Zeitalter geworden, das den geschichtlichen Sinn hervorgebracht hat und es ist nicht minder auch das naturwissenschaftlich-technische Zeitalter gewesen. Dies alles gehört aufs innigste zusammen und steht miteinander in unauflöslicher Verbindung.[8]

Damit soll eine 2. Konsequenz eingeführt werden. Selbst wenn von Technik in der allgemeinen Geschichte die Rede ist, dann doch in einem sehr verkürzten Sinn, nämlich im Sinn der herkömmlichen Erfinder und Erfindungsgeschichte. Das, was wir heute unter Innovationsforschung verstehen, hat kaum Zugang zur Geschichte gefunden. Technik wird dann, ganz wie man es will, zu einer Art Gipfelwanderung von Erfindung zu Erfindung und von Genie zu Genie, so wie es uns die Meisterwerke deutscher Ingenieurkunst im Deutschen Museum bei seiner Gründung suggerieren wollten. Die Entwicklung vom Kleinlabor des Herrn Professor Bunsen zu einem wissenschaftlichen Großlabor oder von Labortischexperimenten von Hahn und Meitner bis hin zu DESY müssen unverstanden bleiben und haben scheinbar auch nichts miteinander zu tun. Es findet sich so eine Art technischer Pointilismus in der Geschichte. Da taucht erst die Dampfmaschine auf, dann irgendwann mal das Automobil, das Radio, die Waschmaschine, der Fernseher, und schon sind wir bei der Gegenwart angelangt. Nur eine historisch informierte *Innovations-* und *Diffusionsforschung* im Kontext der allgemeinen Geschichte kann hier Abhilfe schaffen, sonst bleiben Klischees aus den Jugendbüchern, von der Erfindung des Rades bis zum Computer in einer geraden Linie, weiter in den Köpfen bestehen. Nicht unwesentlich dabei ist ein Blick auf den Wandel des Forschungsprozesses selbst, der vom genialen Einzelnen unverkennbar zu Gruppen übergeht; von „großen Erfindungen" zum Schließen von

---

[7] K. Lamprecht, Deutsche Geschichte (Wirtschaftsleben) Zweiter Ergänzungsband. Erste Hälfte, Freiburg 1903; F. Schnabel, Deutsche Geschichte im 19. Jahrhundert, Bd. 3: Erfahrungswissenschaften und Technik, Freiburg 1934.
[8] Ders., a.a.O., Vorwort, S. V.

Lücken in mehr oder weniger vollständigen Systemen.
Schließlich muß man sich ernsthaft fragen, warum sich eigentlich Historiker so schwertun mit der Technik in ihrem Fach. In diesem Zusammenhang soll nicht zu den vielen Definitionen von Technik eine neue hinzugefügt werden, die begriffliche Klärung nimmt z. B. Heinrich Stork in seiner *Einführung in die Philosophie der Technik* vor.[9] Die Veränderung der Natur zu bestimmten Zwecken ist wohl der gemeinsame Konsens. Nur geht man auseinander bei der Bewertung der Zwecke und damit auch der zugrundegelegten Zweckrationalität.[10] Das ist heute nicht unser zentrales Thema, vielmehr soll hier gesagt werden, daß es für die Technik ähnlich wie in der allgemeinen Geschichtswissenschaft Quellen gibt. Im wesentlichen ist es eine Gruppe der Sachquellen, dazu gehören Gebrauchsgegenstände, Werkzeuge, Maschinen, Apparate, technische Anlagen, Modelle, Spielzeuge usw.; ergänzt werden diese Sachquellen durch Skizzen, Konstruktionszeichnungen, Fotografien, Filme. Darüber hinaus finden wir genauso schriftliche Quellen mit direktem oder indirektem Bezug zur Technik. Gemeint sind damit Lohnlisten genauso wie Lebenserinnerungen, Unternehmerbiografien, Absprachen über Normierungen, Gesetze und ähnliches. Damit möchte ich andeuten, daß es eigentlich von der geschichtswissenschaftlichen Systematik oder von der Historik her keine ernsthaften Probleme geben dürfte. Das Instrumentarium der Quellenkritik, der Textkritik, kann genauso auch auf Technik und ihre Geschichte angewendet werden.
3. Konsequenz: Dringend ergänzt werden müßte dieser Kanon um historische Objektkunde; doch im Laufe eines Studiums hierzulande wird ein konkretes Objekt kaum als Quelle vorgestellt, obgleich der Ruf nach Industriearchäologie an Resonanz gewinnt.
Es gibt wohl die eine eher psychologisierende Deutung des Phänomens der Technikferne von Geschichte: nämlich, das der mangelnden Vertrautheit mit Technik. Anders herum gesagt, die Alltäglichkeit von Technik und Selbstverständlichkeit heute macht insgesamt Technik relativ fraglos. So fraglos wie einst Natur. Als Technik noch, sehr abstrakt ausgedrückt, Eingriff in Natur war, in eine „natürliche" Umwelt, wurde darüber geschrieben, es wurde beobachtet. Diese Ein-

---

[9] H. Stork, Einführung in die Philosophie der Technik, Darmstadt 1957.
[10] Vgl. H. Lenk, Zur Sozialphilosophie der Technik, Frankfurt 1982, besonders das Kap. Herausforderung der Ethik durch technologische Macht: Zur moralischen Problematik des technischen Fortschritts, S. 198–248.

griffe fanden auch ihren Niederschlag in der Literatur. Es war eine Zweck-Mittel-Relation zwischen Technik und natürlicher Umwelt. Mit dem Stichwort von der Industriekultur etwa seit 1900 markieren wir aber, daß die heutige Lebensumwelt eine technisch *bereits hergestellte* ist. Die technisch hergestellte Welt ist, so könnte man sagen, unsere „neue Natur". Sie ist da und wir setzen uns nur in Krisensituationen damit auseinander. Es bleibt die Hoffnung, daß langfristig Technik aufgrund dieses veränderten Bewußtseins, ob man es nun Risikogesellschaft nennt oder auch anders, daß Technik wieder Eingang in die Geschichte findet, sonst werden wir gegenwärtige ökonomische und soziale Entwicklungen und Krisen nicht hinreichend verstehen. Die inneren Beziehungen zwischen Lebensumwelt und Technik werden für uns zunehmend undurchschaubar und undurchschaubar bleiben. Technik läuft immer mehr in Großprozessen ab, in Wissens- und Begriffssystemen, in großen Institutionen, so daß die Trennung zwischen einer internen Technikgeschichte, die v. a. von Ingenieuren geschrieben wird, und einer weiteren Technikgeschichte aufzukommen scheint. Diese Trennung zwischen „technischer" Technikgeschichte und einer „weiteren" Technikgeschichte wird sich meiner Ansicht nach verheerend auswirken. Wir hätten dann z. B. eine exzellente Geschichte des Otto-Motors ohne ein Wort über die Abgasproblematik, ohne ein Wort über Mobilität oder auch den Gebrauchswert von Mobilität. Um es noch schärfer zu sagen, wir haben dann eine Geschichte der technologischen Eigenlogik, in der Prinzipien, die einmal herausgefunden worden sind, immer weiter verbessert werden. Von der Turbine zum Düsenmotor usw., und wir haben eine weitere Technikgeschichte mit ihrem gesellschaftlichen Umfeld. Es gibt ja unbestritten auch die Kausalkette vom Webstuhl mit Jacquard-Steuerung zur EDV unserer Tage, aber eben nicht in der Linearität, wie sie eine technische Technikgeschichte behaupten würde.
Sollte ein solcher Trend anhalten, können wir kaum differenzieren, ob nicht z. B. wirtschaftlicher Wille, wie etwa eine merkantilistische Wirtschaftspolitik, oder auch politischer Wille, ideologische Absichten bestimmte Techniken förderten oder verhinderten. Simple Gleichungen tun sich stattdessen auf: Die Wirtschaft fördert Technik, Ökologie begrenzt Technik. Die Gleichungen in der Arbeitswelt bleiben ebenso platt: vom schöpferischen Handwerk nähern wir uns dem Horror der Automatisierung. Was ist eigentlich Resultat wovon, und was hat eigentlich determinierend gewirkt? Damit soll angedeutet werden, daß es ein wenig auch an der Technikgeschichte selbst liegt, daß sie in die allgemeine Geschichte zu wenig Eingang findet.

Eine 4. Konsequenz wird somit angesprochen: Die Berührungsängste könnten dadurch abgebaut werden, daß die Trennung zwischen interner Technikgeschichte und einer im weitesten Sinne verstandenen Kulturgeschichte der Technik aufgehoben wird. So war für viele die Lektüre von Giedion[11] über die *Herrschaft der Mechanisierung* in dieser Hinsicht eine Offenbarung. Hier soll aber nicht unterschlagen werden, daß es zunächst die Techniker waren, die angesichts des Versagens der Historiker, so stellen es auch Hausen u. Rürup fest,[12] zur Selbsthilfe griffen und die Beiträge der Technik zur Entwicklung der menschlichen Kultur festhielten, die Geschichte ihres jeweiligen Faches schrieben und nicht zuletzt auch die Geschichte ihres Standes. Die geforderte Synopse, das soll hier an einem Beispiel erklärt werden, würde auch allgemein gängige historische Interpretationen entscheidend ändern. In der Geschichtswissenschaft gab es einen ausführlichen Streit um die Kriegsschuldfrage im 1. Weltkrieg. Die sog. Fischer-Kontroverse ist wohl eine der lehrreichsten Kontroversen. Der Verdienst von Fritz Fischer soll auch gar nicht hier geschmälert werden, wenn nun auch noch Technik in diesem Zusammenhang eingeführt wird. Er belegt – sehr verkürzt ausgedrückt – die These: Das Deutsche Reich hatte den Krieg letzten Endes gewollt. Einen Beitrag zu diesem Wollen kann auch der Stand der Technik geleistet haben. Unter diesem Aspekt muß nämlich rückblickend der 1. Weltkrieg als der erste „moderne" Krieg interpretiert werden. Technik als solche soll hier nicht ausschlaggebend für den Krieg dargestellt werden, aber doch als ein Faktor, über den sich nationale Größe und Rivalität definieren kann.

Über die Prognosefähigkeit von Geschichte wurde auch an anderer Stelle schon viel debattiert. Geschichte, die sich mit dem Wandel der Phänomene in der Zeit beschäftigt, kann und sollte die Folgen von Technik beobachten. Der Beitrag von Geschichte zur Technikfolgenabschätzung oder anders herum,[13] die historische Dimension von gegenwärtiger Technikfolgenabschätzung ist vergleichsweise gering. Die sehr unterschiedlichen Arbeiten von R. P. Sieferle oder auch von Otten[14] *Die Welt der Industrie,* könnten hier eine Hilfestellung sein.

---

[11] S. Gidion, Die Herrschaft der Mechanisierung, Frankfurt 1982.
[12] Hansen/Rürup, a.a.O., S. 12.
[13] Vgl. u. a. W. König, Retrospective technology assessment – Technikbewertung im Rückblick in: Technikgesch. 81 (1984), S. 247–262.
[14] R.-P. Sieferle, Fortschrittsfeinde? Opposition gegen Technik und Industrie von der Romantik bis zur Gegenwart, München 1984; D. Otten, Die Welt der Industrie, 2 Bde. Reinbek 1986.

Technik in Geisteswissenschaften: Das Fach Geschichte 137

Sind die Tendenzen der modernen Industriegesellschaft, wie sie Otto Ullrich feststellt:[15] Zentralisierung, Steuerung und Kontrolle, ich füge hinzu Flexibilität, sind dies säkulare Tendenzen oder nur eine Übergangserscheinung? Auch von der Gegenwart ausgehend stellt sich die Frage, ob nicht manch liebgewonnener Mythos über die vermeintlichen Eigengesetzlichkeiten der Technik überholt ist, ob so etwas bestehen bleiben kann wie die sog. Social-lag-These, die kurz gesagt meint, daß die sozialen Verhältnisse hinter einer vorantreibenden Technik hinterher hinken. Im realen Sozialismus schreitet ja bekanntlich der gesellschaftliche mit dem technischen Fortschritt Hand in Hand. Tatsächlich können Einzelstudien von Marx und Engels in ihrer Historizität, aus dem Gesamtzusammenhang ideologischer Orthodoxie genommen, wichtige Anregungen für Wirkung und Abhängigkeit von Produktivkräften geben. Daher eine 5. Konsequenz: Deutungen von historischen Prozessen und der Gegenwart könnte durch eine Technikbetrachtung, die universalhistorisch eingebettet ist, aus ihrem meist monokausalen Erklärungsraster herausgelöst werden. Die auf die frühe Neuzeit bezogenen Arbeiten von F. Braudel[16] könnten dafür viele Anregungen geben.

Das führt zu einer weiteren Feststellung. Technik war über Jahrzehnte, wenn nicht über Jahrhunderte auch von Technikkritik begleitet. Die Geschichte der Technikkritik liegt noch völlig im Argen. Einen wesentlichen Beitrag hat vor einiger Zeit Rolf-Peter Sieferle geliefert mit seinem Buch *Fortschrittsfeinde?*[17] Aber bei diesem einen Ansatz, der sehr stark auf das 19. und frühe 20. Jahrhundert zentriert ist, kann und sollte es nicht bleiben. So ist 6. und letztens zu fordern: Wenn also Technik in die allgemeine Geschichte weiter Eingang finden soll, dann mit gleicher Konsequenz auch die Geschichte der Technikkritik.

---

[15] O. Ulrich, Technik und Herrschaft, Frankfurt 1977.
[16] F. Braudel, Sozialgeschichte des 15.–18. Jahrhunderts, Bd. 1: Der Alltag; Bd. 2: Aufbruch zur Weltwirtschaft; Bd. 3: Der Handel, München 1985/1986.
[17] Sieferle, a.a.O.; vgl. L. Rolke, Protestbewegungen in der BRD, Opladen 1987; F. Wagner, Die Wissenschaft und die gefährdete Welt, München 1964.

Überblick über technikhistorische Lehrangebote und Modelle

W. König

Die Entscheidung, das Thema „Fachübergreifende Inhalte in der Hochschulausbildung" in 2 Teilen zu behandeln:

1) „Sozial- und geisteswissenschaftliche Anteile im Ingenieurstudium" und
2) „Technische Studienanteile in Sozial- und Geisteswissenschaften"

enthält die Vermutung, daß hier offensichtlich symmetrische Defizite bestehen, die den vielbeschworenen Dualismus der „zwei Kulturen" widerspiegeln, der sozial- und geisteswissenschaftlich-literarischen auf der einen und der naturwissenschaftlich-technischen auf der anderen Seite. Dieser Entschluß zur symmetrischen Behandlung des Themas hebt sich positiv ab von einer in der bildungspolitischen Landschaft nicht gerade selten anzutreffenden Haltung, den Hinweis auf Defizite in einem (dem eigenen) Bereich durch einen Verweis auf analoge Defizite im andern zu kontern. Eine solche destruktive Diskussionsstrategie zementiert den Status quo und damit auch die dualistische Trennung unserer Kultur, die längst nicht mehr unseren lebensweltlichen Problemen gerecht wird.

Daß bei den Versuchen, die Kluft zwischen den beiden Kulturen zu überbrücken, auch an die Technikgeschichte gedacht wird, liegt nahe. Technikgeschichte als wissenschaftliche Disziplin ist in den Jahren und Jahrzehnten nach der Jahrhundertwende entstanden, und zwar zunächst im Kontext der Technikwissenschaften, ehe sie sich nach dem 2. Weltkrieg in ihrem Selbstverständnis zu einer Teildisziplin der Geschichtswissenschaften entwickelt hat, die aber auch weiter in die Ingenieurstudiengänge ausstrahlt. Damit ist schon angedeutet, daß die Technikgeschichte in der Lehre die Funktion eines Brückenfaches ausübt: Einerseits können Historiker und andere Geistes- und Sozialwissenschaftler durch die Technikgeschichte an die Technik und ihre gesellschaftsverändernde und kulturbildende Funktion herangeführt werden, von der sie im klassischen Geschichtsstudium kaum etwas erfahren. Und andererseits können Ingenieurstudenten von technischen Fragestellungen aus an andere gesellschaftliche Bereiche wie Wirtschaft, Recht, Politik und Geistesleben herangeführt werden, ohne die sich nicht erklären läßt, warum sich bestimmte technische Entwicklungen durchgesetzt haben, andere dagegen gescheitert sind.

Im folgenden Überblick wird

- zunächst auf die Institutionalisierung der Technikgeschichte an den deutschen Universitäten eingegangen,
- und anschließend werden einige Beispiele für zentrale Fragestellungen und Inhalt der Technikgeschichte gegeben.

In der Bundesrepublik und in Berlin gibt es z. Z. etwa 10 Universitäten, an denen die Technikgeschichte als Disziplin vertreten ist. Meistens ist sie dabei mit anderen historischen Teildisziplinen, der Naturwissenschaftsgeschichte, der Sozial- oder der Wirtschaftsgeschichte, zu einem Fach verbunden. Teilweise spiegeln sich in diesen Verbindungen theoretische und programmatische Positionen wider, teilweise sind sie aber auch aus der Not der begrenzten Zahl der zur Verfügung stehenden Stellen geboren. Zum überwiegenden Teil ist die Technikgeschichte an geistes- und sozialwissenschaftlichen Fachbereichen angesiedelt, aber dies auch fast ausschließlich an Universitäten, an denen auch die Ingenieurwissenschaften vertreten sind. Diese Situation mag auf den ersten Blick paradox erscheinen, dokumentiert aber bei genauerem Hinsehen einerseits das wissenschaftliche Selbstverständnis des Faches und andererseits seine didaktische Funktion als Brückenfach zwischen Geisteswissenschaften und Technik. Die räumliche Verteilung der technikgeschichtlichen Professuren zeigte bislang ein deutliches Nord-Süd-Gefälle. Meines Erachtens hängt dies damit zusammen, daß in den im Norden der Bundesrepublik gelegenen Stadtstaaten und im Industrieland Nordrhein-Westfalen mit ihren industriellen Strukturproblemen früher eine kritische Technikdiskussion einsetzte als in den südlichen Flächenstaaten. In dieser Diskussion um Sinn und Richtung des technischen Fortschritts versprach man sich auch eine Orientierungshilfe durch eine historische Betrachtung.

Die Lehre im Brückenfach Technikgeschichte zielt in 2 Richtungen: einerseits in die Ingenieurstudiengänge und andererseits in spezielle technikhistorische Studiengänge. Seit Jahren gibt es Empfehlungen, etwa 20 % des Ingenieurstudiums für nichttechnische, nichtmathematische und nichtnaturwissenschaftliche Fächer vorzusehen, wobei dieser

Richtwert wegen der Überfrachtung der Ingenieurstudiengänge bislang kaum in die Realität umgesetzt worden ist. Wenn in diesen 20%-Bereich auch unmittelbar berufspraktische wirtschaftliche, rechtliche und sprachliche Fächer fallen, so besteht doch Übereinstimmung darüber, daß hier auch Fächer gemeint sind, die allgemeine Orientierungshilfen in einer sich verändernden technischen Welt bieten. Zu diesen Orientierungsfächern gehört auch die Technikgeschichte, die – soweit vorhanden – auch jetzt schon im Rahmen vieler der außerordentlich heterogenen Studien- und Prüfungsordnungen technischer Fächer gewählt werden kann. Dabei stellen einige Studien- und Prüfungsordnungen die Wahl eines beliebigen, im Pflichtkanon nicht enthaltenen Faches völlig frei, während andere eine Auswahl unter einer Gruppe präzise bezeichneter Wahlpflichtfächer oder sogar Lehrveranstaltungen zulassen. Zu welcher Regelung man auch beim notwendigen Ausbau dieser Bestimmungen kommen wird, man sollte sich dabei von 2 Grundsätzen leiten lassen. Einerseits ist es notwendig, das „Hineinriechen" in ein nichtberufspraktisches „Orientierungsfach" wie Technikgeschichte, Technikphilosophie oder Techniksoziologie verbindlich zu machen. Andererseits dürfen hier keine Erbhöfe für bestimmte Fächer entstehen, sondern diese müssen sich in Konkurrenz zu anderen um das Interesse der Ingenieurstudenten bemühen.

Schließlich ist die Technikgeschichte auch und v. a. als Vertiefungsfach im Rahmen eines Geschichtsstudiums vertreten, das üblicherweise mit dem Staatsexamen oder mit einem Abschluß als Magister endet. Damit wird in das Geschichtsstudium die Technik einbezogen, die schließlich besonders in langfristiger Perspektive das Alltagsleben der Menschen in weit stärkerem Maße verändert hat als manche Staatsgründungen und Geistesströmungen. Zusätzlich gibt es z. Z. an 2 bundesdeutschen Universitäten, nämlich in Stuttgart und an der Technischen Universität Berlin, Technikgeschichte in Verbindung mit Naturwissenschaftsgeschichte als eigenständiges Magisterstudienfach. Während in Stuttgart der Schwerpunkt eindeutig auf der Naturwissenschaftsgeschichte liegt, sind in Berlin die 2 Disziplinen gleichgewichtig vertreten. An beiden Universitäten ist eine Verbindung des Studiums der Wissenschafts- und Technikgeschichte mit einem naturwissenschaftlichen oder technischen Fach als 2. Magisterstudienfach nicht nur prinzipiell möglich, sondern wird auch nach Möglichkeit gefördert. Auf diese Weise entstehen Studienfachkombinationen mit Wissenschafts- und Technikgeschichte als erstem und Physik, Chemie oder auch Maschinenbau, Elektrotechnik und Bautechnik als zweitem oder drittem Fach, wobei die Kombination mit einem technischen Fach ein Novum in der deutschen Bildungslandschaft darstellt. In der Praxis dieses Kombinationsstudiums liegt allerdings ein großes Problem darin, aus den konsekutiv aufgebauten technischen Diplomstudiengängen Teile für das Magisterstudium herauszulösen, die ein sinnvolles Ganzes ergeben, aber für einen Studenten, der schließlich noch ein weiteres Hauptfach absolviert, zu bewältigen sind. Meist läuft dies auf eine überdurchschnittliche Belastung hinaus; doch können die Absolventen eines solchen Kombinationsstudiengangs dann auch auf technische Kenntnisse verweisen, wie sie nebenher in anderen traditionell ausgerichteten geisteswissenschaftlichen Studiengängen kaum erworben werden können.

Ein weiterer, eher traditioneller Weg zum Wissenschafts- und Technikhistoriker besteht in einer Art Aufbaustudium nach dem Erststudium und einer Promotion mit einem naturwissenschafts- oder technikgeschichtlichen Thema. Meist handelt es sich bei dem Erststudium um ein technisches oder um ein naturwissenschaftliches Fach; grundsätzlich könnte dies aber auch ein historisches oder anderes Fach sein. Für das „Aufbaustudium" und die Promotion ist mit einem Zeitaufwand von etwa 4 Jahren zu rechnen. Die Probleme dieses Bildungsgangs liegen darin, daß die Absolventen überdurchschnittlich alt sind und daß sie häufig während ihres technischen oder naturwissenschaftlichen Erststudiums in einer Weise wissenschaftlich sozialisiert worden sind, daß eine Einarbeitung in historische und geisteswissenschaftliche Fragestellungen schwerfällt.

Für ein kleines Orchideenfach wie die Technikgeschichte (und die Wissenschaftsgeschichte) mag dies als eine übertriebene Differenzierung der Studienmöglichkeiten erscheinen. Diesem kritischen Einwand muß jedoch entgegengehalten werden, daß die Vielfalt technikgeschichtlicher Fragestellungen wie die heterogenen beruflichen Einsatzfelder der Absolventen eine stromlinienförmige Zuschneidung eines Studiengangs Technikgeschichte verbieten. Vielfalt bedeutet in diesem Fall eine Stärke, keine Schwäche. Das Ziel aller dieser verschiedenen Bildungsgänge sind – wie es die Karikatur (Abb. 1) zeigt – Absolventen, die Brücken zwischen den beiden Kulturen zu bauen verstehen, Brücken zwischen dem Geist und der aus Geist erwachsenen Maschine. Nebenbei sei nur bemerkt, daß technikgeschichtliche Lehrveranstaltungen, bei denen es gilt, Kompetenzen und Interessen von Studenten zusammenführen, die eine technische, naturwissenschaftliche, historische oder sonstige Vorbildung unterschiedlichen Niveaus mitbringen, sowohl für die Studenten wie für den Dozenten außerordentlich reizvoll sind. Die einzelnen Teilnehmer bleiben nicht immer nur Lernende, sondern können, ihrer unterschiedlichen Vorbildung

Abb. 1. Karikatur aus *Frankfurter Allgemeine Zeitung* vom 24.12.1988, S. 29

entsprechend, bei bestimmten Fragestellungen auch in die Rolle des Lehrenden schlüpfen. Wenn das Fach Technikgeschichte und die Studentenzahlen auch zu klein sind, um gesicherte allgemeine Aussagen über die Berufsaussichten der Absolventen machen zu können, so zeigte sich bislang doch, daß die Absolventen wenig Schwierigkeiten beim Übertritt in den Beruf hatten. Dies hing allerdings nicht zuletzt damit zusammen, daß in den vergangenen Jahren mehrere größere und kleinere technische Museen – wie die Konjunktur der Technikgeschichte auch sie Indizien für die Krise des technischen Fortschritts und der Industriegesellschaft – gegründet wurden, die die Absolventen großenteils dankbar aufgenommen haben. Da diese Gründungswelle aber irgendwann auslaufen wird, wird sich die Frage nach weiteren Berufsfeldern über die traditionellen, Museen, Archive, Verlage, Wissenschaft, hinaus bald schärfer stellen. Besondere Hoffnungen gehen dabei in Richtung Wissenschafts- und Technikjournalismus, ein in Deutschland noch weitgehend unterentwickeltes Feld, das an Bedeutung gewinnen wird, wie in Richtung der Öffentlichkeitsarbeit von Unternehmen und Verbänden, wo die Verbindung zwischen technischer und geistes- und sozialwissenschaftlicher Kompetenz sowie sprachliches Darstellungsvermögen gefragt sind.

Um diesen Überblick über die Technikgeschichte nicht völlig im Formalen erstarren zu lassen, sollen im folgenden einige knappe Stichworte zu den Fragestellungen und Inhalten der Technik-

Überblick über technikhistorische Lehrangebote und Modelle 143

geschichte gegeben werden. Wie in den historischen und geisteswissenschaftlichen Fächern üblich, wird auch in der Lehre der Technikgeschichte ein doppeltes Verfahren eingeschlagen:

- einerseits wird Grundwissen über die Methoden und Fragestellungen des Faches vermittelt und ein grober Überblick über die Entwicklung der Technik von der Antike bis zur Gegenwart gegeben;
- andererseits wird der technische Wandel anhand raumzeitlich streng abgegrenzter Themen paradigmatisch behandelt. Besonders in diesem didaktischen Teilbereich ist es in einem kleinen Fach wie der Technikgeschichte noch möglich, Lernprozesse als simulierte Forschungsprozesse zu organisieren und damit dem Postulat Humboldts nach Einheit von Forschung und Lehre nachzueifern.

Gerade weil der Begriff „Technik" allgemein in mannigfaltigen alltags- und fachsprachlichen Zusammenhängen und häufig unscharf verwandt wird, ist es notwendig, ihn genauer zu explizieren und damit den Gegenstandsbereich festzulegen, mit dem sich Technikgeschichte befaßt. Günter Ropohl hat hierzu ein instruktives Schema vorgelegt (Abb. 2). Im Zentrum dessen, was Ropohl als technologisches Problemfeld skizziert und das dem Gegenstandsbereich der Technikgeschichte entspricht, stehen die Sachen, d. h. alles vom Menschen künst-

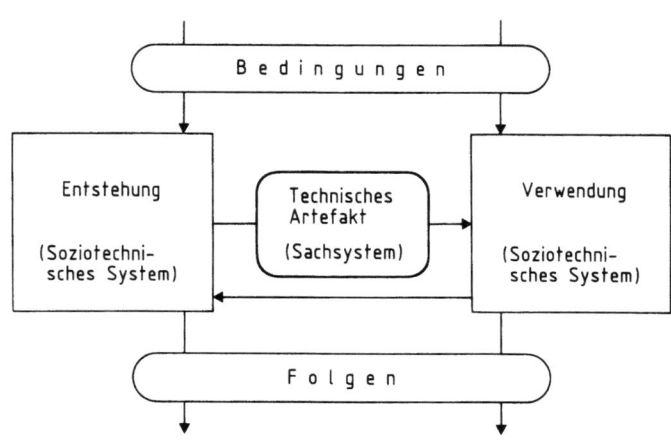

Abb. 2. Vorläufiges Schema technologischer Probleme
(aus Ropohl 1979, S. 49)

lich Gemachte. Technikgeschichte beschränkt sich jedoch nicht nur auf die Beschreibung von Aufbau und technischer Funktion dieser Sachen – dies entspräche einem engeren Technikverständnis, wie es in manchen Ingenieurwissenschaften gepflegt wird –, sondern bezieht auch die Entstehung und Verwendung dieser Sachen und deren gesellschaftliche und naturale Bedingungen und Folgen in die Betrachtung ein.

In Erweiterung einer solchen synchronisch angelegten Explikation des Gegenstandsbereichs von Technikforschung stellt der Technikhistoriker v. a. diachronische Fragen, d. h. er interessiert sich für die Entstehung des Neuen, für den technischen Wandel. Diesen Fragen kann er sowohl im Makrobereich nachgehen, mit der Suche nach epochalen Veränderungen der Techno- und damit auch der Gesellschaftsstruktur, hierfür hat sich der Begriff der „technisch-industriellen Revolutionen" eingebürgert, wie im Mikrobereich, durch die Analyse der Entstehung und der Auswirkungen einzelner technischer Neuerungen, dies wird meist unter den Begriff der „Innovationsforschung" gefaßt.

Der Begriff der „technisch-industriellen Revolution" ist insofern unglücklich, weil er die Determination von Gesellschaft durch Technik und Industrie impliziert und damit dem komplizierten Wechselverhältnis zwischen beiden Bereichen nicht gerecht wird. Fruchtbarer ist es, unter „technisch-industriellen Revolutionen" Zeiten außerordentlich beschleunigten gesellschaftlichen Wandels zu verstehen, für den die Technik eine wichtige – genauer zu bestimmende – Rolle spielt.

Um dies wenigstens ansatzweise zu konkretisieren:

Allgemeine Anerkennung haben bislang 2 „technisch-industrielle Revolutionen" gefunden:

- die „neolithische Revolution", deren Anfänge – je nach der betrachteten Region – zwischen 8000 und 2000 v. Chr. angesetzt werden und die durch das Seßhaftwerden des Menschen mit dem Anbau von Kulturpflanzen und der Haltung von Haustieren gekennzeichnet ist. In diesem gesellschaftlichen Veränderungsprozeß spielen auch technische Innovationen wie die Errichtung von Wohnbauten und die Herstellung geschliffener Steinwerkzeuge und keramischer Gefäße eine wichtige Rolle.
- die „große" industrielle Revolution, die ihre Anfänge in der 2. Hälfte des 18. Jahrhunderts in Großbritannien nahm und sich im 19. Jahrhundert auf Europa und Nordamerika und im 20. Jahrhundert über die ganze Welt ausbreitete. Damit ist schon angedeutet, daß man diese industrielle Revolution als einen bis zur Gegenwart andauernden und noch nicht zu Ende gekommenen Prozeß begrei-

fen kann, der gekennzeichnet ist durch eine ständige Beschleunigung und Akkumulation von Produktion und Konsumption sowie durch die Entstehung des Fabriksystems mit seinen sozialen Folgen. Der technische Kern dieser Umwälzung liegt in der Ersetzung der Handarbeit durch Maschinenarbeit. Der Begriff der „großen" industriellen Revolution weist darauf hin, daß man sich darüber hinaus auch bemüht, weitere technisch-industrielle Umbruchphasen minderer Bedeutung festzumachen.

Sowohl bei der Diskussion solcher technisch-industrieller Revolutionen, aber auch unabhängig davon muß Technikgeschichte auch auf den technischen Wandel im Mikrobereich zurückgreifen, d. h. auf die Entstehung und die Folgen einzelner technischer Neuerungen. Dabei hat sich die typisierende Unterscheidung zwischen angebots- und nachfrageinduzierten Innovationen als sehr hilfreich erwiesen. Bei den angebotsinduzierten Innovationen erwächst die Neuerung aus Fortschritten des technischen Wissens und Könnens, ohne daß dem zunächst eine relevante gesellschaftliche Nachfrage entspricht. Innovationen dieses Typs zeigen charakteristische Verlaufsphänomene: Erfindungen werden längere Zeit, über Jahre, Jahrzehnte oder sogar Jahrhunderte, nicht in Produktion umgesetzt und fallen manchmal auch wieder dem Vergessen anheim. Der Markt für die Innovation muß erst geschaffen werden – manchmal mit großem Aufwand. Bei multifunktionalen Techniken verändert sich die Art der Techniknutzung, ehe man für die vorhandene technische Lösung ein ihr entsprechendes gesellschaftliches Bedürfnis gefunden oder geschaffen hat. Die These sei gewagt, daß Innovationen dieses Typs in Zukunft immer größere Bedeutung haben werden und daß das Risiko des Scheiterns von Innovationen immer größer wird.

Nachfrageinduzierte Innovationen werden durch gesellschaftliche Bedürfnisse, was in der Regel heißt: durch die Bedürfnisse gesellschaftlicher Teilsysteme, ins Leben gerufen. Wenn der jeweils aktuelle Stand des technischen Wissens und Könnens keine Lösungen bereithält, werden beträchtliche Investitionen in Forschung und Entwicklung getätigt. Im Erfolgsfall verbreitet sich die gefundene Lösung außerordentlich schnell. Noch so hohe Forschungs- und Entwicklungsaufwendungen garantieren aber keinen Erfolg, eine historische Erfahrung, die durch den noch immer dominierenden Mythos der technischen Machbarkeit verdrängt worden ist. So sind jetzt schon über 100 Jahre währende Bemühungen um eine möglichst verlustfreie und wirtschaftliche Speicherung elektrischer Energie bis heute ohne durchschlagendes

Ergebnis geblieben. Angebots- und nachfrageinduzierte Innovationen sind Idealtypen, die in ihrer reinen Form in der historischen Realität nicht vorkommen. In der Regel spielen beide Faktoren bei der Technikgenese zusammen. Um charakteristische Verlaufsformen der Technikentwicklung zu erkennen und zu erklären, besitzen diese Idealtypen aber großen heuristischen Wert.

In unserer Zeit, in der technische Innovationen häufig mehr als Bedrohung denn als Verheißung empfunden werden, stehen die Technikfolgen im Mittelpunkt der öffentlichen Diskussion. Mit den Schlagworten „technology assessment", Technikfolgenabschätzung und Technikbewertung wird nach Methoden und Wertmaßstäben gesucht, mit denen der technische Fortschritt gemessen werden kann. Auch hier, bei dem Bemühen um Zukunftsschau und Zukunftsgestaltung, kann – so paradox dies auch auf den ersten Blick erscheinen mag – ein Blick in die Geschichte der Technik hilfreich sein. Der in die Vergangenheit schauende Technikhistoriker hat die Zukunft gleich in doppelter Weise im Blick: einerseits, indem er die Erwartungen der Zeitgenossen hinsichtlich der Folgen der technischen Entwicklung erfährt, und andererseits, indem er die tatsächliche Entwicklung kennenlernt. Der systematische Vergleich zwischen den zeitgenössischen Zukunftserwartungen und der tatsächlichen Entwicklung ist als „retrospective technology assessment", als rückblickende Technikbewertung bezeichnet und als didaktische Hilfe, um die Grenzen und Möglichkeiten der Technikbewertung beurteilen zu können, angeboten worden. Damit ist schon das Eingeständnis verbunden, daß sich aus der Technikgeschichte keine Handlungsanweisungen für die Gestaltung moderner Technik ableiten lassen. Doch kann uns die Technikgeschichte für die unaufhebbaren Überraschungen sensibilisieren, die der technische Wandel mit sich bringt, sowie für die Reichweite damit einhergehender sozialer Veränderungen. Es mag uns zur Bescheidenheit anhalten, wenn wir auch durch die Technikgeschichte erfahren, daß der Mensch nicht nur Subjekt, sondern auch Objekt seiner Geschichte ist, eine Bescheidenheit, die uns davor bewahrt, den alten Mythos der totalen technischen Machbarkeit von Gesellschaft mit dem neuen Mythos der totalen sozialen Gestaltbarkeit von Technik zu vertauschen.

Literatur

Hausen K, Rürup R (Hrsg) (1975) Moderne Technikgeschichte (Neue wissenschaftliche Bibliothek 81, Geschichte). Köln

König W (1984) Retrospective Technology Assessment – Technikbewertung im Rückblick. Technikgeschichte 51, S 247–62

König W, Ludwig K-H (Hrsg) (1987) Technikgeschichte in Schule und Hochschule (Didaktik der Naturwissenschaften 11). Köln

Rapp F (1978) Analytische Technikphilosophie (Kolleg Philosophie). Freiburg, München

Ropohl G (1979) Zum Technikbegriff eines generalistischen Technikunterrichts. In: Traebert WE (Hrsg) Technik als Schulfach. Bd. 2: Technikunterricht im Spannungsfeld allgemeiner und beruflicher Bildung (Der Ingenieur in Beruf und Gesellschaft). Düsseldorf, S 39–62

Ropohl G (1979) Eine Systemtheorie der Technik. Zur Grundlegung der Allgemeinen Technologie. München, Wien

Troitzsch U, Wohlauf G (Hrsg) (1980) Technik-Geschichte. Historische Beiträge und neuere Aufsätze (suhrkamp taschenbuch wissenschaft 319). Frankfurt am Main

II.2 Beispiel Informationstechnologie

Informationstechnische Potentiale – nutzbar gemacht, auch für Geisteswissenschaftler, in informationswissenschaftlicher Forschung und Ausbildung

R. Kuhlen

Überblick

Die fortschreitende Informatisierung der privaten und professionellen Lebenswelten hat auch eine weitere Ausdifferenzierung von Berufsbildern und Tätigkeitsfeldern bewirkt, auf die der Konstanzer Diplomaufbaustudiumgang der Informationswissenschaft mit den Spezialisierungsmöglichkeiten auf Themen der Informationsvermittlung und des Anformationsmanagement reagiert hat. Es hat sich gezeigt, daß die Potentiale der neuen Informations- und Kommunkationstechnologien auch für Geisteswissenschaftler eine Chance eröffnen, neue berufliche Tätigkeiten zu erschließen, insofern die bislang dominierende eher rezeptiv-verstehende Grundhaltung der Geisteswissenschaft zugunsten einer konstruktiven Sicht modifiziert wird. Dabei sollen die besonderen kreativen ästhetischen Begabungen von Geisteswissenschaftlern bewahrt bleiben. Daß dies möglich ist, wird exemplarisch an einem z. Z. besonders aktuellen Informationssystemtyp, Hypertext, demonstriert. Hypertext beruht auf der Entlinearisierung von Text und gestattet ein freies Navigieren in durch Relationen verknüpften Informationseinheiten. Dies wird an einem Hypertextfragment aus der 1. Seite von Arno Schmidts „Zettels Traum" verdeutlicht. Die Erweiterung um andere Medien in Hypermediasystemen erhöht die Flexibilität und den ästhetischen Reiz von solchen Systemen. Exemplarisch wird an dem Systemdesign eines in Konstanz entwickelten Prototypen, TWRM-Topographic, gezeigt, daß der Aufbau von Hypertextbasen auch auf automatischem Wege geschehen kann und daß die erarbeiteten Informationseinheiten nach dem Prinzip des kaskadierten Kondensierens flexibel dargestellt werden können. Nicht nur mit Blick auf neue berufliche Tätigkeiten, sondern auch aus gesamtgesellschaftlichem Interesse ist es wünschenswert, daß auch Geisteswissenschaftler an den realen Ausprägungen einer informatisierten Gesellschaft und an der Entwicklung neuer hier angedeuteter Informationsprodukte aktiv mitarbeiten.

Informationswissenschaftliches Aufbaustudium

In Konstanz ist mit dem WS 1982/83 ein Aufbaustudiengang Informationswissenschaft mit den Möglichkeiten der Spezialisierung auf Themen der *Informationsvermittlung* und des *Informationsmanagements* eingerichtet worden, der auch der berufsmarktorientierten Qualifikation von Geistes- und Sozial-/Verwaltungswissenschaften dienen soll.[1] Daß dieses Ziel – jedenfalls was die Bezugsgruppen angeht – auch erreicht worden ist, zeigt Abb. 1 mit der Verteilung der Studierenden nach Herkunftsfächern. Der hohe Anteil der Verwaltungswissenschaftler ist dadurch erklärlich, daß 1980 der Lehrstuhl für Informationswissenschaft und dann das Aufbaustudium zunächst speziell mit Rücksicht auf die Interessen der Absolventen des Konstanzer Studiums der Verwaltungswissenschaft eingerichtet worden ist[2] und sich erst später zu einem allgemein offenen Aufbaustudium entwickelt hat.

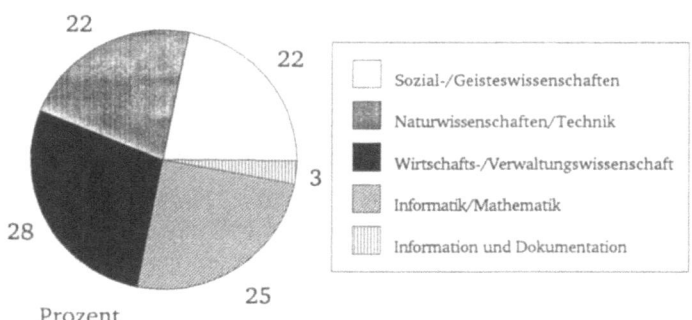

Abb. 1. Primärstudiumshintergrund der Aufbaustudenten

---

[1] Vgl. R. Kuhlen, Informationsvermittlung und Informationsmanagement. Zur Konzeption des Aufbaustudiums der Informationswissenschaft in Konstanz. Nachrichten für Dokumentation 33, 1982, 3, S. 103–108.

[2] R. Kuhlen, Entwicklung des Faches Informationswissenschaft an der Universität Konstanz, in: R. Leibinger, H. Sund (Hrsg.), Festschrift für Lothar Späth. Universitätsverlag Konstanz 1988, S. 351–362.

Aus Abbildung 1 wird ersichtlich, daß dieses Aufbaustudium sicherlich eine Art „scientific melting pot" ist, nicht nur aufgrund der Heterogenität der Herkunftsfächer, sondern auch aufgrund der im Studium zum Einsatz kommenden heterogenen Methoden. Offenbar fühlen sich neben den Informatikern (mehrheitlich mit Fachhochschulabschluß), Mathematikern und Naturwissenschaftlern auch Geistes- und vor allem Sozial-/Verwaltungswissenschaftler von dem Angebot des informationswissenschaftlichen Aufbaustudiums angesprochen, und zwar nicht nur wegen der guten Aussicht auf einen attraktiven Arbeitsplatz. Unsere fortlaufend durchgeführten Befragungen als Teil der Bewertung des Studiums[3] haben u. a. zu dem uns überraschenden und für uns erfreulichen Ergebnis geführt, daß das Hauptmotiv für die Entscheidung, sich auf ein insgesamt aufwendiges und nicht kurzes Zweitstudium[4] einzulassen, nicht die Aussicht auf einen „Job", sondern das Interesse an den wissenschaftlichen Gegenständen war, das sogar während des Studiums eher noch anzusteigen scheint. Dies ist möglicherweise auch darauf zurückzuführen, daß die informationswissenschaftlichen Studierenden, die ja durch Herkunft und Auswahlverfahren eine gewisse Elite darstellen, während ihres Studiums – z.B. über 1–2 Semester laufende Projektkurse – intensiver an die Forschungsarbeit in der Fachgruppe Informationswissenschaft (v. a. Drittmittelprojekte) herangeführt werden, als es in „normalen" grundständigen Studiengängen der Fall ist.

Sicherlich ist das Aufbaustudium nicht nur und nicht in erster Linie auf Geistes- und Sozialwissenschaftler ausgerichtet. Wir wollen uns jedoch in diesem Beitrag vornehmlich auf seine Einschlägigkeit für Geisteswissenschaftler einlassen. Vor ca. 10 Jahren, als in Deutschland die Planungen zur Einrichtung informationswissenschaftlicher Studiengänge langsam Realität annahmen, bezog sich der Ausdruck „Fachinformation" und die Aktivitäten der Informationsvermittlung und des Informationsmanagements in erster Linie auf (natur)wissenschaftlich-technische, medizinische, ökonomische, vielleicht noch politisch-administrative Bereiche. Die Entwicklungen in den letzten Jahren haben

---

[3] Vgl. E. Vogel, Studienmotive, Studienbedingungen und Studienerfolg von Studierenden im informationswissenschaftlichen Aufbaustudium. Ergebnisse einer Befragung. Universität Konstanz, Informationswissenschaft, Mai 1987 (CURR-14/87).

[4] Die Prüfungsordnung sieht 4 Semester als Studiendauer vor, faktisch dauert es – nicht zuletzt auch wegen fehlender BaföG-Unterstützung – im Durchschnitt 6,3 Semester.

gezeigt, daß diese Beschränkung weder systematisch noch mit Blick auf den Informationsmarkt sinnvoll ist. Fachinformation und Alltagswissen, privater und professioneller Informationsbereich, wissenschaftliche Kommunikation und Massenkommunikation wachsen im Sinne einer Konvergenztheorie immer mehr zusammen, so daß Abgrenzungen eher willkürlich werden.

Die fortschreitende *Informatisierung*[5] der humanen Lebenswelt allgemein und speziell der Formen des Produzierens und Aneignens von Wissen bzw. von Information ist weitgehend Ursache dafür, daß Wissen sich zunehmend auf sehr verschiedene Weise materialisiert bzw. in sehr unterschiedlichen Formen repräsentiert wird. Waren im 18. und 19. Jahrhundert Bücher, Zeitschriften und Referateorgane die einzigen offiziellen Formen der Wissensdarstellung, so ist die heutige Produktpalette kaum mehr überschaubar: Wissen kann heute auf sehr unterschiedliche Weise mit Hilfe elektronischer Medien verwaltet und als Produkte angeboten werden. Neben die fast schon traditionell zu nennenden Formen der On-line-Informationsbanken, die entweder bibliographische Informationen mit und ohne Abstracts, mit und ohne Volltexte oder faktische Information in weitgehend numerischer Form enthalten, treten neue Formen wie elektronisch verteilte „Zeitschriften", Image-Datenbanken, die Graphik und/oder bewegte Bilder verarbeiten, oder – unter dem Eindruck der neuen Compact-disque-(CD)-Technologie – multimediale Enzyklopädien, die Texte, Bilder und Töne verarbeiten und bereitstellen können. Die weitere Entwicklung deutet sich schon an: Revolutioniert wird der Umgang mit Wissen dann, wenn es gelingt, in elektronischen Speichern nicht nur die referentiellen Produkte von Wissen (das sind Texte, Abstracts, Titel, Graphiken, Tabellen etc.) bereitzuhalten, sondern Wissen(sstrukturen) selber. Dies geschieht z.Z. – in beschränkten Anwendungsgebieten – durch Expertensysteme und wird in Zukunft in umfassende Wissensbanken einmünden.

Das Aufbaustudium trägt dieser Entwicklung Rechnung, da offenbar neue Berufsfelder und Tätigkeitsfelder entstehen, die auf vielfältige Weise der angesprochenen Informatisierung der allgemeinen Lebens- und Berufswelt entsprechen. Nach unseren bisherigen Erfahrungen haben die Studierenden das Angebot sehr rasch aufgegriffen. Abbildung 2 zeigt die Entwicklung der Studentenzahlen.

---

[5] Unter Informatisierung wollen wir die der Tendenz nach vollständige Durchdringung aller gesellschaftlichen Bereiche mit Informations- und Kommunikationstechnologien verstehen.

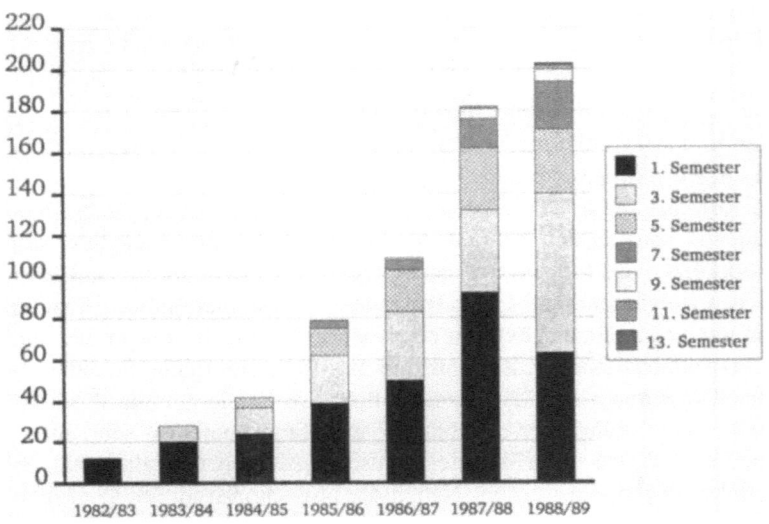

Abb. 2. Entwicklung der Studentenzahlen

Tabelle 1. Karriereeinstieg der ersten 19 informationswissenschaftlichen Absolventen

Nr.	Prüfung	Erststudium	Kurzbezeichnung der Tätigkeit	Organisation	Beginn - Ende
1	8510	Bwl, Diplom	DV-Ausbildung	BIZERBA, Balingen/Arbeitsamt	8509 - 8607
			Unternehmensberatung	selbständig	8509 - 8903
			Wiss. Mitarbeit	Universität Konstanz, Fachgruppe Informationswissenschaft	8904 -
2	8511	Verw, Diplom	Entwicklung von Büroretrievalsystemen	Triumph Adler, Nürnberg, Abteilung Neue Technologien	8511 - 8803
			Wiss. Mitarbeit	Universität Bamberg, Wirtschaftsinformatik	8804 -
3	8511	Bwl, Diplom	DV-Ausbildung	BIZERBA, Balingen/Arbeitsamt	8509 - 8607
			EDV-Beratung	selbständig	8601 -
4	8512	Bwl, Diplom	Innovationsberatung	IHK Pforzheim	8510 - 8706
			Geschäftsführungsassistenz	Hamatech, Mühlacker	8707 -
5	8512	Soz, MA	Informationsvermittlung, Geschäftsführung	AGI-Information Management Consultants, München	8306 -
6	8602	Verw, Diplom	Wiss. Mitarbeit, Sonderforschungsbereich	Universität Konstanz, Fachgruppe Informationswissenschaft	8501 -
7	8604	Bwl, Diplom	Organisation	Weber, Laufenburg	8604 -
8	8605	Hist, MA	IuD-Vertrieb	Siemens AG, München	8605 - 8909
			Kommissarische Leitung IuD-Weiterbildung	Lehrinstitut für Dokumentation, Frankfurt	8910 -
9	8605	Soz, Diplom	Dokumentation	Springer-Verlag, Hamburg	8609 - 8708
			Entwicklung Dok.-system	Springer-Verlag, Hamburg	8709 -

10	8605	Math, Diplom	Wiss. Mitarbeit, Sonderforschungsbereich	Universität Konstanz, Fachgruppe Informationswissenschaft	8501 -
11	8701	Phys, LA	Programmierung	Zahnradfabrik, Friedrichshafen	8705 -
12	8703	Inft, Diplom	keine Angabe	keine Angabe	
13	8705	Bio, Diplom	Koordination PC-Labor	Universität Konstanz, Fachgruppe Informationswissenschaft	8705 - 8710
			Informationsvermittlung im Gebiet Pharmazie	Luitpold-Werke, München	8711 -
14	8707	Inft, Diplom	Studium: Mathematik	Universität Konstanz	8710 -
15	8707	Wing, Diplom	Datenbankadministration	Hilti AG, FL-Vaduz	8708 -
16	8712	Inft, Diplom	Wiss. Mitarbeit, Projekt TWRM-TOPOGRAPHIC	Universität Konstanz, Fachgruppe Informationswissenschaft	8704 - 8812
			Wiss. Mitarbeit	Universität Konstanz, Fachgruppe Informationswissenschaft	8901-
17	8712	Soar, Diplom	Sachbearbeitung	Teilzeit GmbH, Frankfurt	8804 -
18	8712	Bio, Diplom	Wiss. EDV-Mitarbeit	Ciba-Geigy AG, CH-Basel	8804 -
19	8712	Verw, Diplom	Projektleitung Büroautomation	Winterthur-Versicherung, CH-Winterthur	8808 -

Informationswissenschaftler, die – ungewöhnlich genug – nach einem 4semestrigen Aufbaustudium dieses bei Erfolg mit einem *Universitätsdiplom* abschließen, haben zur Zeit keine Beschäftigungsprobleme. Der Arbeitsmarkt, in der Konstanzer Umgebung besonders intensiv die Schweizer Dienstleistungs- und Informationslandschaft, fragt die Absolventen nach. Tabelle 1 zeigt Beispiele für einen ersten Karriereeinstieg informationswissenschaftlicher Fachleute. (Bis heute – 2/1990 – haben 65 Absolventen das Diplom erworben.)
Die Ausbildungsaktivitäten der Konstanzer Informationswissenschaft beziehen sich auf 3 Studiengänge: Diplom-Aufbaustudium Informationswissenschaft, Diplom-Studium Verwaltungswissenschaft und Diplom-Studium Wirtschaftswissenschaft. Daneben sind auf individueller Basis auch andere Fächer, z. B. Psychologie oder Sprachwissenschaft, an Wahlpflichtfachmöglichkeiten interessiert. Für Verwaltungswissenschaft und Wirtschaftswissenschaft wird als Studiumschwerpunkt unter dem Aspekt des Informationsmanagement eine Teilmenge des Aufbaustudiums angeboten mit den folgenden Kursen:[6]

---

[6] Vgl. R. Kuhlen, W. Finke, Informationsmanagement. Informationswissenschaftliche Ausbildung im Studium der Verwaltungswissenschaft an der Universität Konstanz, in: Bedarfsorientierte Fachinformation: Methoden und Techniken am Arbeitsplatz. Deutscher Dokumentartag 1986, Freiburg 8.10.–10.10. 1986. Weinheim: VCH, 1987, S. 493–506; vgl. R. Kuhlen, W. Finke, Informationsressourcen-Management. Informations- und Technologiepotentiale professionell für die Organisation verwerten. In: Zeitschrift Führung und Organisation, 1. Teil, 1988, 5, S. 314–323; 2. Teil, 1988, 6, S. 399–403.

1) Einführung in die Informations- und Kommunikationstechnologien (Grundstudiumskurs als Voraussetzung für die Teilnahme am Schwerpunkt);
2) Information-Retrieval-Systeme (Fakten-/und/oder Referenz-Retrieval);
3) Informationsmarkt;
4) Büroinformations- und -kommunikationssysteme;
5) wissensbasierte Systeme;
6) ein Projektkurs aus dem Gebiet des Informationsmanagements.

Informationsvermittler und Informationsmanager – die einen eher aus der Marktperspektive, die anderen eher aus der Organisationsperspektive – sollen dafür sorgen, daß potentiell vorhandenes Wissen, unter Berücksichtigung zahlreicher Rahmenbedingungen, wie z.B. individuelle Verarbeitungskapazität oder organisationelle Zeile, in Information umgesetzt wird, die in konkreten kritischen Situationen benötigt wird. Informationsspezialisten sollen also in ihrer Arbeit *informationellen Mehrwert* erzeugen. Information ist nicht per se vorhanden, sondern muß, unter Berücksichtigung der Kontextbedingungen, jeweils neu *erarbeitet* werden.[7] Aufgrund unserer Kontakte zur Berufspraxis haben wir den Eindruck gewonnen, daß sich auch in professionellen Umgebungen der Wirtschaft und der Verwaltung die Einsicht durchsetzt, daß inhaltliche Informationsprobleme zwar wohl kaum noch ohne Informations- und Kommunikationstechnologien gelöst werden können, die Lösungen selber aber eher davon abhängen, wie z.B. Wissen modelliert und präsentiert wird, welche Ressourcen für welche Zwecke aktiviert und präsent gehalten werden müssen, wie Wissen verdichtet, übersetzt, bewertet und zu situationsangemessenen Informationen umgearbeitet wird. Insofern scheint uns auch der Konstanzer Ausbildungsgang durch den Übergang von einem reinen Technologiemanagement zum Ressourcen- und Wissensmanagement gekennzeichnet zu sein. Die Beherrschung von *Informationsarbeit* (d.h. die metho-

---

[7] Vgl. R. Kuhlen, Ambivalenz fortgeschrittener informationeller Arbeitsteilung bei komplexen Verwaltungsvorgängen, in: A. Windhoff-Héritier (Hrsg.), Verwaltung und ihre Umwelt. Festschrift für Thomas Ellwein. Westdeutscher Verlag, S. 234–257; vgl. R. Kuhlen, Pragmatischer Mehrwert von Information. Sprachspiele mit informationswissenschaftlichen Grundbegriffen. Informationswissenschaft Konstanz, Bericht 1/89. Konstanz Okt. 1989 (englischsprachige Version erscheint in: Computer and the Humanities, 1990).

disch kontrollierte Umarbeitung von latent innerorganisationell oder auf dem Informationsmarkt vorhandenem Wissen in aktuelle Information) wird zunehmend als entscheidender Faktor erkannt, beispielsweise für die Produktivität von Wissenschaft, für den Transfer von Wissen von Hochschulen in Unternehmungen, für die Innovativität und Wirtschaftlichkeit von Unternehmungen oder für die Rationalität von Verwaltungen und politischen Entscheidungen. Die Informationstechnik – so stark sie auch in der Ausbildung betont wird und wie erheblich in sie auch mit dem Aufbau eines Ausbildungslabors in Konstanz investiert wurde (vgl. Abb. 3) – ist lediglich Funktion der inhaltlichen Informationsarbeit.

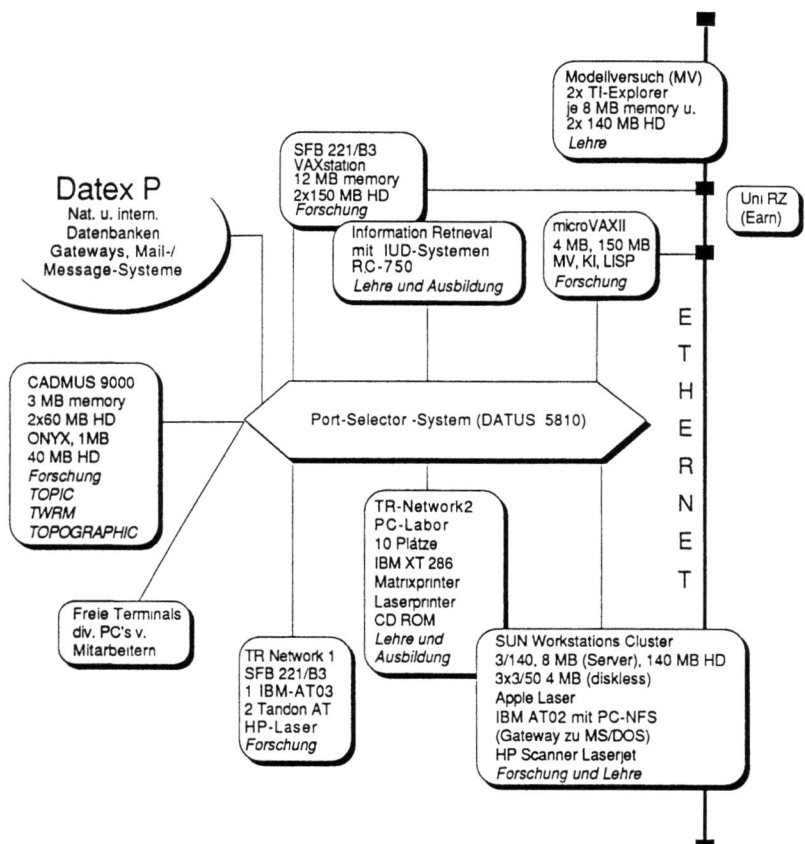

Abb. 3. Ausbildungslabor der Konstanzer Informationswissenschaft

Tabelle 2. Themen des Konstanzer informationswissenschaftlichen Aufbaustudiums

Bereich	Themen	Semesterwochenstunden	
		Informations-vermittlung	Informations-management
A Methodische Grundlagen	1 Techniken der Systemanalyse, -planung und -implementation	–	4
	2 Methoden der strukturierten Programmierung	4	4
	3 Informations- und Kommunikationstechnologien	2	4
	4 Datenbankmethoden	4	–
	5 Informationslinguistik	2	2
B Informationssystem	1 Informationsdienstleistungen	2	–
	2 Informations-Retrieval-Systeme	6	4
	3 Intelligente Informationssysteme	–	2
	4 Büroinformations- und -kommunikationssysteme	–	4
	5 Techniken intellektueller Inhaltserschließung	2	–
	6 Methoden der Informationsaufbereitung	2	–
C Sozialer und organisationeller Kontext	1 Psychische und soziale Aspekte der Informationsverarbeitung	4	4
	2 Information und Gesellschaft	2	2
	3 Informationsmarkt	2	2
	4 Wirtschaftlichkeit von Information	2	2
	5 Organisationsspezifische und rechtliche Aspekte der Informationsverarbeitung	2	2

Insgesamt hat sich die Form eines Aufbaustudiums bewährt,[8] nicht zuletzt auch deshalb, weil dadurch die für erfolgreiche Informationsarbeit wichtige Kombination von fachspezifischem und informationsmethodischem Wissen verwirklicht werden kann. Die curricularen Gegenstände des Aufbaustudiums sind in 3 Hauptblöcke gegliedert (Tabelle 2). Wir wollen im folgenden nicht näher auf Fragen des gesamten Aufbaustudiums eingehen, bei dem v. a. die weitere Ausge-

---

[8] Vgl. R. Kuhlen et al., Endbericht Modellversuch Neue Berufsbilder Information in organisationellen Umgebungen. Universität Konstanz, Informationswissenschaft. Konstanz August 1988 (CURR-16/88).

staltung des Bereichs Informationsmanagement ansteht, sondern stärker die Perspektive der Geisteswissenschaft einnehmen und darstellen, welche Möglichkeiten sich für *Geisteswissenschaftler* bei der Beschäftigung mit informationsmethodischen Themen in Forschung und Lehre und welche Konsequenzen sich für den Arbeitsmarkt ergeben können.

Informationstechnische Potentiale auch für Geisteswissenschaftler

Versucht man Beziehungen zwischen Geisteswissenschaft und Informationstechnik herzustellen, so scheint mir klar zu sein, daß es eines *Entgegenkommens* von beiden Seiten bedarf. Eine gewisse Vorleistung ist von Seiten der Informationstechnik insofern erbracht, als der produktive *Nutzen* von Methoden und Systemen der Computerwelt nicht mehr von einem derart tiefen technischen Verständnis abhängt, wie es z. Z. lediglich in Studiengängen der Informatik (im weiteren Sinne) erworben wird. Sowohl die sinnvolle und kreative Nutzung von Applikationssoftware – wir wollen dies am Beispiel von Hypertext demonstrieren – als auch das prototypische Entwerfen von neuen Informationsprodukten durch Verwenden von Programmiersprachen wie PROLOG oder SMALLTALK werden für Geisteswissenschaftler leichter.

Natürlich tritt in unserem Aufbaustudium gelegentlich der Fall auf, daß ein ehemaliger Geisteswissenschaftler zur Informationstechnik *konvertiert* und dabei technikgläubiger als ein Immer-schon-Informatiker wird. Wir halten dies jedoch nicht für wünschenswert und würden auch nicht Arbeitsämtern diese als unbillig erscheinenden und in den meisten Fällen auch erfolglosen Transformationsversuche empfehlen. Sinnvoller scheint es zu sein, die spezielle Begabung, die beispielsweise einen Germanistikstudent veranlaßt hat, Literatur als Objekt seiner Studien zu wählen, in einem neuen informationswissenschaftlichen Studium *aufzuheben* zu versuchen – weniger in dem Verständnis, das bisherige Verhalten bloß zu negieren, als in dem produktiveren, das bisherige Verhalten zu bewahren und gleichzeitig dieses durch die Verbindung mit den Potentialen der Informationstechnik auf eine neue Stufe zu heben. Wir wollen das Wortspiel Hegels nicht weitertreiben, jedoch festhalten, daß nichts damit gewonnen ist, aus einem Geisteswissenschaftler einen Ingenieur (auch nicht einen Wissensingenieur) zu machen, wohl aber solche Personen auszubilden, die kompetent mit der Informationstechnik umgehen können, ohne ihre spezielle Begabung, die traditionell mit Begriffen wie Kreativität, Spontaneität, ästhetische Sensibilität u. ä. umschrieben wird, aufzugeben. Dazu scheint mir allerdings unumgänglich zu sein, das bislang weitgehend rezeptive Verhalten von Geisteswissenschaftlern, das sich in erster Linie auf das Verstehen von Texten bezieht, infrage zu stellen. Wie keine andere Wissenschaft verschließen sich ausgerechnet jene Wissenschaftsbereiche, die am meisten Texte und Texte über Texte produzieren, bislang den elektronischen Möglichkeiten der Analyse und Manipulation von Texten. Dabei ist es ganz offensichtlich, daß Produktion, Verwaltung, Aufbereitung, Verteilung und Präsentation auch von „geisteswissenschaftlichem" Wissen sich zunehmend auf informationstechnische Verfahren abstützen werden.

Flexibilisierung von Information – Enttextualisierung durch Hypertext am Beispiel von Arno Schmidts Zettels Traum

Wir wollen ein Beispiel herausgreifen, an dem deutlich wird, welche Möglichkeiten neue Informationsprodukte auch für Geisteswissenschaften darstellen. Seit einigen Jahren wird die an sich ältere Diskussion um *Hypertextsysteme* neu geführt,[9] nicht zuletzt deshalb, weil sich durch die jetzigen Hard- und Softwaremöglichkeiten auf Arbeitsplatzrechnern, aber auch auf der PC-Ebene, realistische Anwendungen abzeichnen. Ein Hypertextsystem ist, vereinfacht gesagt, nichts anderes als ein im Prinzip unbeschränkt offenes Netzwerk, in dessen Knoten beliebige Informationseinheiten textueller, grafischer oder auch akustischer Form eingetragen werden können. Bei einer Ausweitung von Hypertext auf andere mediale Objekte als Text spricht man auch von Hypermediasystemen.[10] Die Kanten werden über jeweils zu definierende Relationen miteinander verbunden. Die Attraktivität von Hypertexten besteht darin, daß die zuweilen mühselige lineare Form von Texten nicht länger beibehalten werden muß. Jede Stelle in einem Text kann als ein Knoten definiert werden, von dem Verzweigungen abgehen, die den „Leser" je nach Interesse und je nach Detailliertheit

---
[9] Vgl. J. Conklin, Hypertext – An introduction and a survey. IEEE Computer, Sept. 1987, S. 18–41.
[10] S. Ambron, K. Hooper (Hrsg.), Interactive multimedia. Visions of multimedia for developers, educators and information providers. Microsoft, Redmond, Washington 1988.

des Systems beliebig weit von der Ausgangsinformation wegführen. Einfache Beispiele sind Zitatbelege, definitorische Festlegungen, traditionelle Fußnoten, Kommentare, Versionen, Graphiken, Tabellen. Nach den Wünschen mancher Hypertextforscher sollen aber auch ganze Wissenswelten entstehen, da im Prinzip, zuweilen über sehr lange Relationenketten, alles mit allem zusammenhängt. Hypertexte können so zu konzeptuellen Monadologien werden. Gemäß der Theorie einiger Visionäre sollten Hypertexte prinzipiell offen sein,[11] d. h. zu einem Hypertextsystem sollten beliebig viele Interessenten Zugriff haben, mit Lese-, aber v. a. auch mit Schreibberechtigungen. Jeder kann in den Wissensbeständen navigieren und seine eigenen Einsichten an geeigneter Stelle verankern. Im Gesamtsystem gibt es damit nicht den einen Text, nicht den einen Autor und auch nicht den einen linearen optimalen Pfad durch die Bestände, sondern jeder Benutzer schafft seinen eigenen dynamischen, nichtlinearen Text. Natürlich taucht sofort das Problem auf, wie denn solche Hypertexte in fortgeschrittenen Stadien noch zu kontrollieren oder (maschinenunterstützt oder intellektuell) aufzubauen sind. Wir geben dafür keine Lösungsvorschläge an, deuten im nächsten Abschnitt aber knapp an, wie wir in unseren Projekten daran arbeiten, und wollen im übrigen nur darauf hinweisen, daß nach unserer Einschätzung sich hier genuine Arbeitsfelder für Geisteswissenschaftler eröffnen,[12] da das Design von Hypertextsystemen, die Segmentierung von Informationseinheiten und ihre Relationierung weniger ein technisches als ein kognitives, ästhetisches, allgemein informationsmethodisches Problem ist.

Betrachten wir etwas genauer, wie Geisteswissenschaftler mit ihren Objekten umgehen, so entdecken wir sofort Gemeinsamkeiten zwischen Hypertextverfahren und geisteswissenschaftlichen Auslegungs-

---

[11] Vgl. T. H. Nelson, A file structure for the complex, the changing, and the indeterminate. ACM 20th National Conf. Proceedings. Cleveland, Ohio, 1965, S. 84–100.

[12] Hypertext erweist sich auch als vielversprechendes Instrument in der Ausbildung. Im Rahmen eines Projektkurses in der Konstanzer Informationswissenschaft sind größere Teile des von R. Kuhlen regelmäßig gehaltenen Kurses „Einführung in die Informationswissenschaft" in eine Hypertextbasis übertragen worden, die nun Studenten zum freien Navigieren zur Verfügung steht; vgl. R. Kuhlen, M. Böhlen, M. Diefenbach, W. Reck, H. Weber, Hypertext – Grundlagen und Funktionen der Entlinearisierung von Text. Modellierung und Realisierung einer Hypertextbasis in einem Ausbildungssystem. Nachrichten für Dokumentation 40, 1989, 5, S. 295–307; 6, 361–369.

techniken.[13] Der geisteswissenschaftliche Lese- und Verstehensprozeß ist im Prinzip unabschließbar. In sich verändernden Kontexten ergeben sich in den Lektüren stets neue Möglichkeiten der Rezeption, die alte Positionen erweitern, aber auch revidieren zu können. Hier könnte auch die informationswissenschaftliche Unterscheidung zwischen Wissenseinheiten und Informationen nützlich sein. Informationen sind die Teilmengen aus gegebenen Wissensbeständen, die in bestimmten Handlungskontexten aktuell gebraucht werden. Information zeichnet sich also durch eine pragmatische Dimension aus, die externe Benutzerinteressen und Gebrauchssituationen einbezieht [vgl. Kuhlen (1989), Anm. 7]. Auch Texte sind nicht kontextlos verstehbar, sondern werden jeweils unter Berücksichtigung des eigenen Verstehenshorizontes und der Verstehenshorizonte anderer, die möglicherweise ihre Leseerfahrung schriftlich niedergelegt haben, *verstanden*.

Texte können bei dieser Sichtweise leicht in einen Hypertextzusammenhang eingebettet werden. Konsequent plädiert Gérard Genette[14] dafür, daß das Objekt der Poesie nicht der Text sei, „mais l'architexte, ou si l'on préfère l'architextualité du texte..., c'est-à-dire l'ensemble des catégories générales, ou transcendantes – types de discours, modes d'énonciation, genres littéraires, etc. – dont relève chaque texte singulier. Je dirais plutôt... que cet object est la transtextualité..." Später verwendet dann Genette, mit Blick auf James Joyce bzw. die *Ulysses*-Diskussion, sogar den Hypertextbegriff direkt. *Ulysses* ist das klassische Beispiel dafür, daß die Literatur tendenziell dazu neigt, den Rahmen des traditionellen Buches durch Einbeziehen immer neuer Welten zu sprengen, ohne freilich – aus Mangel an Alternativen? – die Linearität der Texterscheinungsform aufzugeben. Gegenwärtig beschäftigen sich bestimmte Richtungen der Literaturwissenschaft, ebenfalls in Konstanz, unter dem Namen der Intertextualität mit diesem Phänomen. Hier geht es um Literatur, die ihren Reiz aus dem Zitieren, dem Verändern und Verfremden anderer Literaturen gewinnt. Die Intertextualitätsforschung geht davon aus, daß das Aufrufen fremder Texte aus einem gerade aktuellen Text einen semantischen und vor allem ästhetischen Mehrwert erzeugt, den „einstimmige", d. h. streng nur auf sich bezogene Texte nicht erzeugen können.

---

[13] Die folgenden Ausführungen in diesem Abschnitt basieren auf langen Diskussionen mit Frau Dr. Jutta Thellmann, bis Ende 1988 Mitarbeiterin in der Fachgruppe Informationswissenschaft.
[14] G. Genette, Palimpsestes. La littérature au second degré. Collection Poétique. Aux Éditions du Seuil, Paris, 1982, S. 7.

Als herausragender Avantgardist dieser „mehrstimmigen" oder „polyphonen" Literatur kann im deutschsprachigen Raum Arno Schmidt bezeichnet werden. Die Diskussion, die sich um Schmidts Werk rankt, zeigt erstens, wie Literatur die traditionellen Buchgrenzen sprengt und zweitens, wie eine neue Technologie – in diesem Fall das Konzept des Hypertextes – kongenial darauf antworten und Probleme, die diese neue Literatur aufgibt, lösen könnte. Nicht der Text als eine sich quasi organisch aus dem ersten Satz aufbauende, in sich stimmige Welt, ist das Zentrum der ästhetischen Beschäftigung mit diesem Werk, sondern die Zettelkastenvarietät, die jede beliebige Stelle des Textes zum „Einstiegsort" werden läßt, von dem aus jeweils andere, immer neue Lektüren möglich werden. Der Text lädt zum freien Navigieren entlang von Assoziationspfaden ein, die sich an wiedererkannten Verweisen entzünden können und entsprechende Lektürelinien aufdecken. Dieses Verfahren regt um so mehr an, als sich die Fakten und Materialien aus den Texten nie auf einer stimmigen Linie arrangieren lassen. Das vielfältige Netzwerk der Beziehungen und Verweise auf andere Literaturen und Welten weckt die Spannung an der Lektüre stets aufs Neue und fördert in der Dechiffrierarbeit je nach Assoziationsgrad, Kenntnisstand und Einstiegsort des Lesers dessen kreatives Potential zutage. Der Text selbst also bildet nur das Rohmaterial, die Ausgangsbasis für eine dediziert „produktive Rezeption" des Lesers. Erst sein eigener Einstieg in die Materie, seine eigenen Ideen, Kenntnisse und Assoziationen, die sich am Oberflächentext entzünden, macht das ästhetische Vergnügen am Text aus. Dies kann zwar für jede Art von Lektüre behauptet werden, doch ist diese Einstellung an den Schmidtschen Texten viel weiter getrieben als in der herkömmlichen Literatur. Der Unterschied ist darin zu sehen, daß im Grunde der Text Arno Schmidts als Ellipse der kreativen Mitarbeit des Lesers so sehr bedarf, daß das Lektüreergebnis ebenso Interpretation und Verstehen des Werks wie auch der eigenen Psychohistorie und von Assoziationsmustern ist. Das kreative Navigieren im Text ist ein entscheidender Faktor für das Vergnügen am Text geworden.
Unter Ausnutzung der heutigen Möglichkeiten der Informationstechnik, die flexible Formen der Wissensaufbewahrung und der kreativen Informationssuche ermöglicht, ließe sich die Interaktion, die Schmidt für sein Werk herausforderte, auf ganz neue Weise wiederbeleben. Erste in Konstanz durchgeführte Experimente mit einem kommerziellen Hypertextprogramm (GUIDE von der Firma Owl) zeigen, daß die von Arno Schmidt intendierte Enttextualisierung von literarischen Texten zum einen nicht unsinnig ist und zum andern durch Hypertext

noch ganz neue Möglichkeiten des Navigierens in „Texten" bereitgestellt werden, von denen der Autor von *Zettels Traum* nur träumen konnte. Die folgenden Abb. 4–8 zeigen einige dieser Hypertextmöglichkeiten für literarische Texte: Abb. 4 zeigt die ersten Zeilen des dreispaltig publizierten Werkes *Zettels Traum*. Wenn der Leser das

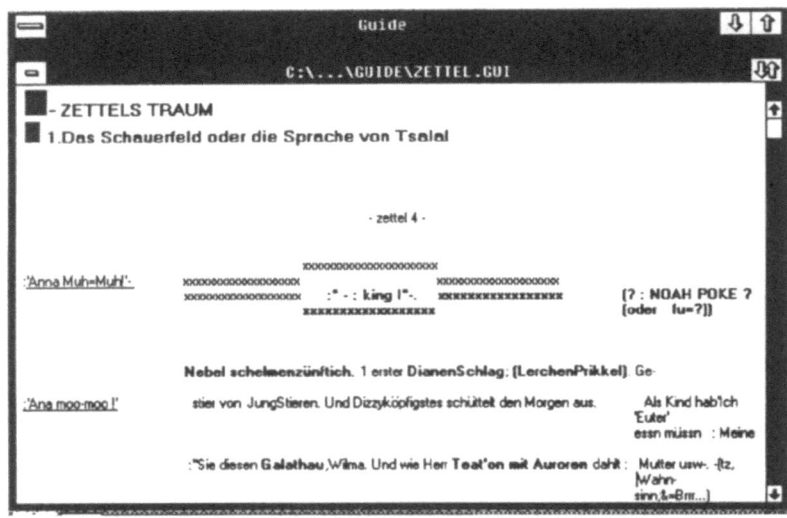

Abb. 4. Erste Zeilen aus A. Schmidts „Zettels Traum"

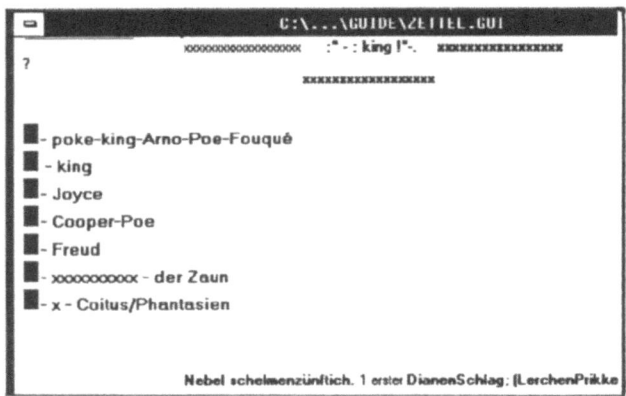

Abb. 5. Auswahlmenü zur Entschlüsselung von „king"

Wort „king" mit der „Mouse" anklickt, erscheint im Text ein Menü (Abb. 5), von dem aus der „Leser" weitere Information abrufen (ggf. auch eigene neue eintragen) kann. In diesem Fall hat er „Freud"

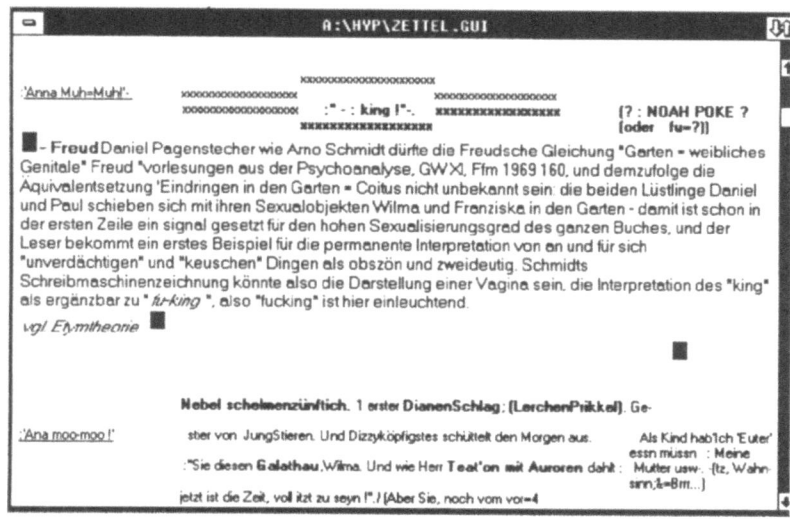

Abb. 6. Interpretation von „Garten" über Freud

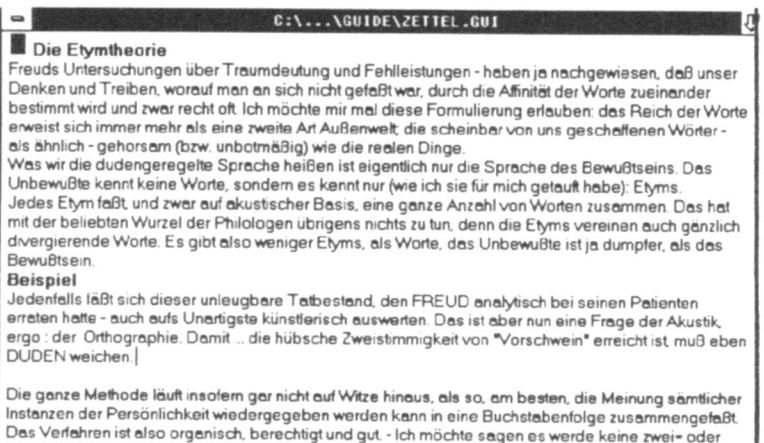

Abb. 7. Verzweigung zur Etymtheorie

> divergierende Worte. Es gibt also weniger Etyms, als Worte, das Unbewußte ist ja dumpfer, als das Bewußtsein.
>
> ■Irgendeiner mißbilligt etwas als obszön und sagt: "Da kommen ja nette Sachen zum Vorschwein." - Schein und Schwein haben nun rein logisch und auch dudenmäßig nichts miteinander zu tun, liegen aber im Wortzentrum akustisch dicht beieinander. Oder - wenn Frau Nora Joyce ihre Schwägerin warnte, nie einen Autor zu heiraten: "They are all weaklings", - dann schrieb ihr Gatte das natürlich sogleich schmunzelnd mit zwei ee. Er wird genau die ubw-Wehklage herausgehört haben. Und es ist ja ein Verfahren was zum Beispiel von der Reklame her, längst bekannt ist und gegen uns eingesetzt wird. Bei BLENDAX strahlen die Zähne, bei RAMA - lächelt höchstens ein Stocktauber nicht Fett.
>
> Quelle ■
>
> Jedenfalls läßt sich dieser unleugbare Tatbestand, den FREUD analytisch bei seinen Patienten erraten hatte - auch aufs Unartigste künstlerisch auswerten. Das ist aber nun eine Frage der Akustik

Abb. 8. „Zooming" des Beispiels in Abb. 7

angewählt (Abb. 6). Um Schmidts Anspielungen oder Wortspiele verstehen zu können, muß man etwas über seine Etymtheorie wissen. Ein Klicken führt aus *Zettels Traum* ganz heraus zu Schmidts eigenen Metaausführungen zu seiner Theorie (Abb. 7). Auch da sollte es möglich sein, ein dort vermerktes Beispiel textuell aufzublenden (Abb. 8). Diese kleine Sequenz, aus der man jederzeit aussteigen und zum Ausgangspunkt zurückkehren kann, verdeutlicht die Potentiale (aber wohl auch die Gefahren des Orientierungsverlustes) des Navigierens in Hypertexten.

Flexibilisierung von Information – Graphische Darstellung von Textwissensstrukturen

Wir sind oben kurz auf die Folgen der Informatisierung bei den Formen des Produzierens und Aneignens von Wissen eingegangen. Offensichtlich ist dies im Bereich der professionellen Nutzung von Information. Durch die fortschreitende Verwendung moderner Drucklegungstechniken und den vermehrten Einsatz dezentraler Arbeitsplatzrechner, die neben anderen Aufgaben auch zur Erstellung von Texten benutzt werden, liegen in allen Bereichen der Fachkommunikation zunehmend mehr Texte maschinenlesbar (und damit maschinenverarbeitbar) vor. Durch Mail- und Message-Systeme werden schon jetzt Volltexte in großem Umfang transportiert und in lokalen Speichern aufbewahrt, und bei einer zu erwartenden größeren Verbreitung des elektronischen Publizierens werden zusätzlich in entsprechenden Depots große Volltextmaterialien vorgehalten. Diese fast schon flächendeckende Verbreitung elektronischer Volltexte korrespondiert aber keinesfalls mit entsprechend leistungsstarken Nachweis- oder gar Verarbeitungs-/Aufbereitungs- bzw. Präsentationstechniken. Die Gefahr besteht, daß potentiell relevante Information in maschinenlesbaren Speichern verschwindet, ohne bekannt zu werden. Unsere Forschungen in der Konstanzer Informationswissenschaft haben diese Gefahr als Herausforderung aufgenommen. Zunächst war beabsichtigt, an die Traditionen des automatischen „Abstracting"[15] anzuknüpfen, allerdings nicht durch eine Erneuerung des alten Extraktionsparadigmas der statistischen oder oberflächenlinguistischen Verfahren, sondern durch den Einsatz wissensbasierter Methoden. Recht bald haben wir jedoch die Einsicht gewonnen, daß die Referenzleistung von Abstracts (als eine der Wissensproduktion des 19. Jahrhunderts angemessene Form der Zusammenfassung von Textwissen) nicht als Basis für das Konzept eines intelligenten Informationssystems ausreicht. Vielmehr haben wir das zum allgemeinen Gestaltungsprinzip gemacht, was uns die besondere Stärke rechnergestützter Systeme zu sein scheint: die Flexibilität der Verarbeitung und Darstellung, und dafür den Ausdruck des *kaskadierten Kondensierens* geprägt. Anstelle primär mit der menschlichen Leistung des „Abstracting" konkurrieren zu wollen, sollte das Ziel verfolgt werden, aus den bei der Textanalyse erstellten Textwissensstrukturen variable „Kondensate" in unterschiedlichen, sich im Benutzerdialog entwickelnden Kaskaden zu präsentieren. Dabei sind wir davon ausgegangen, daß die erwünschte Flexibilität wesentlich über graphische Darstellungsformen erreicht werden soll, wobei allerdings auch textuell ausgerichtete Kaskadierungsstufen als graphische Objekte aufgefaßt, manipuliert und präsentiert werden. Die als prototypisch zu verstehende Kaskadierungsleistung des angestrebten Systemtyps (für den auch noch andere Kaskadierungsstufen

---

[15] „Abstracting", wie wohl jeder Wissenschaftler weiß, besteht weitgehend aus der Kunst, aus einem etwa 10seitigen Text einen 10zeiligen Text zu machen, der in seiner *indikativen* Gestalt zumindest dazu verhelfen soll, die Relevanz des Originalartikels für die eigenen Arbeiten einschätzen zu können. Bei einem *informativen* Abstract sind die Ansprüche höher, da dieses, zumindest partiell, die Einsicht in das Originaldokument ersparen soll. Automatische Verfahren des Abstracting werden seit Beginn der automatischen Datenverarbeitung experimentell ausprobiert, ohne daß es bislang zu einem routinemäßigen Einsatz gekommen wäre. In der Gegenwart versprechen wissensbasierte Ansätze bessere Resultate; vgl. R. Kuhlen, Abstracts – Abstracting – Intellektuelle und maschinelle Verfahren. Universität Konstanz, Informationswissenschaft. Konstanz Dez. 1988 (erscheint in: M. Buder, W. Rehfeld, T. Seeger [Hrsg.], Grundlagen der praktischen Information und Dokumentation, 3. Auflage. Saur, München 1990).

vorstellbar sind) erstreckt sich nach dem gegenwärtigen Stand über die folgenden graphisch realisierten Stufen:[16]

1) Taxonomische Informationen über den Diskursbereich eines Textes (bzw. einer Textmenge) werden durch die Konzepte der Weltwissensbasis bereitgestellt. Eine graphische Präsentation der Begriffshierarchie erlaubt eine Auswahl der relevanten Konzepte.
2) Die im Gesamttextgraphen vorgegebene thematische und faktische Information bietet die Möglichkeit, nach situationsspezifischer Selektion relevanter Teile ein automatisch generiertes, benutzerangepaßtes indikatives oder informatives Abstract anzubieten.
3) Nach der prinzipiellen Relevanzentscheidung für einen Text wird die graphische Darstellung der thematischen Struktur der relevanten Teile bzw. Konstituenten zugänglich. Sie erlaubt es dem Benutzer,
   – die Detailinformationen der bei der Analyse berücksichtigten Konzepte zu betrachten,
   – die entsprechende Passage als Ganzes im Original zu lesen,
   – sich einschlägige Graphiken aus dem Text anzuschauen oder
   – bei Bedarf im Gesamttext „herumzuwandern".

Der Bezug zu dem im vorherigen Abschnitt diskutierten Hypertextthema ist mit der hier angestrebten Flexibilisierung von Information deutlich.[17] Auch hierfür ist der Vorgang der Enttextualisierung zentral, indem als Basis der Ausgabeleistungen (von konzeptuellen Graphen, Tabellen, bis zu automatisch generierten Abstracts) nicht die Texte selber fungieren, sondern deren formal (hier in Form von Frame-Netzen) dargestellten Wissensrepräsentationsstrukturen. Diese Strukturen werden in unserem Fall durch das System TOPIC erarbeitet,[18] das, basierend auf einem Frame-Modell und einem lexikalisch verteilten Textparsing, vollautomatisch deutschsprachige Texte, vollständige Zeitschriftenartikel aus dem Gebiet der Informations- und

---

[16] R. Kuhlen, R. E. Hammwöhner, G. Sonnenberger, U. Thiel, TWRM-Topographic. Ein wissensbasiertes System der situationsgerechten Aufbereitung und Präsentation von Textinformation in graphischen Retrievaldialogen. Informatik. Forschung und Entwicklung 1989, 4, S. 89–107.
[17] Vgl. R. Hammwöhner, U. Thiel, Content oriented relations between text units – A structural model for hypertexts. In: Hypertext '87 Papers, Chapel Hill, NC, University of North Carolina, 1987, S. 155–174.
[18] Vgl. U. Hahn, U. Reimer, Semantic parsing and summarizing of technical texts in the TOPIC system, in: R. Kuhlen (Hrsg.), Informationslinguistik (Sprache und Information Bd. 15). Niemeyer, Tübingen 1986, S. 153–193.

Kommunikationstechnologie (VDI-Volltextdatenbank), analysiert. Ein wichtiger Beitrag für die zukünftige Entwicklung von Hypertext-Systemen ist auch darin zu sehen, daß die Vorgänge des Aufbaus und der laufenden Kontrolle von Hypertextsystemen, die sehr aufwendig werden können, durch maschinelle (Text)analyse- und intertextuelle Relationierungsverfahren unterstützt werden können.[19]

Die Flexibilität der Ausgabeleistungen und damit die Nähe von TWRM-Topographic zu Hypertextsystemen wird an Abb. 9 deutlich, die einen Ausschnitt aus einem Dialog mit dem System zeigt.

Konsequenzen für den Berufsmarkt und die akademische Ausbildung insbesondere von Geisteswissenschaftlern

Geisteswissenschaftler haben sich in der Vergangenheit in erster Linie auf berufliche Tätigkeiten im weiteren Bereich der Bildung eingestellt. Das wird auch in Zukunft nicht gänzlich anders sein. Der Bedarf an qualifiziert ausgebildeten Lehrern, z. B. in den Philologien, wird allen Unkenrufen zum Trotz kontinuierlich weiter bestehen. Wir wollen hier jedoch auf neue Möglichkeiten verweisen.[20] Der universale Charakter der Informations- und Kommunikationstechnologie legt die Annahme nahe, daß wir erst am Anfang einer umfassenden Informatisierung der gesamten Gesellschaft stehen.

Für die „geisteswissenschaftliche Welt" kann dies die folgenden Konsequenzen haben:

1) Elektronisierung geisteswissenschaftlichen Wissens: Fachtexte werden zunehmend und dann tendenziell vollständig unter Einsatz elektronischer Medien produziert, so daß traditionelle Formen der gedruckten Veröffentlichung durch elektronisches Publizieren und Verteilen („electronic publishing" und „document delivery") ergänzt und in manchen Bereichen ersetzt werden. Darüber hinaus werden Formen der Produktion und der Distribution von Wissen entstehen,

---

[19] Vgl. R. Kuhlen, F. Yelim, HYPER-TOPIC – a system for the automatic construction of a hypertext-base with intertextual relations. In: Proceedings Online '89, 12–14 Dec. London. Oxford, Learned Information, 1989, S. 257–264.

[20] Weiter ausgeführt in: R. Kuhlen, Ästhetische Sensibilität, informationelle Phantasie – Einige Anmerkungen zum informationslinguistischen Potential der Geisteswissenschaften, in: R. Kuhlen, Informationslinguistik (Sprache und Information Bd. 15). Niemeyer, Tübingen 1986, S. 217–226.

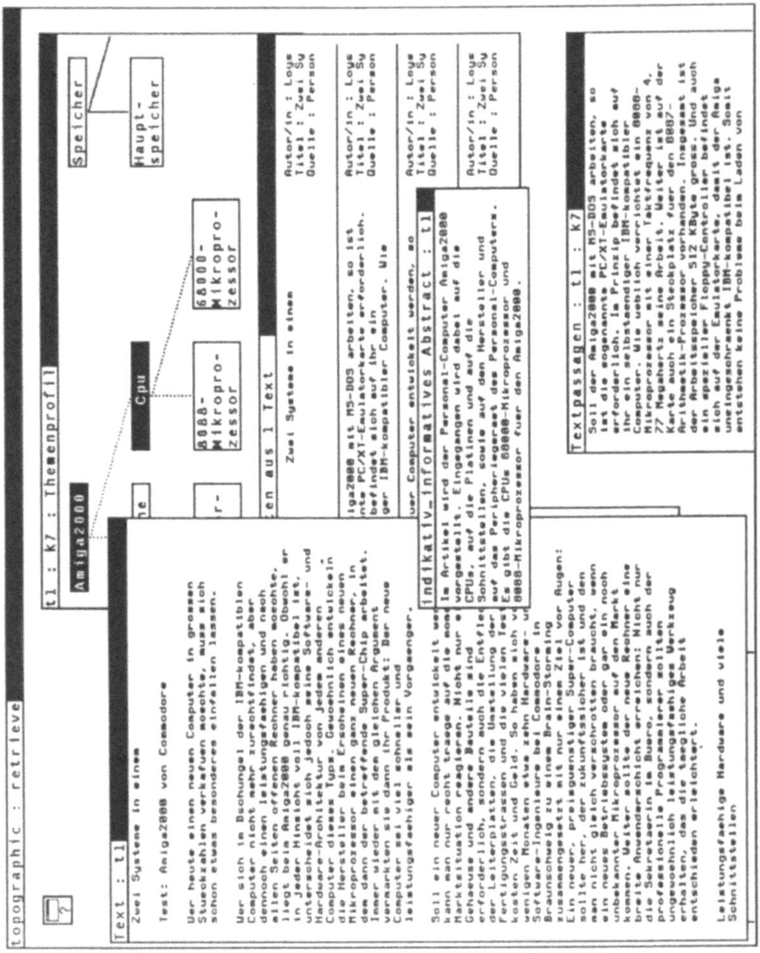

Abb. 9. Beispiel für Ausgabeleistungen von TWRM-Topographic

die wir oben mit dem Hinweis auf Hypertext angedeutet haben. Hierfür werden weniger Techniker als kommunikativ und ästhetisch sensible Personen benötigt.

2) *Neue geisteswissenschaftliche Informationsprodukte:* Als Nebeneffekt der Informatisierung geisteswissenschaftlicher Wissenspro-

duktion werden auch in den Geisteswissenschaften vermehrt Referenz- (bibliographische und Referralbanken), Fakten- und Volltextdatenbanken zur Verfügung stehen, durch die die Angebotssituation auf dem jetzigen Informationsmarkt erheblich erweitert werden kann. Die Wissensrepräsentations- und Zugriffstechniken bei bestehenden kommerziellen Informationsprodukten, z. B. in Form der On-line-Banken, sind noch auf einem sehr niedrigen Niveau, so daß für Geisteswissenschaftler ein erheblicher Gestaltungsspielraum besteht. Vermehrt benötigt die Wissensindustrie schon jetzt zur Entwicklung ihrer Produkte, z. B. zur Lösung von sensiblen Problemen der Wissensakquisition und Benutzermodellierung, neben Technikern und Informatikern Personen mit Blick für größere Zusammenhänge, mit unkonventionellen Denk- und Sichtweisen und stellt entsprechend Geisteswissenschaftler, allerdings nur bei entsprechender Zusatzqualifikation, wie z. B. ein Aufbaustudium, ein.

3) Bedarf nach Vermittlung geisteswissenschaftlichen Wissens: Aufgrund einer zu erwartenden verstärkten Nachfrage in der Öffentlichkeit, nicht zuletzt wegen des immer größeren Freizeitanteils der Bevölkerung, werden sich alle Medien in ihren gedruckten und neueren elektronischen Formen intensiver um geisteswissenschaftliches Wissen und seine Vermittlung und Aufbereitung bemühen müssen. Das aktuelle Interesse an Museen bzw. Ausstellungen ist ein Indikator dafür. In allen Medien werden dann Experten gebraucht, die geisteswissenschaftliche Informationen entsprechend der verfügbaren Informationstechnik und -methodik vermitteln und aufbereiten können.

4) Entwicklung eines Marktes für innovative Informationsprodukte: Wie schon unter 3) angedeutet, wird zur Gestaltung von immer mehr Freizeit ein Bedarf nach neuen Informationsprodukten entstehen, die in spielerischer und anspruchsvollerer Weise, als es bei den meisten heutigen, auf Rezeption und Konsum ausgerichteten Informationsprodukten, z. B. der Video- und Computerspielewelt, der Fall ist, auf kreative Bedürfnisse weiter Bevölkerungsschichten eingehen können. Ob sich dieser Bedarf angesichts des breiten Angebots bisheriger Fernseh- und Videokommunikation von selber artikuliert, sei dahin gestellt; wir halten jedoch dafür, daß ein gesamtgesellschaftlich aufklärerisches Interesse daran besteht, rezeptivpassives Verhalten durch aktiv-gestalterisches zu ersetzen. Hier werden die kreativen Begabungen von Geisteswissenschaftlern gebraucht.

Schluß

Wir haben uns nach einem kurzen Überblick über das Aufbaustudium der Konstanzer Informationswissenschaft auf einige Aspekte konzentriert, mit denen gezeigt werden kann, wie wichtig und nützlich das Einlassen der Geisteswissenschaft auf die Informationstechnik sein kann. Dies wohl auch deshalb, weil wir uns nach den Erfahrungen nicht erst der letzten Jahre wohl nicht erlauben können, die Ausgestaltung einer informatisierten Lebenswelt allein den Technikern zu überlassen. Wir haben einige Hinweise darauf gegeben, daß die Potentiale schon der gegenwärtigen Informations- und Kommunikationstechnologien dafür sorgen können, daß Barrieren zwischen Geistes-/Sozial- und Natur-/Ingenieurwissenschaften zumindest niedriger werden. Wenn man sich vergegenwärtigt,[21] daß in etwa 10 Jahren Rechner verfügbar sein werden, die etwa die Größe und Dicke eines DIN-A4-Buches haben, nur wenige Pfund wiegen, über kristallklare Bildschirme verfügen, auf die man schreibend eingeben kann, die eine Speicherkapazität von einigen Gigabytes haben und in der Verarbeitungsgeschwindigkeit etwa 1000mal so schnell sind wie heutige Personalcomputer und dabei nur ca. 500 DM kosten werden, so ist der Schluß wohl erlaubt, daß praktisch jedermann von diesen Rechnern Gebrauch machen wird. Und ebenso ist der Schluß naheliegend, daß die Herausforderung der Nutzung dieser „Universalmaschinen" weniger in der Hardware, der engeren Informationstechnik, liegen wird, sondern in der Informationsmethodik: Welche Systeme auf der Basis welcher Software werden zu entwickeln sein, die einen kreativen und humanen Umgang mit Rechnern erlauben? Dies ist ganz offensichtlich eine gesamtgesellschaftliche Aufgabe.

---

[21] Dieses Hardwareszenario wurde von H. Stoyan auf der Basis einer Arbeit in den Communications of the ACM von 6/88 in einem Vortrag (Konstanz 16. 6. 1989) mit dem Titel „Die kommende Computerrevolution – Computer im Jahre 2000" entworfen.

Gedanken über die Bestgestaltung eines Universitätsstudiums

H. Müller-Merbach

Ein Universitätsstudium sollte weder ausschließlich dem Ziel der Bildung noch ausschließlich dem Zweck der Ausbildung dienen. Beides sollte in inniger Verschmelzung vermittelt werden, etwa unter dem Motto: „Ausbildung ohne Bildung ist leer, Bildung ohne Ausbildung ist blind." Unter dem Schild dieses Mottos seien 4 Thesen zu einer Bestgestaltung des Universitätsstudiums vorgestellt, die insbesondere die Sozial- und Geisteswissenschaften betreffen, teilweise aber auch für die Natur- und Ingenieurwissenschaften anwendbar sind.

These 1: Ein Studium sollte auf technisch geschicktes Handeln, auf pragmatisch kluges Handeln und auf ethisch weises Handeln vorbereiten. Diese Dreiteilung geht auf Kant zurück.

These 2: Technischer Fortschritt, wirtschaftliches Wachstum und gesellschaftlicher Wandel stehen in einem ununterbrochenen Wirkungsverbund. Wer Führungsverantwortung in unserer Gesellschaft trägt, sollte mit diesem Wirkungsverbund vertraut sein. Einseitiges technisches, ökonomisches oder sozial- und geisteswissenschaftliches Wissen reicht nicht aus.

These 3: Die Informations- und Kommunikationstechnologien (IKT) spielen für die private und berufliche Lebensbewältigung eine auf lange Sicht noch zunehmende Rolle. Die Beherrschung der IKT wird gelegentlich schon als „vierte Kulturtechnik" bezeichnet, worin die grundlegende Bedeutung der IKT für geistige Betätigung zum Ausdruck kommt. Die IKT sollten daher in jedes Universitätsstudium integriert werden.

These 4: Die Sozial- und Geisteswissenschaftler sollten sich nicht darauf beschränken, durch Technologiefolgenabschätzung im zeitlichen Nachlaufen bestehende Technik auf die sozialen Auswirkungen hin (passiv) zu bewerten, sondern sehr viel stärker die Entwicklung von Mensch-Maschine-Systemen (aktiv) mitgestalten. Das wird am Beispiel der künstlichen Intelligenz veranschaulicht, wobei für die Entwicklung von intelligenten Mensch-Maschine-Tandems plädiert wird.

Eine Vorbemerkung über die Position des Autors. Er ist Diplom-Wirtschaftsingenieur (Studium an der TH Darmstadt von 1955–1961) und hat durch dieses aus Natur- und Ingenieurwissenschaften sowie aus Wirtschafts- und Sozialwissenschaften kombinierte Studium einen Einblick in die beiden akademischen „Kulturen" (vgl. Snow 1964) erhalten. Nach seiner ersten Professur in Mainz (1967 bis 1971) bildet er seit 1972 selbst wieder Diplom-Wirtschaftsingenieure aus, und zwar an der TH Darmstadt (1972–1983) und seit 1983 an der Universität Kaiserslautern. Er gibt für den Verband Deutscher Wirtschaftsingenieure e. V. (VWI) die Zeitschrift *technologie & management* (vormals: *Der Technologie-Manager*) heraus, in der er seine Vorstellungen über ein interdisziplinäres Studium mehrfach artikuliert hat. Die obigen Thesen sind dort ausführlicher diskutiert worden.

1. Technische, pragmatische und ethische Studieninhalte

These 1 enthält die Empfehlung, die Studenten durch ein Universitätsstudium auf ein gleichermaßen technisch geschicktes, pragmatisch kluges und ethisch weises Handeln vorzubereiten. Diese Dreiteilung geht auf Immanuel Kant zurück und wurde von Norbert Hinske (1980, S. 86–132) aufgearbeitet und hinsichtlich der Bedeutung für die Gegenwart diskutiert. Kant unterscheidet zwischen 3 Grundformen menschlichen Handelns, die in der aktuellen Praxis zu einer Einheit zusammenfließen, deren idealtypische Trennung jedoch für grundlegende Betrachtungen – auch solche der Gestaltung eines Universitätsstudiums – nützlich ist:

Technisches Handeln bezieht sich bei Kant stets auf Sachen und Maschinen (Hinske 1980, S. 123). Heute würde man das ergänzen um Energie, Kapital, Information. Technisches Handeln erfordere, so Kant, Geschicklichkeit und sei der Gegenstand der Wissenschaften.

Pragmatisches Handeln betrifft bei Kant immer die Menschen als Individuen (und nicht als idealisiertes Objekt der Wissenschaften) und das Zusammenwirken zwischen ihnen. Pragmatisches Handeln bedürfe, so Kant, der Klugheit und sei Gegenstand der Klugheitslehre als Teil der praktischen Philosophie.

Ethisches (oder moralisches) Handeln zielt bei Kant auf die sittlichen Normen, auf die Werte dieser Welt. Es ist dem technischen und pragmatischen Handeln gewissermaßen übergeordnet. Ethisches Handeln verlange, so Kant, nach Weisheit und sei Gegenstand der Sittenlehre als Teil der praktischen Philosophie.

1.1 Einseitiges Universitätsstudium

An den Universitäten wird v. a. Wissenschaft betrieben, und die Mehrheit der Studenten wird fast ausschließlich auf Geschicklichkeit im technischen Handeln vorbereitet. Das gilt nicht nur für die Natur- und Ingenieurwissenschaften, sondern auch weitestgehend für die Sozial- und Geisteswissenschaften, Wirtschafts- und Rechtswissenschaften eingeschlossen.

So wird der Mensch in den Wirtschaftswissenschaften folgerichtig zum Homo oeconomicus idealisiert, also zu einem maschinenähnlichen Menschen, der sein Handeln nur nach ökonomischer Vorteilhaftigkeit einrichtet. Dieser Mensch als Objekt der Wissenschaft wird damit berechenbar, er wird quasi zu einem Mechanismus als Gegenstand geschickten technischen Handelns. Ähnliche Idealisierungen des Menschen – im Sinne von Versachlichung – gibt es in praktisch allen Sozialwissenschaften und den auf Menschen bezogenen Geisteswissenschaften. Das ist auch sinnvoll, denn ohne Entindividualisierung der Menschen von ihren Fähigkeiten, Neigungen und Zielen ließen sich keine allgemeinen fundierten Aussagen erarbeiten, die die Basis für *geschicktes technisches Handeln* sind.

Gleichwohl wird damit auch eine Lücke der Wissenschaften und des Universitätsstudiums offenkundig. In den Wissenschaften befaßt man sich nicht mit dem einzelnen Menschen als Individuum, der gleichzeitig Partner anderer Menschen ist und mit diesen kooperiert. *Kluges pragmatisches Handeln* wird durch das Universitätsstudium kaum explizit vermittelt. Es ist nach Kant (Hinske 1980, S. 90) die Aufgabe der „Lehre der Klugheit, Menschen zu meinen Ansichten zu gebrauchen. Z. E. ein Uhrmacher, der das letzte nicht kann, grob, aber sonst im Technischen geschickt ist, kann wenig Erwerb haben. Menschen und Maschinen zu regieren, dazu gehört eine sehr verschiedene Art der Kunst." Es geht beim pragmatischen Handeln darum, Menschen zu verstehen und mit ihnen umzugehen: sie zu überzeugen, sie zu begeistern und zu motivieren, sie herauszufordern oder zu besänftigen, sie anzutreiben oder zu bremsen, sie zu Aktionen zu veranlassen oder zu deren Unterlassung. Auch die Anleitung zum *ethisch weisen Handeln* fehlt weitgehend im Universitätsstudium. Solche Anleitung entspringt weniger einer Vorlesung über Ethik oder Ethikgeschichte; vielmehr ist ethisch weises Handeln die Konsequenz einer spezifischen Sensibilität, einer wertbezogenen Reflexion, eines Verantwortungsbewußtseins. Insofern ist Ethik kein Gegenstand der Wissenschaften – und kann es auch nicht sein, jedenfalls beim Wissenschaftsverständnis Kants. Es geht in der Ethik nicht wie in der Wissenschaft um die Suche nach Wahrheit, sondern um die Frage von Gut und Böse.

1.2 Die Imperative Kants

Ethisch weises Handeln steht bei Kant hierarchisch über dem geschickten technischen und dem klugen pragmatischen Handeln. Das kommt auch in seiner Hierarchie der Imperative zum Ausdruck. Technisches und pragmatisches Handeln unterliegen bei ihm einem hypothetischen Imperativ, das ethische Handeln jedoch dem kategorischen Imperativ. Kant (vgl. Hinske 1980, S. 111): „Wenn ... die Handlung bloß wozu anderes, als Mittel, gut sein würde, so ist der Imperativ hypothetisch; wird sie als an sich gut vorgestellt, mithin als notwendig in einem an sich der Vernunft gemäßen Willen, als Prinzip desselben, so ist er kategorisch." Ferner: „Der hypothetische Imperativ sagt also nur, daß die Handlung in irgend einer möglichen oder wirklichen Absicht gut sei." Der hypothetische Imperativ orientiert sich an einem außerhalb der eigenen Aktion liegenden Ziel, einer übergeordneten Absicht, einem als vorgegeben angenommenen Zweck. Eine solche Absicherung an einem außerhalb der eigenen Aktion liegenden Ziel gibt es nicht für den kategorischen Imperativ, etwa in der wohl bekanntesten Kantischen Formulierung: „Handle so, daß die Maxime deines Willens jederzeit zugleich als Prinzip einer allgemeinen Gesetzgebung gelten könne."

1.3 Konsequenzen für das Universitätsstudium

Ist es vernünftig, ein Universitätsstudium überwiegend, wie es heute der Fall ist, an einem hypothetischen Imperativ auszurichten, die Studenten also nur zu geschicktem technischen Handeln als Mittel zu beliebigen Zwecken anzuleiten, sich auf Wissenschaft als Vermittler technischer Geschicklichkeit zu beschränken und damit nur die instrumentelle Vernunft zu fördern? Der Autor hat dazu eine eindeutige Meinung bekundet, zumindest für Betriebswirtschaftslehre und „Operations Research" als seine Fachgebiete (vgl. Müller-Merbach 1979, 1987b, 1988a, 1988b, 1989a, 1989b). Er schlägt für die Betriebswirtschaftslehre eine Dreiteilung der Ausbildung vor, und zwar in die

Wissenschaft von der Unternehmung als Anleitung zu betriebswirtschaftlicher technischer Geschicklichkeit,

Führungslehre als Anleitung zu betriebswirtschaftlicher pragmatischer Klugheit im Sinne der Fähigkeit, in der Unternehmung Menschen zu führen und mit ihnen und mit Menschen außerhalb der eigenen Unternehmung zu kooperieren, und

Ethik ökonomischen Verhaltens als Anleitung zu betriebswirtschaftlicher ethischer Weisheit mit dem Ziel empfundenen Verantwortungsbewußtseins bei allen Aktionen.

Der Autor begründet diese Dreiteilung einer betriebswirtschaftlichen Ausbildung wie folgt (Müller-Merbach 1988a, S. 322):

> Sicher benötigen wir geschickte Kaufleute, die ihr Handwerk verstehen. Um technisch richtig handeln zu können, benötigen sie Fachwissen. Also besteht Bedarf an Wissenschaft von der Unternehmung.
> Sollten diese Führungspersonen nicht auch klug sein, klug im Sinne von Kants pragmatischem Handeln? Sie sollen Menschen führen können und müssen dazu Menschen verstehen. Daraus entsteht Bedarf an einer betriebswirtschaftlichen Führungslehre.
> Sollten Führungskräfte nicht auch etwas Weisheit besitzen, um in Kants Terminologie moralisch anständig zu handeln. Sollten wir ihnen an den Universitäten daher nicht auch Verantwortungsbewußtsein zu vermitteln versuchen? Das ist die Domäne der Ethik ökonomischen Verhaltens.

Diese Dreiteilung läßt sich durch sämtliche Ausbildungsgänge hindurchdeklinieren, und zwar durch alle Studiengänge der Universitäten und durch sämtliche anderen Ebenen der Ausbildung. Sollten neben das technische Wissen nicht auch pragmatische Befähigung und ethisches Bewußtsein als Ausbildungsziele treten?

1.4 Ergänzung um Methodik

In Anlehnung an Kants Dreiteilung des Handelns wurde hier eine Dreiteilung der Ausbildung vorgeschlagen. Sie sei im folgenden um eine 4. Dimension der Ausbildung erweitert, die kein Pendant auf der Ebene des Handelns hat, nämlich: Methodik.

Unter Methodik seien alle grundlegenden Mittel der Informationsverarbeitung und Kommunikation zusammengefaßt:

- beginnend mit den 3 klassischen Kulturtechniken „Sprechen, Rechnen, Schreiben" (vgl. dazu insbesondere Zimmerli 1989),
- ausgedehnt in Richtung auf den heutigen Stand ihrer Entwicklung (Professionalität z. B. in Rhetorik und Dialektik, in Mathematik, in Textgestaltung),
- erweitert um die Beherrschung der Informations- und Kommunikationstechnologien (IKT) als 4. Kulturtechnik (vgl. Abschnitt 3),
- ergänzt um Wissenschaftstheorie, als Orientierungsrahmen wissenschaftlicher und praktischer Betätigung anknüpfend an Grundfragen vom Typ: „Was kann der Mensch überhaupt von dieser Welt wissen, wie kann er dieses Wissen erzeugen und wie kann er es nutzen?"

1.5 Das Trapez fachlicher Kompetenz

Die 4 Dimensionen der Ausbildung lassen sich in einem Trapez fachlicher Kompetenz (Abb. 1) zusammenfassend darstellen. Es enthält als Komponenten die eng miteinander verbundenen Dimensionen des methodischen Könnens, des technischen Wissens, der pragmatischen Befähigung und des ethischen Bewußtseins.

Das Trapez fachlicher Kompetenz sei als Bewertungsschema für universitäre Studiengänge zur Diskussion gestellt. Jede der 4 Dimensionen sollte in einem Studiengang repräsentiert sein, wenn auch nicht notwendigerweise mit gleichem Gewicht.

2. Der Wirkungsverbund von technischem Fortschritt, wirtschaftlichem Wachstum und gesellschaftlichem Wandel

These 1 (Abschnitt 1) läßt sich mit der These 2 in vielfältiger Weise durchweben. These 2 richtet sich auf den Wirkungsverbund von technischem Fortschritt, wirtschaftlichem Wachstum und gesellschaftlichem

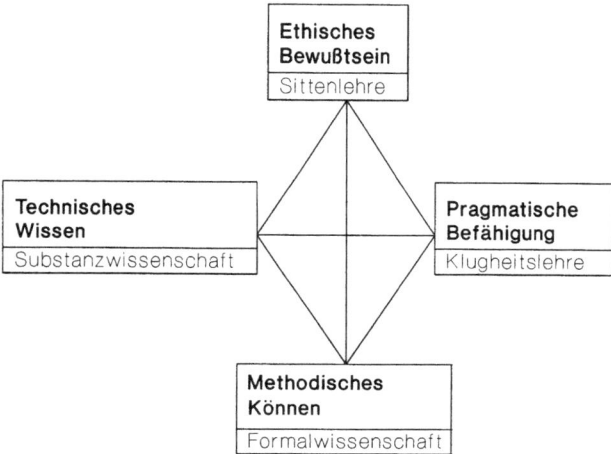

Abb. 1. Trapez fachlicher Kompetenz („diamond of competence", vgl. Müller-Merbach 1989b)

Wandel. Vertrautheit mit diesem Wirkungsverbund sei eine Voraussetzung für Führungsverantwortung in unserer Gesellschaft, lautet These 2. Einseitiges technisches, ökonomisches oder sozial- und geisteswissenschaftliches Wissen reiche nicht aus.

Die Verknüpfung von These 1 und These 2 läßt sich an dem Trapez fachlicher Kompetenz (Abb. 1) erläutern. Das Trapez ist auf jede wissenschaftliche Disziplin zu beziehen. Für jede lassen sich ein charakteristisches technisches Wissen umreißen und das erforderliche methodische Können festlegen; jede erfordert – im praktischen Betrieb – eine spezifische pragmatische Befähigung, und für jede mag sich ein spezifisches ethisches Bewußtsein formulieren lassen.

Man könnte daher für jede Disziplin ein eigenes Trapez fachlicher Kompetenz zeichnen, mit fachspezifischem Stoff füllen und isoliert neben die anderen stellen: Mathematik, Physik, Chemie, Biologie, Medizin, Psychologie, Soziologie, Wirtschaftswissenschaften, Recht, Geschichte, Sprachen, Informatik, Ingenieurwissenschaften etc.

Solche Isolierung ist die gegenwärtig gängige Praxis des Universitätsstudiums. Zwar gibt es Ausbildungsüberlappungen zwischen „Nachbardisziplinen", aber kaum Überlappungen auf der Basis des Wirkungsverbundes von technischem Fortschritt, wirtschaftlichem Wachstum und gesellschaftlichem Wandel. Der Chemiker erfährt im Studium nichts von der wirtschaftlichen Bedeutung der Chemie und von der strukturellen Einbettung der chemischen Industrie in die Volkswirtschaft, auch nichts über den vielfältigen gesellschaftlichen Wandel durch Pharmazie, Farben/Lacke, Kunstdünger, Kunstfasern, Kunststoffe etc. Dem Ökonomen wird dagegen kein Verständnis für die technischen Entwicklungsprozese hinter den Wachstumsschüben der Wirtschaft vermittelt, auch keine Einsicht in die gesellschaftlichen Bedingungen und Folgen wirtschaftlichen Wachstums. Der Elektroingenieur erhält weder einen Einblick in die durch Informations- und Kommunikationstechnologien induzierten betriebswirtschaftlichen und volkswirtschaftlichen Wachstumsprozesse noch in die durch sie bewirkten Wandlungsprozesse der Gesellschaft. Dem Soziologen wird weder ein fundierter Einblick in die ingeniösen Gestaltungsleistungen vermittelt noch ein Wissen um die Bedingungen und Voraussetzungen wirtschaftlichen Wachstums. Ganz allein gelassen in der unteren Ecke des Trapezes fachlicher Kompetenz sind die Mathematiker; ihnen wird fast ausschließlich methodisches Können vermittelt.

Diese Isolation der Fächer ist einerseits vielfach beklagt und mit der Forderung nach interdisziplinärer Ausbildung konfrontiert worden, wird aber andererseits vielfach als normal oder gar wünschenswert empfunden.

Die isolierende Trennung der Fächer ist nicht als „normal" hinzunehmen, sie ist auch nicht natürlich, sondern sie ist historisch gewachsen, und man hat sich daran gewöhnt. Ackoff (1973, S. 667) betont, daß „disciplines ... are nothing more than filing categories. Nature is not organized the way our knowledge of it is. Furthermore, the body of scientific knowledge can be ... organized in different ways. No one way has ontological priority."

Vorschläge zum Wandel in Richtung auf eine Interdisziplinarität sind vielfach ausgesprochen worden, so die von der Landesregierung Rheinland-Pfalz eingesetzte Expertenkommission „Wettbewerbsfähigkeit und Beschäftigung" (1985, S. 107): „Es wird empfohlen, ... natur- und ingenieurwissenschaftliche Studiengänge einerseits sowie wirtschafts- und sozialwissenschaftliche Studiengänge andererseits durch einen Mindestanteil der Fächer aus dem jeweils anderen Bereich zu ergänzen." Diese „kompensatorische Erweiterung" fördert ein „Denken in fachübergreifenden Zusammenhängen", „trägt der Anforderung nach größerer Ausbildungsbreite Rechnung und zielt auf den ‚Generalisten'" (S. 108).

Die kompensatorische Erweiterung sollte zur Überwindung des Fundamentalgrabens zwischen den „two cultures" (Snow 1964), nämlich zwischen den Natur- und Ingenieurwissenschaften einerseits und zwischen

den Wirtschafts-, Sozial- und Geisteswissenschaften andererseits, beitragen. Jeder Student sollte dadurch zumindest ein bißchen zum Generalisten ausgebildet werden.
An der Idee des Generalisten orientiert sich insbesondere das Wirtschaftsingenieurstudium (vgl. Müller-Merbach 1986a und 1989d, S. 33ff.), das inzwischen an 10 Universitäten als Simultanstudiengang angeboten wird. Dieser Studiengang ist jeweils zur Hälfte zusammengesetzt aus den Natur- und Ingenieurwissenschaften sowie aus den Wirtschafts- und Sozialwissenschaften.
Neben den Wirtschaftsingenieuren als 50:50-Generalisten muß es Spezialisten geben; doch besteht ein grundlegender Unterschied zwischen einem 100:0- oder 0:100-Spezialisten und einem 90:10- bzw. 10:90-Spezialisten, die man mit gutem Recht auch als 90:10- bzw. 10:90-Generalisten bezeichnen kann.
Die 90:10-Erweiterung in Zahlen ausgedrückt: Ein Studium im Umfang von 160 SWS enthielte 16 SWS an Fächern jenseits des Fundamentalgrabens. Ein Student der Chemie würde 16 SWS wirtschafts-, sozial- und geisteswissenschaftliche Lehrveranstaltungen hören, ein Student der Soziologie 16 SWS Natur- und Ingenieurwissenschaften. Eine gute Basis für ein gegenseitiges Verständnis könnte dadurch geschaffen werden.

2.1 Ignoranz vs. Arroganz

Diese Basis für das gegenseitige Verständnis ist noch bei weitem nicht allgemein vorhanden. Neigt man nicht dazu, sich gegenseitig zu verachten und lächerlich zu machen, auch in den Universitäten? Das gilt insbesondere bezüglich des genannten Fundamentalgrabens der Wissenschaften (vgl. Müller-Merbach 1986b, S. 3).
Der Fundamentalgraben ist der Scheitel eines vielfältig verzweigten Grabensystems. So schildert Heisenberg (1969/1988, S. 25f.) eindrucksvoll, wie er bei dem reinen Mathematiker Lindemann auf Ablehnung stieß, nur weil er mit Begeisterung von dem Buch *Raum–Zeit–Materie* von Hermann Weyl, einer mathematischen Behandlung von Einsteins Relativitätstheorie, berichtete. Lindemann beendete das Gespräch mit: „Dann sind Sie für die Mathematik sowieso schon verdorben."
In dem Grabensystem ist der Fundamentalgraben besonders tief und breit. Werden die Natur- und Ingenieurwissenschaftler nicht von den Sozial- und Geisteswissenschaften als ignorant empfunden, weil sie

zum technischen Fortschritt beitragen, vermeintlich ohne über die Folgen zu reflektieren? Und werden die Sozial- und Geisteswissenschaftler nicht von den Natur- und Ingenieurwissenschaftlern als arrogant empfunden, weil sie über Folgen der Technik reflektieren, ohne die Technik zu verstehen (vgl. Müller-Merbach 1985b)?
In einer ironsichen Anleitung zur Position eines Projektleiters macht Lynn (1956, S. 485) Vorschläge über die Zusammensetzung eines Projektteams, für welches er Ökonomen, Sozialwissenschaftler, Mathematiker, Physiker und weitere Spezialisten empfiehlt. Im Anschluß an seine Gedanken über den Mathematiker schreibt er über den Physiker: „Don't forget a physicist. Physics is a very proper and popular science. Physicists also know about equations. Some of them know equations the mathematicians don't know, so you are providing yourself with added protection. You will find a physicist indispensable when you have conferences, for it is typical of their breed that they will debate vigorously on any subject." Über den Sozialwissenschaftler heißt es: „Then, you need a social scientist. Having a social scientist on your team will add a certain amount of prestige. He will be indispensable when it comes to writing the report. One good social scientist can contribute a hundred pages to your report without even knowing what the problem is."
Häufig wird das Denken der anderen Kultur auch als uninteressant abgetan. Beispielsweise schreibt Sebastian Haffner (1982, S. 193), der Historiker und Journalist, über das Buch *Zufall und Notwendigkeit,* in dem Jacques Monod die neue Molekularbiologie und Genetik darstellt, in entwaffnender Offenheit: „Anscheinend weiß man jetzt, wie das zugeht, daß die verschiedenen Lebewesen sich immer gleichbleiben und sich doch nicht immer gleichbleiben, ... Irgendwie muß das alles ja funktionieren, und ob nun gerade auf diese oder eine andere Art, kann uns im Grunde genommen egal sein." Und (S. 197): „Die Wissenschaft hat mich nie interessiert." Die Freude am eigenen Desinteresse verblüfft. Kann es uns im Zeitalter der bevorstehenden Gentechnologie egal sein, wie die Genmanipulation funktioniert, nach dem Tschernobyl-Unfall egal sein, wie sich Reaktorsicherheit realisieren läßt, nach dem Börsenkrach am 19. Oktober 1987 egal sein, wie sich elektronische Expertensysteme verhalten, die über ihre Kompetenzgrenzen hinaus eingesetzt werden? Es gehört viel Mut dazu, sich zu derartiger Gleichgültigkeit zu bekennen.

2.2 Geteiltes Wissen

Eine prägnante metaphorische Beschreibung des Fundamentalgrabens stammt von Kurt Kusenberg. In seiner Kurzgeschichte „Geteiltes Wissen" (Kusenberg 1954, abgedruckt bei Müller-Merbach 1986b, S. 2) beschreibt er einen Vater, der seine Zwillingssöhne Peter und Paul mit Hilfe eines Lexikons ausbildet, wobei Peter alles von A–L, Paul alles von K–Z zu lernen hatte. Der gemeinsame Wissensbereich beschränkte sich allein auf K und L. Kusenberg: „Einzeln genommen blieb ihr Wissen freilich Stückwerk; doch ergänzten sie einander auf das glücklichste." Doch: „Es wäre den Zwillingen ein leichtes gewesen, ihr besonderes Wissen durch Übergriffe zu vermehren, indem sie Bekannte oder gar Bücher befragten. Sie taten es jedoch nicht, weil ein angeborener Stolz ihnen Fragen aus Unkenntnis verbot und weil sie neben dem Lexikon keine anderen Bücher gelten ließen." Ferner: „Mit einem Wort: unsere Zwillinge waren Hälften, die keinerlei Aussicht hatten, sich jeweils zu runden. Da aber alle Wesen bestrebt sind, auf ihre Art ein Ganzes zu bilden, kam es dahin, daß jeder von ihnen sein Wissen für erschöpfend und – wider besseres Wissen – das des anderen für reines Blendwerk hielt." Kusenberg erwähnt die Universitäten mit keinem Wort, und es ist nicht bekannt, ob er sie gemeint hat. Jedenfalls liest sich die Kurzgeschichte wie eine liebevoll pointierte Glossierung des Fundamentalgrabens.

2.3 Die interdisziplinäre Öffnung

Man kann die Trennung der Disziplinen, das Grabensystem zwischen ihnen, das Übereinanderwitzeln hinnehmen und als unveränderbar abtun. Man kann aber auch an die Möglichkeit eines Wandels glauben und aktive Schritte in Richtung auf ein interdisziplinäres Verständnis einschlagen. Zu letzterem sei ein Weg angedeutet, den der Autor mit seinen Studenten eingeschlagen hat. Er geht über 3 Stufen.
Auf der 1. Stufe werden Bilder aus dem Kinderbuch *So sieht's aus* (Webber 1980) gezeigt. Die Geschichte handelt von 4 Mäusen, die in einer Scheune leben, und zwar eine vorne, eine hinten, eine oben, eine an der Seite. Jede Maus hat durch ihr Mauseloch einen Blick auf die Kühe, Esel und Schweine in der Scheune, die eine nur von vorn, die andere nur von hinten, die 3. nur von oben und die 4. nur von der Seite. So bauen sie sich ihr Image von den Tieren. Als sich die Mäuse

auf der Flucht vor einer Katze gemeinsam in einem Lagerraum zusammenfinden, beginnen sie mit Mehl auf Dachpappe die ihnen bekannten Tiere zu zeichnen und geraten in großen Streit darüber, wie ein Muh-Tier, wie ein Jah-Tier und wie ein Oink-oink-Tier aussieht. Jede malt es aus ihrer gewohnten Sichtweise.

Erst als sie gemeinsam vor dem Fenster die Katze von vorn, von hinten, von oben und von der Seite sehen können, kommt ihnen die Einsicht, daß auch die anderen Tiere verschiedene Ansichten haben: „Alle Mäuse lachten und lachten, weil sie auf diese Weise herausgefunden hatten, daß dieselbe Sache ganz verschieden aussehen kann – je nachdem, von welchem Standpunkt aus man sie betrachtet" (Webber 1980, S. 59 und 61).

Nur äußerlich ist es eine Geschichte für Kinder. Sie gehört auf den Schreibtisch eines jeden, der seine eigene Ansicht unreflektiert über andere Ansichten stellt. Beispielsweise betonte der Soziologe Francis, München, in seinen Vorlesungen wiederholt, der Soziologe sehe mehr. Falsch: Er sieht etwas anderes.

Auf der 2. Stufe zur Vorbereitung interdisziplinärer Toleranz seiner Studenten knüpft der Autor an Platons Höhlengleichnis an. Die Höhle wird ersetzt durch ein Haus mit vielen Räumen und Fenstern. Jeder Raum repräsentiert eine wissenschaftliche Disziplin. In Abwandlung von Platon wird der Weg eines jeden Menschen beschrieben, der durch seine Ausbildung in einen bestimmten Raum geführt und dort an ein für ihn allein bestimmtes Fenster gefesselt wird, so daß er nur aus diesem Fenster in die Welt sehen kann (vgl. Müller-Merbach 1984, 1989d, 1989e). Die Soziologen auf der einen Seite des Hauses sehen etwas anderes als die Chemiker auf der anderen Seite, die Mediziner wieder etwas anderes, die Informatiker noch etwas anderes etc. Wie sollen sie sich verständigen? Müssen sich nicht einzelne, die die Kraft dazu besitzen, aus ihren Fesseln lösen, um nach intensiver Beobachtung der Welt durch viele verschiedene Fenster zum Vermittler zwischen den Gefesselten zu werden? Damit ist die eingangs zum Abschnitt 2 besprochene kompensatorische Erweiterung gemeint.

Die 3. Stufe auf dem Weg zum interdisziplinären Verständnis geht über verschiedene Textstellen von Philosophen und Schriftstellern, etwa Lessings *Nathan der Weise,* beispielsweise auch Herrmann Hesse. Das neu herausgegebene Hesse-Lesebuch *Die Einheit hinter den Gegensätzen* (Hesse 1986) ist ein durchgehendes Bekenntnis zu Gemeinsamkeiten zwischen unterschiedlichen Sichtweisen, beispielsweise: „Der Inder sagt Atman, der Chinese sagt Tao, der Christ sagt Gnade" (S. 179). Oder: „Daraus soll niemand schließen, Christentum

und Taoismus, platonische Philosophie und Buddhismus seien nun zu vereinen, oder es würde aus einem Zusammengießen aller durch Zeiten, Rassen, Klima, Geschichte getrennten Gedankenwelten sich eine Idealphilosophie ergeben. Der Christ sei Christ, der Chinese sei Chinese, und jeder wehre sich für seine Art, zu sein und zu denken" (S. 14). Das gilt auch für das Universitätsstudium: Der Ingenieur sei Ingenieur, der Ökonom sei Ökonom, der Jurist sei Jurist, der Philosoph sei Philosoph, und jeder vertrete seine eigene Sicht und seine eigene Einsicht. Hesse (S. 14f.) fährt fort. „Die Erkenntnis, daß wir alle nur getrennte Teile des ewig Einen sind, sie macht nicht einen Weg, nicht einen Umweg, nicht ein einziges Tun oder Leiden auf der Welt entbehrlich. Die Erkenntnis meiner Determiniertheit macht mich ja auch nicht frei! Wohl aber macht sie mich bescheiden, macht mich duldsam, macht mich gütig; denn sie nötigt mich, die Determiniertheit jedes anderen Wesens ebenfalls zu ahnen, zu achten und gelten zu lassen." Auch den Ingenieur, den Soziologen, den Juristen, den Philosophen etc. sollte die Erkenntnis seiner Determiniertheit bescheiden, duldsam und gütig machen (vgl. Müller-Merbach 1987a).
Auch Kant wird herangezogen mit seiner Betonung der „Unmöglichkeit des totalen Irrtums". Wiederum von Hinske (1980, S. 31–66; vgl. auch Müller-Merbach 1989c) sind zahlreiche diesbezügliche Kant-Zitate gesammelt und im Zusammenhang interpretiert worden. Hinske (S. 66) schließt mit dem Satz, der sich auf das Jubiläumsjahr 1974 zum 250. Geburtstag von Kant bezieht: „Kant feiern bedeutet heute: sich auf seine Idee der allgemeinen Menschenvernunft zurückbesinnen, die immer auch die Vernunft des Andersdenkenden ist", also auch die des Chemikers, des Ökonomen, des Informatikers, des Psychologen etc.
Auch an Mittelstraß wird angeknüpft, u. a. mit der Textstelle: „Universalität, deren wissenschaftsorganisatorische Entsprechung Interdisziplinarität oder (besser) Transdisziplinarität ist, gehört zu den *inneren* Prinzipien der Wissenschaft und der Universität. Sie ist kein äußeres Prinzip, das sich einem Denken in Kapazitäten, Flächenrichtwerten und curricularen Normen beugt. Als inneres Prinzip besagt Universalität Einheit des Wissens, die in der Einheit der Vernunft oder der Rationalität und in der Einheit des forschenden und denkenden Subjekts beruht. Mit dieser aber ist es in der heutigen Universität schlecht bestellt" (Mittelstraß 1988a, S. 137).
Die Absicht dieser Hinführung der Studenten zur Interdisziplinarität ist nicht ein oberflächliches Hinnehmen von Andersdenkenden, sondern ein tiefergehendes inneres Verständnis für beide Seiten des Fundamentalgrabens der Wissenschaften. Beide Seiten unterscheiden sich

nicht nur durch den Realitätsbereich, auf den sich ihre Aussagen beziehen, sondern auch durch die Qualität ihrer Daten, durch die Art ihrer Theorien, durch die Grenzen ihrer Erkenntnis und durch ihre Methodik. Das sollte von jedem Studenten möglichst früh internalisiert werden.

2.4 Interpersonelle und intrapersonale Interdisziplinarität

Der eingangs in Abschnitt 2 erwähnte Wirkungsverbund von technischem Fortschritt, wirtschaftlichem Wachstum und gesellschaftlichem Wandel betrifft die Vergangenheit ebenso wie die zukünftige Entwicklung. Wer die zukünftige Entwicklung verantwortungsvoll gestalten woll, muß diesen Wirkungsverbund im historischen Ablauf verstehen: Das zielt auf eine intrapersonale Interdisziplinarität, auf den Generalisten. Der Generalist ist ein Vermittler zwischen den monodisziplinären Sichtweisen.

Der Generalist muß mit Spezialisten zusammenarbeiten. Dabei ist die Aufabe des Generalisten um so einfacher, je besser die Spezialisten im Sinne der „kompensatorischen Erweiterung" über ihr eigenes Fach hinausblicken. Anspruchsvolle Gestaltungsaufgaben erfordern ein breites Spektrum von engeren und weiteren Spezialisten und von Generalisten. Neben die Erfordernis der *intrapersonalen* interdisziplinären Sicht der Beteiligten tritt die Notwendigkeit der *interpersonellen* interdisziplinären Kooperation.

Beides hängt miteinander zusammen. Eine interpersonelle interdisziplinäre Kooperation wird sich nur entwickeln, wenn ein gegenseitiges Verständnis, eine gegenseitige Achtung und Anerkennung, ein gegenseitiges Interesse durch eine intrapersonale Hinführung zum interdisziplinären Denken vorbereitet ist.

Das gilt für Natur- und Ingenieurwissenschaftler grundsätzlich in gleicher Weise wie für Wirtschafts-, Sozial- und Geisteswissenschaftler. Allerdings hat es gegenwärtig für die Sozial- und Geisteswissenschaftler eine größere aktuelle Bedeutung hinsichtlich ihrer Chancen auf dem Arbeitsmarkt. Natur- und Ingenieurwissenschaftler haben gegenwärtig auch noch ohne die kompensatorische Erweiterung ihres Studiums sehr gute Berufsaussichten. Dagegen sind die Chancen der Sozial- und Geisteswissenschaftler auf dem Arbeitsmarkt gering. Sie könnten vermutlich deutlich verbessert werden, wenn durch kompensatorische Erweiterung des Studiums ein konstruktives Technikverständnis und eine Basis zur Zusammenarbeit mit Naturwissenschaftlern und Ingenieuren vermittelt worden wäre.

3. Integration der Informations- und Kommunikationstechnologien

Das Arbeitsmarktargument, mit dem Abschnitt 2 ausklang, ist auch ein Argument für These 3, die in diesem Abschnitt vertieft wird. Es wird empfohlen, die Informations- und Kommunikationstechnologien (IKT) in jedes Universitätsstudium zu integrieren. Universitätsabsolventen ohne professionelle Beherrschung der IKT haben schon heute deutlich reduzierte Arbeitsmarktchancen. Gleichwohl ist das Arbeitsmarktargument zu schwach, um diese grundlegende Änderung des Universitätsstudiums herbeiführen zu können; es ist nur ein abgeleitetes Argument.

Grundlegend ist vielmehr die Rolle, die die IKT für unsere Kultur spielen. Die Beherrschung der IKT bzw. der Umgang mit Computern wird heute bereits gelegentlich als 4. Kulturtechnik bezeichnet, insbesondere in mehreren Arbeiten von Zimmerli (u. a. Zimmerli 1989), aber auch auf der 4. Umschlagseite des Ende 1988 erschienenen *Informatik-Dudens*. Zimmerli stellt den Umgang mit Computern auf dieselbe Ebene wie die ersten 3 Kulturtechniken: Sprechen, Rechnen, Schreiben.

Insoweit man die Beherrschung der IKT als 4. Kulturtechnik ansieht, steht die Notwendigkeit ihrer Integration in alle Studiengänge außer Zweifel. Das wird in Abschnitt 3.1 vertieft.

Das Vordringen der IKT in das Berufs- und Privatleben bringt allerdings zahlreiche grundlegende Veränderungen des Lebens mit sich, insbesondere der intellektuellen Betätigung. Dieser Veränderungen sollte sich jeder bewußt sein, der die IKT in die Studiengänge integriert. Diese Thematik wird in Abschnitt 3.2 angeschnitten.

Die Empfehlung bzw. Forderung, die IKT in alle Studiengänge zu integrieren, ist keineswegs neu. Gleichwohl stößt sie gelegentlich auf Ablehnung. Ferner hat die Integration erst bei relativ wenigen Studiengängen stattgefunden, zumindest im Pflichtbereich.

Beispielsweise hat sich die bereits in Abschnitt 2 erwähnte Expertenkommission „Wettbewerbsfähigkeit und Beschäftigung" (1985, S. 107) mit diesem Thema beschäftigt: „Es wird empfohlen, zu erwägen, sämtliche Studiengänge um ein Mindestangebot des Faches Informatik bzw. Informations- und Kommunikationstechnologie anzureichern. Dabei sollte langfristig nicht eine Addition, sondern eine fachliche Integration in Richtung auf Anwendungs-Informatiken angestrebt werden."

In dieselbe Richtung gehen die ausführlichen Argumente des Wissenschaftsrates (1989) in dem Abschnitt „Zur Bedeutung der Informatik

für andere Fächer (S. 35–50 und 60–63). Dort heißt es u. a.: „Dabei stellt sich die Frage, ob man es nur mit einem Wandel in den Arbeitstechniken zu tun hat oder ob sich auch traditionelle Formen wissenschaftlichen Arbeitens verändern. Es spricht einiges dafür, in diesem Wandel mehr als ‚bloß technische' Veränderungen zu sehen" (S. 35). Ferner: „In fast allen Fächern besteht derzeit eine verstärkte Nachfrage nach Grundwissen der Informatik ... Der Wissenschaftsrat empfiehlt, in den Fächern, in denen noch kein Informatikangebot besteht, künftig solche Grundkenntnisse zu vermitteln" (S. 60). Und: „In vielen Fächern müssen die Grundkenntnisse der Informatik für fachspezifische Anwendungen weiter vertieft werden" (S. 61).
Im Juli 1989 erschien das *Zukunftskonzept Informationstechnik* des BMFT. Hier wird in Kap. 9 „Bildung als Zukunftsaufgabe" (S. 130–144) ähnlich argumentiert: „In den nächsten Jahren geht es entscheidend darum, die heranwachsende Generation in Schule, Berufsausbildung und Hochschule auf die zunehmende Durchdringung aller Lebensbereiche durch die Informations- und Kommunikationstechniken und die sich daraus ergebenden veränderten Anforderungen an den Einzelnen vorzubereiten" (S. 130). Jedoch wird auch erkannt: „Die angestrebte Einführung einer fächerübergreifenden informationstechnischen Grundausbildung für Studentinnen und Studenten aller Fakultäten befindet sich noch weitgehend im Anfangsstadium" (S. 138). Ferner: „die Integration der Informatik in weitere Fachgebiete (z. B. Medizin, Sprachwissenschaft, Jura) setzt sich auch aufgrund entsprechender Nachfrage auf dem Arbeitsmarkt rasch fort" (S. 138).
Es gibt aber auch Gegenstimmen. Der Wissenschaftssenator von Hamburg, von Münch, hat sich in einer Bürgerschaftssitzung am 10. November 1988 deutlich gegen eine flächendeckende IKT-Integration ausgesprochen: „Mir ist ja klar, wie wichtig Computer heute sind, wie wichtig EDV ist, aber wir können nun unmöglich unsere sämtlichen Ausbildungsgänge zwangsweise mit einer Computerausbildung verbinden. Ich sehe, ehrlich gesagt, auch nicht überall den Sinn. Wenn ein Theologe Theologie studiert, soll er den Psalm oder den Gesang am Sonntag aus dem Computer abrufen? Das bringt doch gar keinen Sinn" (Schmidt et al. 1989, S. 50).
Trotz solcher Gegenpositionen spricht vieles dafür, den IKT eine Schlüsselrolle für die künftige Gestaltung eines jeden Berufs- und Privatlebens vorauszusagen.

3.1 Die 4. Kulturtechnik

Die Frage der zweckmäßigen Integration der IKT in andere Studiengänge folgt aus der Bedeutung, die man den IKT für die künftige Gesellschaft zumißt. Manche mögen die IKT lediglich in der Erfüllung von Hilfsfunktionen sehen: Schnelleres Rechnen, schnellere Informationsübertragung, umfangreichere Informationsspeicherung. Andere sehen den Einfluß grundlegender bis hin zum Rang der 4. Kulturtechnik.

Zimmerli (1989, S. 26f.) versteht unter Kulturtechniken „jene Kunstfertigkeiten ..., die zum sozialen und kulturellen Überleben in einer Kultur unverzichtbar sind." Es sind für ihn die Kunstfertigkeiten „zur kulturellen Kommunikation". Er bezeichnet sie auch als „ubiquitäre Quertechniken".

Als „fundamentalste menschliche Kulturtechnik" bezeichnet er das Sprechen. Er verweist auf die bestehende weitgehende Übereinstimmung, daß die „zwischenmenschliche sprachliche Kommunikation" als Grundlage des menschlichen Zusammenlebens im Sinne von Kultur verstanden wird.

Neben das Sprechen tritt das Rechnen. Es ist für jede Art von Haushaltsführung, Vorratshaltung, Überlebensplanung und viele weitere Aspekte der „Organisation des Gemeinwesens" unerläßlich.

Gesprochenes und Gerechnetes muß dokumentiert werden, um über die mündliche Kommunikation hinaus wirksam zu werden und um Raum und Zeit zu überwinden. Damit kommt das Schreiben als 3. Kulturtechnik hinzu (ausführlicher dargestellt bei Zimmerli 1989, S. 27).

Sprechen, Rechnen und Schreiben haben durch Rhetorik, Mathematik und die Kunst der Textgestaltung etc. vielerlei Verfeinerungen erfahren, wobei technische Innovationen eine unterstützende Wirkung ausgeübt haben. Aber die 3 ersten Kulturtechniken stoßen heute an spürbare Grenzen. Insbesondere wird das Schrifttum als Dokumentation des gesamten objektivierten Wissens immer unzulänglicher und schwieriger zu handhaben. Es ist fast unmöglich geworden, mit herkömmlichen Mitteln des Bibliothekswesens eine hinreichende Übersicht über die wichtigsten Veröffentlichungen der Welt zu spezifischen Fragestellungen zu erhalten; hier beginnen Datenbanken die Lücke zu füllen. Komplizierte und zeitaufwendige Rechnungen, wie sie für moderne Natur- und Ingenieurwissenschaften erforderlich sind, lassen sich auf herkömmliche Weise (also ohne Computer) seit langem nicht mehr durchführen. Auch die Massendatenverarbeitung, die für ökonomische und gesellschaftliche Fragestellungen häufig anfällt, ist nur durch Computer möglich geworden. Parallel dazu sind völlig neue Fragestellungen aufgetreten, an die man früher mangels IKT-Kapazität gar nicht denken konnte, etwa statistische Textanalysen, wie sie beispielsweise Hinske von den Werken der wichtigsten deutschen Aufklärungsphilosophen wie Kant, Lambert und Wolff durchgeführt hat. Es sind neue Möglichkeiten und Gewohnheiten der Informationsverarbeitung entstanden und in die einzelnen Fächer hineindiffundiert, deren Grundsätzlichkeit in ihrem Einfluß auf die Kultur und auf das „soziale und kulturelle Überleben in einer Kultur" (Zimmerli 1989, S. 27) aus der Sicht des einzelnen IKT-Einsatzes oft gar nicht bewußt wird. Erst der Gesamtblick auf die Vielfalt der IKT-Leistungen und IKT-Nutzungen zeigt, daß hier etwas grundlegend Neues im Entstehen begriffen ist.

Um der Informationsmenge der Menschheit Herr zu werden und den Bestand an objektiviertem Wissen über die Welt nutzbar zu machen und um die formalisierbaren Methoden, mit denen sich Information auswerten läßt, wirksam nutzen zu können, bedarf es der maschinellen Unterstützung von Informationsverarbeitung in jeder wissenschaftlichen Disziplin und in ihren vielfältigen Dimensionen. Die IKT dienen dabei dreierlei Teilaufgaben,

- der Informationsspeicherung als zeitlicher Informationsverarbeitung,
- der Informationsübertragung als räumlicher Informationsverarbeitung und
- der Informationsumwandlung als inhaltlicher Informationsverarbeitung.

Die Informationsspeicherung und Informationsübertragungen waren schon durch die 3. Kulturtechnik, das Schreiben, gewährleistet, sind aber durch die IKT in ihrer Effizienz um Größenordnungen gesteigert worden. Neu gegenüber dem Schreiben ist hingegen die 3. Dimension, die Informationsumwandlung als inhaltliche Informationsverarbeitung. Die Informationsumwandlung betrifft nicht nur das Rechnen mit Zahlen, sondern auch die Verarbeitung von Text, das Suchen in Texten, das Auswerten von Texten, die Umwandlung von Zahlen in Bilder (Statistikgraphiken, Konstruktionszeichnungen, räumliche Abbildung von Gegenständen etc.), die Bewertung von komplexen Situationen nach umfangreichen Regelwerken (die sog. „künstliche Intelligenz" etc.).

All dieses läßt die Einschätzung der Beherrschung der IKT als 4. Kulturtechnik gerechtfertigt erscheinen. Zimmerli ist allerdings vorsichtig (1989, S. 28):

> Ob der Umgang mit dem Computerbereich bereits jetzt alle Bedingungen einer Kulturtechnik erfüllt, ist umstritten ... Es muß gezeigt werden können, inwiefern die Verwendung des Computers eine Veränderung der Denkform zur Folge hat. Zwar ist argumentationstheoretisch damit noch nicht die Wahrheit der These von Computerumgang als der vierten Kulturtechnik erwiesen, aber es ist damit zumindest ein Falsifikationsversuch erfolgreich abgewehrt.

Man wird es heute nicht beweisen können, und es wird eine Interpretationsfrage bleiben. Jedenfalls scheint das Lager derer, die den IKT eine solche Bedeutung zumessen, rasch zu wachsen.

Erinnert sei an den Satz von Kant (1786, S. VIII), „daß in jeder besonderen Naturlehre nur so viel eigentliche Wissenschaft angetroffen werden könne, als darin Mathematik anzutreffen ist."

Dieser Satz läßt sich für die IKT abwandeln (Müller-Merbach 1985a, S. 4): „Jede einzelne Anwendungswissenschaft wird nur eine solche Leistungsfähigkeit erreichen können, als in ihr Informatik anzutreffen ist." Sowohl der Forschungsbereich als auch der Anwendungsbereich einer jeden Wissenschaft, so lautet die dort vertretene These, werde zunehmend von den IKT abhängig werden, und eine jede Wissenschaft werde ohne Einbeziehung der IKT in Ineffektivität versinken und bedeutungslos werden.

3.2 Wissen und Information

Mit der Rolle der Beherrschung der IKT als 4. Kulturtechnik und mit dem Eindringen der IKT in die Forschung und in die Anwendung einer jeden Wissenschaft wird sich ein grundlegender Wandel jeglicher intellektueller Arbeit vollziehen. Diesen Wandel mag der eine als Bedrohung sehen, der andere als Chance; es kommt auf die Einstellung an. Jedenfalls sollte dieser Wandel vorgedacht werden, und die Ergebnisse des Vordenkens sollten in die Studiengänge einfließen.

Dieses Vordenken steht im Gegensatz zum Hinterherdenken, wie es für viele Studien der Technologiefolgenabschätzung charakteristisch ist. Es sollte aktiv-gestaltend sein, sich aber nicht lediglich mit der passiv-bewertenden Rolle begnügen.

Es gibt zahlreiche Beiträge zu derartigem Vordenken. Beispielsweise weist Mittelstraß (1988b, S. 198) auf die zunehmende epistemische Unselbständigkeit hin:

Wissen und Information treten auseinander. Die moderne Welt gefällt sich in dem Gedanken, eine Informationswelt zu sein. Auch das macht Probleme. Diese rühren daher, daß Information zwar auf Wissen beruht, sie sich immer konsequenter aber auch an die Stelle des Wissens setzt. Wir durchschauen immer weniger, was uns in Form von Informationen zur Verfügung steht. Information, vom Wissen getrennt, das sie schafft, bedeutet daher auch epistemische Unselbständigkeit – im Gegensatz zum Wissen selbst, das insofern Ausdruck epistemischer Selbständigkeit ist. In dem Maße aber, in dem die Abhängigkeiten gegenüber Informationen wachsen und das eigene, selbst erworbene und selbst beherrschte Wissen abnimmt, wächst wiederum die Undurchsichtigkeit derjenigen wissenschaftlich-technischen Verhältnisse, in denen der moderne Mensch lebt. Werden wir alle zu Informationsriesen – und Wissenszwergen? Vieles spricht dafür.

Dieser Wandel in Richtung auf Informationsriesen und Wissenszwergen ist fundamental und wird das private Leben, das gesamte Berufsleben, die Struktur und Inhalte der Wissenschaften sowie insbesondere sämtliche Ausbildungswege grundlegend verändern.

- Soll man gegensteuern und die Ausbildung von Wissenszwergen nicht zulassen, gleichzeitig auf die Informationsriesen verzichten? Es wäre wohl ein aussichtsloses Unterfangen. Bilderstürmer, fröhliche Urständ feiernd.
- Soll man diese Entwicklung als nicht beeinflußbar hinnehmen und der Dinge harren, die da kommen mögen? Rückzug in verantwortungslose Passivität.
- Soll man die Tendenz zum Informationsriesen und zum Wissenszwerg positiv akzeptieren und die Entwicklung mitgestaltend zum Nutzen der Gesellschaft fördern? Der aktive Reformer mit aufgekrempelten Ärmeln.

Insbesondere der 3. Weg setzt ein tiefes Vordenken voraus, und zwar wiederum in interdisziplinärer Kooperation.
Solchem Vorausdenken dient u. a. die alljährliche „Honeywell Futurist Competition", in der Studenten die Welt in 25 Jahren beschreiben sollen. Einige preisgekrönte Arbeiten wurden in *technologie & management* veröffentlicht, u. a. der Blick auf den programmierten Tagesablauf einer Einzelperson durch Holmgeirsson (1989). Werden wir alle (nicht nur zu Informationsriesen, sondern auch) zu *Technikriesen,* die fast unbegrenzten Zugriff zu neuen Techniken haben, aber gleichzeitig (nicht nur zu Wissenszwergen, sondern auch) zu *Willenszwergen,* die weitgehend von Maschinen gesteuert werden?
In diese Richtung gehen auch die Warnungen von Postman (1985) bezüglich des Einflusses des Fernsehens, welches nur einen kleinen

Teil der IKT ausmacht. Die IKT als Gesamtheit werden die menschliche Kultur noch wesentlich stärker beeinflussen. Der Weg zu einer menschenwürdigen Nutzung der IKT, der Weg zur vernünftigen Integration der 4. Kulturtechnik in die Kultur bedarf der gemeinsamen Anstrengungen aller Wissenschaften im interdisziplinären Verbund.

4. Gestaltung von Mensch-Maschine-Tandems

Das Eindringen der Informations- und Kommunikationstechnologien (IKT) in die Sphäre menschlicher Intelligenz (Abschnitt 3) wird besonders deutlich an dem seit Beginn der 80er Jahre rasch an Interesse gewinnenden sog. „künstlichen Intelligenz" (KI). Auch die Eigenschaft der 4. Kulturtechnik wird in der KI besonders deutlich. Auch wird hier die Prognose, daß die Menschen zu Informationsriesen und gleichzeitig zu Wissenszwergen werden, besonders plastisch erkennbar. Die Entwicklung vieler künftiger IKT-Systeme wird zunehmend geprägt sein durch die Ideen der KI. Viele Teilentwicklungen scheinen dabei durch das implizite Ziel geprägt zu sein, menschliche Intelligenz durch „Maschinenintelligenz" zu ersetzen. Das läßt sich am Beispiel des Schachspiels besonders klar erkennen.

Das Schachspiel ist von Anfang an als Herausforderung an die menschliche Intelligenz verstanden und empfunden worden. Mit den ersten speicherprogrammierten Computern kam eine 2. Herausforderung hinzu, nämlich die Entwicklung von Schachcomputerprogrammen. Heute sind viele derartige Programme mit hoher Leistungsfähigkeit verfügbar. Man kann sie als Trainer und Spielpartner verwenden, um die eigene Leistungsfähigkeit zu steigern. Man kann auch auf das eigene Spiel verzichten und stattdessen spielen lassen, nämlich das eine Programm gegen das andere. So geschieht es auf Schachcomputerwettbewerben, und wie beim malayischen Hahnenkampf sind die Menschen nur noch Zuschauer. Leistungsfähige Schachcomputerprogramme sind heute allen guten Spielern mit Ausnahme einer kleinen Weltelite überlegen.

Aber das sollte wohl nicht das Ziel sein, Schachcomputerprogramme zu entwickeln, die die menschlichen Spieler in die Grenzen weisen. Vielmehr erscheint etwas anderes erstrebenswert, nämlich die Leistungsfähigkeit der Schachspieler mit der Leistungsfähigkeit der Computer zusammenzuführen und zu einem Mensch-Maschine-Tandem neuer Leistungsfähigkeit zu vereinen. Der Mensch und der Computer arbeiten recht unterschiedlich und haben unterschiedliche Stärken und

Schwächen; das machen u. a. Dreyfus u. Dreyfus (1987) sowie Winograd u. Flores (1988) deutlich. Durch Mensch-Maschine-Tandems ließen sich die Stärken von beiden synergetisch potenzieren.

Es ist daher zu erwarten, daß die Schachspieler künftiger Generationen gemeinsam mit ihrem Computer als Mensch-Maschine-Tandem auftreten und vereint eine Spielstärke entwickeln, die sowohl die heutigen Spitzenspieler als auch die heutigen Spitzenprogramme in den Schatten stellen.

Solche Tandems müssen entwickelt werden. Dazu lassen sich im Prinzip 3 Wege einschlagen:

– Man kann den Schachspieler in den Mittelpunkt stellen und rechnerische Hilfsfunktionen an den Computer übertragen, z. B. die Nutzenbewertung eines jeden Zuges.

– Man kann umgekehrt leistungsfähige Schachcomputerprogramme entwickeln, die ihre Spielstrategie selbst definieren und ihre Spielzüge selbständig festlegen, jedoch vom Schachspieler durch eigenhändige Entscheidungen korrigiert werden können.

Im 1. Fall dominiert der Mensch, und der Computer ist sein Hilfsmittel. Im 2. Fall dominiert der Computer, und der Mensch fällt in eine fast unüberwindliche sklavenhafte Abhängigkeit vom Computer. Beides befriedigt nicht; ein 3. Weg erscheint vorteilhafter:

– Ganzheitlicher Entwurf des Mensch-Maschine-Tandems.

Die Entwicklung von Mensch-Maschine-Tandems ist mehrfach vom Autor propagiert worden. Die Entwicklung solcher Tandems ist ein Konzept, es liegt jedoch noch kaum Erfahrung vor. Gleichwohl scheinen 2 Prinzipien des Entwurfs denkbar, das Prinzip der Arbeitsteilung und das Prinzip der ganzheitlichen Aufgabeneinheit.

Beim Entwurfsprinzip der Arbeitsteilung würde die Gesamtaufgabe zerlegt werden in Teilaufgaben. Diese würden dem Menschen zugeordnet werden, wenn dieser eine höhere Leistungsfähigkeit verspricht, bzw. dem Computer, wenn dieser die Teilaufgabe wirkungsvoller zu lösen vermuten läßt.

Beim Entwurfsprinzip der ganzheitlichen Aufgabeneinheit steht das Ineinandergreifen der menschlichen Fähigkeiten und der Computerleistung im Vordergrund, also die Einung anstelle der Trennung. Nur auf diesem Wege läßt sich ein Maximum an Synergie erreichen. Allerdings ist der Weg schwer und fordert eine wirkungsvolle interdisziplinäre Zusammenarbeit zwischen Informatik und Psychologie [wofür Bibel

(1980) den Begriff Intellektik vorschlägt] mit Experten des Aufgabenbereichs, Schach nur als Beispiel. Gleichwohl ist Schach nur ein schwaches Beispiel, denn das Spiel ist durch formale Regeln vorstrukturiert. Viel schwieriger wird die Gestaltung von Mensch-Maschine-Tandems für Realaufgaben, etwa für die medizinische Diagnose und Therapie, für die juristische Beurteilung von Streitsituationen, für den juristisch einwandfreien Satzungsentwurf, für den handels- und steuerrechtlichen Jahresabschluß von Unternehmungen etc. Hier kommt im Vergleich zum Schachspiel die Strukturgebung der Realität als schwieriges Aufgabengebiet hinzu.
Die 1. industrielle Revolution hat den Menschen die körperliche Arbeit in vielfältiger Weise erleichtert und den Menschen eine neue physische Flexibilität gebracht. Gleichwohl war der Mensch im wirtschaftlichen Leistungsprozeß vielfach der Lückenbüßer, der die Arbeiten durchführen mußte, die maschinell nicht bewältigt werden konnten.
Den durch die IKT bewirkten Umwälzungsprozeß der intellektuellen Arbeit kann man entsprechend als 2. industrielle Revolution verstehen. Es liegt an uns selbst, ob der gleiche Weg eingeschlagen wird wie bei der 1. industriellen Revolution, nämlich der Einsatz von Menschen als Lückenbüßer, so daß den Menschen die geistigen Aufgaben verbleiben, die von der KI noch nicht bewältigt werden. Der andere Weg, der menschlichere, aber auch schwierigere Weg, führt über den ganzheitlichen, an der Aufgabeneinheit orientierten Entwurf von Mensch-Maschine-Tandems. Diese Entwurfsaufgabe ist notwendigerweise interdisziplinär und erfordert das zielorientierte Zusammenwirken von Natur- und Ingenieurwissenschaftlern auf der einen sowie von Wirtschafts-, Sozial- und Geisteswissenschaftlern auf der anderen Seite. Interdisziplinarität ist dabei sowohl für den Entwurf spezifischer Mensch-Maschine-Tandems erforderlich als auch für die umfassende Konzeption intellektueller Tätigkeit in der Gesellschaft als Ganzer.

Literatur

Ackoff RL (1973) Science in the Systems Age: Beyond I.E., O.R., and M.S. In: Operations Research, vol 21, no 3, pp 661–671
Bibel W (1980) „Intellektik" statt „KI" – Ein ernstgemeinter Vorschlag. In: Rundbrief der Fachgruppe Künstliche Intelligenz in der Gesellschaft für Informatik, Heft 22, S 15–16
BMFT – Bundesministerium für Forschung und Technologie (Hrsg) (1989) Zukunftskonzept Informationstechnik. Bonn

Dreyfus HL, Dreyfus SE (1987) Künstliche Intelligenz – Von den Grenzen der Denkmaschine und dem Wert der Intuition. Reinbek, Rowohlt (Übersetzung aus dem Amerikanischen)

Expertenkommission „Wettbewerbsfähigkeit und Beschäftigung" der Landesregierung Rheinland Pfalz (1985) Bericht und Empfehlungen. Mainz: Ministerium für Wirtschaft und Verkehr

Haffner S (1982) Zur Zeitgeschichte. München, Kindler

Heisenberg W (1969) Der Teil und das Ganze. München, Piper (als Taschenbuch: 11. Auflage, München: dtv 1988)

Hesse H (1986) Die Einheit hinter den Gegensätzen (Lesebuch). Frankfurt/Main, Suhrkamp

Hinske N (1980) Kant als Herausforderung an die Gegenwart. Freiburg, München, Alber

Holmgeirsson A (1989) Tag Nr. 8623 der Person Paul (7500.312.478.969pkz). In: technologie & managemant, 38. Jg, Heft 3, S 55–58

Kant I (1786) Metaphysische Anfangsgründe der Naturwissenschaft. Riga, Hartknoch

Kusenberg K (1954) Geteiltes Wissen, als Kurzgeschichte u. a. in dem Sammelband: Mal was andres! Reinbek, Hamburg, Rowohlt

Lynn H Jr (1956) How to be a Project Leader – Nine Helpful Hints. In: Operations Research, vol 4, no 4, pp 484–488 (verkürzt nachgedruckt in technologie & management, 38. Jg, 1989, Heft 4, S 43)

Mittelstraß J (1988a) Der Flug der Eule – 15 Thesen über Bildung, Wissenschaft und Universität. In: Böhm W, Lindauer M (Hrsg) „Nicht Vielwissen sättigt die Seele" – Wissen, Erkennen, Bildung, Ausbildung heute. Stuttgart, Klett, S 129–146

Mittelstraß J (1988b) Das ethische Maß der Wissenschaft. In: Rechtshistorisches Journal, 7. Jg, S 193–210

Müller-Merbach H (1979) Operations Research – mit oder ohne Zukunftschancen? In: Krüger K, Rühl G, Zink KJ (Hrsg) Industrial Engineering und Organisations-Entwicklung im kommenden Dezennium. München, Hanser, S 291–311

Müller-Merbach H (1984) Interdisciplinary in Operational Research – in the past and in the future. In: Journal of the Operational Research Society, vol 35, no 2, pp 83–90

Müller-Merbach H (1985a) Der innere Gehalt an Informatik. In: Der Technologie-Manager, 34. Jg, Heft 2, S 4–5

Müller-Merbach H (1985b) Arroganz versus Ignoranz. In: Der Technologie-Manager, 34. Jg, Heft 3, S 6–7

Müller-Merbach H (1986a) Der Wirtschaftsingenieur als Generalist. In: Der Technologie-Manager, 35. Jg, Heft 2, S 48

Müller-Merbach H (1986b) Geteiltes Wissen und interdisziplinär orientiertes Management. In: Der Technologie-Manager, 35. Jg, Heft 4, S 2–4

Müller-Merbach H (1987a) Hermann Hesse: Die Einheit hinter den Gegensätzen. In: technologie & management, 36. Jg, Heft 2, S 50–51

Müller-Merbach H (1987b) Immanuel Kant: Drei Arten des Handelns. In: technologie & management, 36. Jg, Heft 4, S 60–61

Müller-Merbach H (1988a) Ethik ökonomischen Verhaltens. In: Hesse H (Hrsg) Wirtschaftswissenschaft und Ethik. Berlin, Duncker & Humblot, S 305–322

Müller-Merbach H (1988b) Mutual Understanding, Revisited After Nearly 25 Years. In: Systems Practice, vol 1, no 4, pp 385–397
Müller-Merbach H (1989a) Die Betriebswirtschaftslehre als Wissenschaft, Führungskunst und Führungsethik. In: Wirtschaftswissenschaftliches Studium, 18. Jg, Heft 3, S 105
Müller-Merbach H (1989b) On Technical, Pragmatic and Ethical Action. A Challenge for OR? In: Jackson MC, Keys P, Cropper SA (eds) Operational Research and the Social Sciences. Plenum, New York London, pp 97–104
Müller-Merbach H (1989c) Immanuel Kant: Die Wahrheit im Irrtum. In: technologie & management, 38. Jg, Heft 3, S 51–54
Müller-Merbach H (1989d) Technik und Wirtschaft: Der Generalist als Manager der technischen Entwicklung – Plädoyer für eine interdisziplinäre Ausbildung. In: Kirch W, Picot A (Hrsg) Die Betriebswirtschaftslehre im Spannungsfeld zwischen Generalisierung und Spezialisierung. Gabler, Wiesbaden, S 25–40
Müller-Merbach H (1989e) Schmerzhafte Interdisziplinarität – Platons Höhlengleichnis, verfremdet. In: technologie & management, 38. Jg, S 40–44
Platon: Der Staat (Politeia)
Postman N (1988) Wir amüsieren uns zu Tode. Fischer, Frankfurt/Main (Übersetzung aus dem Amerikanischen)
Schmidt, Münch v, Selk, Lindenberg, Goehler (1989) Bildungs- und Ausbildungsverantwortung. In: technologie & management, 38. Jg, Heft 2, S 48–52
Snow CP (1964) The Two Cultures: And a Second Look. Cambridge, University Press, Cambridge
Webber IE (1980) So sieht's aus, 3. Auflage. Verlag Darmstädter Blätter, Darmstadt (verkürzt nachgedruckt in: technologie & management, 38. Jg, 1989, Heft 4, S 37–39)
Winograd T, Flores F (1988) Understanding Computer and Cognition (3rd printing). Addison-Wesley, Reading, Mass
Wissenschaftsrat (Hrsg) (1989) Empfehlungen zur Informatik an den Hochschulen. Wissenschaftsrat, Köln
Zimmerli WC (1989) Zur kulturverändernden Kraft der Computertechnologie. In: Aus Politik und Zeitgeschichte, Beilage zur Wochenzeitung Das Parlament, Heft B 27/89, S 26–33

Psychologie, Naturwissenschaft und die Informationstechnologie

D. Dörner

1. Psychologie: Geistes- oder Naturwissenschaft?

Die Frage, ob die Psychologie eine Geistes- oder eine Naturwissenschaft sei, bewegt die Gemüter bis zum heutigen Tag. In vielen Universitäten gehört die Psychologie *traditionell* zur philosophischen Fakultät, in anderen dagegen legt sie Wert darauf, zu den Naturwissenschaften oder zu den „biologischen" Wissenschaften gezählt zu werden. Wieder in anderen Universitäten zählt sie als „Brückenfach" zu beiden Bereichen. In diesen schwankenden Zuordnungen kommt wohl zweierlei zum Ausdruck, nämlich einmal das unklare Verständnis, welches die Psychologie als Wissenschaft von sich selbst hat und zum anderen die Tatsache, daß die Psychologie tatsächlich „zwischen" den Wissenschaften angesiedelt ist.

Auf der einen Seite betrifft die Psychologie ja zentral den „Geist"; entweder im engeren Sinne, wenn sich der Begriff „Geist" auf die kognitive Ausstattung des Menschen bezieht, also auf Gedächtnis, Wissen, Denken, Lernen, Begriffe und Begriffsbildung, Wahrnehmen, den Aufbau von „Weltbildern" – oder im weiteren Sinne, wenn „Geist" einfach „Seele" meint.

Auf der anderen Seite wiederum ist die Bindung der „geistigen" Prozesse an biologische Prozesse sinnfällig. Es ist kaum umstritten, daß alle obengenannten kognitiven Prozesse an Gehirnfunktionen gebunden sind; diese Gehirnprozesse sind biochemische Prozesse der Erregungsausbreitung und -kanalisierung in neuronalen Netzwerken. Psychische Prozesse sind darüber hinaus an hormonales Geschehen gebunden und auch die genetischen Determinationen psychischer Prozesse sind unübersehbar. Die Verbindung zur Neurophysiologie, zur Genetik und zu anderen Bereichen der Medizin und der Biologie bringen die Psychologie in engen Kontakt zu den Naturwissenschaften.

Eine weitere Verbindung der Psychologie mit den Naturwissenschaften ergibt sich aus der spezifischen Entwicklung der Psychologie als Wissenschaft. Die Psychologie hat sich im letzten Drittel des vergangenen Jahrhunderts von der Philosophie getrennt, und diese Trennung bedeutete weitestgehend die Adaptation eines „naturwissenschaftlichen Programms". Die „analytische Prozedur" der Naturwissenschaften (von Bertalanffy 1968) spielt dabei eine große Rolle. Es ging darum, psychische Prozesse so wie Naturprozesse in ihre elementaren Einheiten zu zerlegen, diese elementaren Einheiten *isoliert* zu studieren, um auf diese Art und Weise ein Bild vom Funktionieren der „Seele" zu bekommen. Als psychische Elementareinheiten wurden verschiedene Dinge betrachtet, die „Empfindungen" bei Wundt, der *Reflexbogen* oder die *assoziative Verknüpfung* in der Pawlov-Psychologie bzw. im Behaviorismus. Nicht zufällig begann die Emanzipation der Psychologie von der Philosophie u.a. mit der „Psychophysik" Fechners. Die Physik als Modell einer nomothetischen Wissenschaft spielt eine große Rolle als *Modell* einer „vernünftigen" Wissenschaft, als Modell für die Psychologie.

Es hat allerdings in der Psychologie auch nie an Protesten gegen ein analytisches Programm gefehlt. Wohl in keiner Wissenschaft ist der Satz, daß das Ganze mehr sei als die Summe seiner Teile, so oft und so nachdrücklich zitiert worden. „Antianalytische" Ansätze wie die Gestalt- und die Ganzheitspsychologie haben als Schulen oder aber in kritischen Reflexionen von Fachvertretern über die Ursachen von krisenhaften Entwicklungen in der Psychologie immer eine große Rolle gespielt. Dennoch ist aber für den Wissenschaftbetrieb in der Psychologie die „naturwissenschaftliche" Attitüde charakteristisch. Außer in den verschiedenen analytischen Programmen prägt sich dies auch in der *Methodik* aus. Beobachtung und Experiment spielten in der Psychologie seit ihrer Emanzipation von der Philosophie eine bedeutende Rolle. Die „empirische" Psychologie verstand sich lange als „Kontrastprogramm" zur alten, „introspektiven" Psychologie. (Erst heute dämmert es manchem, daß es sich bei der Kontrastierung von Verhaltensbeobachtung und Experiment auf der einen und von Introspektion und Phänomenbetrachtung auf der anderen Seite um einen konzeptuellen Fehler handeln könnte.)

Im Rahmen des „empirisch – nomothetischen" Programmes der Psychologie spielten natürlich Meß- und Zählverfahren eine bedeutsame Rolle und damit Methoden der mathematisch-statistischen Datenanalyse; auch auf diese Art und Weise kam die Psychologie in die Nähe der „klassischen" Naturwissenschaften.

Alle diese Dinge schlugen sich auch in der Ausbildung der Psychologie nieder. Bis zum heutigen Tage sind die Methodenveranstaltungen bestimmend für das gesamte Grundstudium der Psychologie. An der Fakultät, an der ich lehre, ist beispielsweise der Nachweis von über 20 Semesterwochenstunden Methodenlehre unabdingbare Voraussetzung für die Meldung zur Vordiplomprüfung. Damit schlägt die Methodenlehre alle anderen „inhaltlichen" Teilgebiete der Psychologie, wie z. B. die „allgemeine Psychologie", die „Persönlichkeitspsychologie", die „Entwicklungspsychologie", usw. um Längen. Für die meisten dieser Teilbereiche sind lediglich 8 Semesterwochenstunden vorgeschrieben; nur für die „Allgemeine Psychologie" wird die Absolvierung von 16 Semesterwochenstunden verlangt.

Man kann sich allerdings oft des Eindruckes nicht erwehren, daß die formale Methodenlehre in der Psychologie nicht als eine Ergänzung der Inhalte, sondern als deren Ersetzung gemeint ist. Mit den mathematisch-statistischen Analyseverfahren und den Techniken der experimentellen Datenerhebung kann man doch wenigstens etwas Handfestes lehren! Dahingegen werden die inhaltlichen Felder der Psychologie oftmals als unklar und widersprüchlich empfunden; die nomothetische Psychologie hat – außer z. B. in solchen Bereichen wie der elementaren Wahrnehmungslehre – wenig unbezweifelbare „Gesetze" psychischen Geschehens zu Tage gefördert; viele Teilbereiche der Psychologie erscheinen begrifflich unscharf, verschwommen und arm an interessantem, unbezweifelbarem Faktenwissen.

Man kann daher im Zweifel darüber sein, ob die methodische Annäherung der Psychologie an die „klassischen" Naturwissenschaften wirklich notwendig war oder ob es sich dabei nicht vielmehr um eine Fluchtbewegung handelt, die den Zweck hat, Ambiguität zu vermeiden, indem man den unscharfen, unklaren, schwer auf Begriffe zu bringenden Bereich der psychischen Phänomene hinter sich läßt, um in der klaren, sauberen Welt der methodischen Algorithmen Ruhe und Frieden zu finden. Es scheint mir, daß es in keiner Wissenschaft wie in der Psychologie so viele Fachvertreter gibt, die mit der Zeit zu recht passablen Wahrscheinlichkeitstheoretikern, Wissenschaftstheoretikern, Mathematikern „entarten".

Feynman (1987, nach Bischof 1989, S. 188) nannte die Psychologie einmal eine „cargo cult science". Nach dem 2. Weltkrieg entdeckte man auf bestimmten Pazifikinseln, die den Amerikanern als Nachschubbasen gedient hatten, ein seltsames Ritual.

Die Eingeborenen dort legen im Wald Schneisen an, die an Landebahnen erinnern, schnitzen sich Zweige zurecht, bis sie wie Antennen aussehen, sie klemmen sich Muscheln wie Kopfhörer an die Ohren und murmeln Zauberformeln in hölzerne „Mikrophone". Das alles hat sich zu einem regelrechten Kult stilisiert ... und der wird geduldig zelebriert im festen Glauben, daß er die großen Frachtflugzeuge veranlassen könne, erneut am Himmel aufzutauchen und zu landen mit der wertvollen Ladung von Zigaretten, Schokolade und Coca Cola ... (Bischof 1989, S. 188).

Genau wie diese Eingeborenen glauben viele Fachvertreter der Psychologie durch die Adaptation naturwissenschaftlicher Verfahren in der Psychologie schließlich auch zu dem beeindruckenden Faktenwissen und der vergleichsweisen begrifflichen Klarheit der klassischen Naturwissenschaften durchstoßen zu können. Bischof (1980, 1989) hat immer wieder darauf hingewiesen, daß der Grund für die Dauerkrise der Psychologie nicht so sehr in der ungenügenden Verwendung „wissenschaftlicher" Verfahren liegt, sondern vielmehr in der falschen Grundauffassung, die Psychologie am Modell der Physik zu orientieren, statt sie als „Systemwissenschaft" zu begreifen, die sich eher am Bild der Biologie orientieren sollte.

In der Tat tut sich die wissenschaftliche Psychologie schwer mit der Farbigkeit, der Vielfalt und dem oft scheinbar chaotischen Charakter psychischen Geschehens. Im Labor und im Experiment ergibt es sich oft genug, daß die Buntheit und Vielfalt zur grauen und trivialen Miniatur zusammenschrumpft (Holzkamp 1972). – Nun ist es in der Tat schwer, ein klares Bild von einem Geschehen zu gewinnen, welches wie die psychischen Prozesse vielfach determiniert ist und aus parallelen Abläufen bestehen kann, die wiederum rekursiv ineinandergeschachtelt sein mögen. Hier aber könnte eine andere Entwicklung der letzten 40 Jahre Abhilfe schaffen, nämlich die Entwicklung der großen „Symbolmanipulationsmaschinen". Auf die Rolle der Informationstechnologien für die Entwicklung der Psychologie möchte ich im nächsten Abschnitt eingehen.

2. Psychologie und Informationstechnologie

Aus der Entwicklung der Informationstechnologien nach dem 2. Weltkrieg ergaben sich für die Psychologie Konsequenzen, die in ihrer Wichtigkeit gar nicht überschätzbar sind. Natürlich bedient man sich in der Psychologie des Computers als Auswertungsinstrument oder als Instrument zur Steuerung von Versuchen, zur Messung und Datenanalyse. Darüber hinaus aber spielen die Informationstechnologien und der sie umgreifende Bereich von Wissenschaften, wie z. b. der Kybernetik oder der Systemtheorie auch eine besondere Rolle für die Entwicklung der Theorien in der Psychologie und zwar m. E. in 2facher Weise:

- es wurden Computer und andere Systeme der Symbolmanipulation gern als *Analogien* für psychische Prozesse verwendet,
- der Computer erweist sich zunehmend als unentbehrliches Werkzeug für die Theorienbildung.

Auf diese beiden Themen möchte ich nachfolgend kurz eingehen.

2.1 Die Computermetapher

Die Tatsache, daß die großen informationsverarbeitenden Maschinen zu Leistungen fähig sind, die man vor der Existenz dieser Maschinen als „geistige Leistung" zu bezeichnen nicht gezögert hätte, hat die Psychologie seit den 50er Jahren fasziniert. Seit die ersten Computer von ihren Programmierern dazu gebracht wurden, auf einem 4 × 4-Feld eine primitive Art von Schach zu spielen, haben Psychologen darüber nachzudenken begonnen, ob man das „Denken" der Computer nicht als Modell für menschliche Denkprozesse betrachten könnte. „Seele = Informationsverarbeitung"? Diese Frage fasziniert bis zum heutigen Tage sehr viele Psychologen. Daher brandeten in mehreren Wellen informationelle Konzepte über die Psychologie hinweg. In den 60er Jahren gab es so etwas wie eine „kybernetische" Psychologie; seit dem Beginn der 70er Jahre begannen sich weite Teile der Psychologie an dem Modell der Informationsverarbeitung zu orientieren; der „Kognitivismus" entstand und darf heute als einer der vorherrschenden Richtungen der Psychologie angesehen werden. Das Eindringen systemtheoretischer Gedankengänge in die Psychologie verlief nicht ohne skurrile und komische Begleiterscheinungen. In der frühen „kybernetischen Psychologie" nahm man oft den Von-Neumann-Computer tatsächlich als Analogon zum Gehirn an; das „Bewußtsein" wurde zum „Kurzspeicher", ebendieser wurde als „Schieberegister" aufgefaßt. Oftmals bestand die „Neuheit" der Konzepte nur darin, daß alter Wein in neue Schläuche gegossen wurde; statt „Gedächtnis" hieß es nun „Speicher" und die Versuchspersonen „lernten" nichts mehr, sondern sie „speicherten ein".

Dies waren nur die Anfänge, aus denen sich schnell sehr ernsthafte Ansätze ergaben, psychische Prozesse als Informationsprozesse zu begreifen. Die unreflektierte Analogisierung von „Computer" und „Gehirn" verschwand schnell; man rückte von der Idee, daß das Gehirn eine Art von Neumann-Computer sei, mehr und mehr ab. In neuerer Zeit spielen „konnektionistische" Ansätze in der Psychologie eine immer größere Rolle, in denen das Gehirn eher als Netzwerk von parallel arbeitenden primitiven Miniinformationssystemen angesehen wird (meist als „Neuronen" interpretiert) denn als sequentiell arbeitende Maschine vom klassischen von Neumann-Typ.

Die „Computeranaloge" (um dem Kind einen kurzen Namen zu geben) hat zunächst die Denkpsychologie nachhaltig beeinflußt; die ersten ernsthaften Versuche, „Seele" als „Informationsverarbeitung" zu verstehen, gab es bei dem Versuch, menschliche Problemlöseprozesse zu „simulieren" (s. Newell u. Simon 1972; Dörner 1974). Auch hier gab es eine deutliche Entwicklung: zunächst wurde das Denken angesehen als hervorgebracht durch fixe Strukturen, Computerprogrammen sehr ähnlich (s. Simon 1978). Von der „Programmmetapher" rückte man aber mehr und mehr ab; es scheint sich in neuerer Zeit eine Sichtweise Bahn zu brechen, die den menschlichen Geist mehr als eine „anarchische" Ansammlung einzelner „Module" ansieht, deren Interaktion geistige Prozesse hervorbringt, die manchmal in sehr geordneten Bahnen verlaufen, manchmal aber auch scheinbar sehr chaotisch (s. Dörner et al. 1988; Navon 1989).

Die Computermetapher erbrachte für die Psychologie v. a. eine Vielzahl von Beschreibungssystemen für psychische Strukturen und -prozesse, sei es, daß man sich nun in der Lage sah, Wissenssysteme als „semantische Netzwerke" (Norman 1982), „propositionale Systeme" (Kintsch 1974), Begriffsnetzwerke (Klix 1984; Hoffmann 1986) zu beschreiben oder „Denken" und „Problemlösen" als hervorgebracht durch „Produktionssysteme" (s. Opwis u. Lüer 1989).

Vielleicht ist die Reichweite aller dieser Konzepte für eine interessante theoretische Psychologie noch nicht hinreichend, aber man kann wohl sagen, daß die Umsetzung traditioneller Begrifflichkeiten der Psychologie in formale Konzepte der Systemtheorie dazu geführt hat, daß man das Gefühl hatte, endlich zu wissen, wovon man redete, wenn man „Denken" und „Einfall" und „Erinnerung", „Begriff" und „Wissen" sagte. Und das hat zu einer Wiederbelebung theoretischer Betrachtungen und zu empirischen Forschungsprogrammen geführt, deren Ergebnisse und Fortentwicklungen in den nächsten Jahren man mit Spannung erwarten darf.

2.2 Der Computer als „Werkbank" für die Theorienbildung

Über den von ihnen direkt oder indirekt ausgehenden Zwang zur begrifflichen Präzisierung hinaus aber beginnen die großen Systeme der Informationsverarbeitung noch eine andere Rolle für die Psychologie zu spielen, nämlich die Rolle von „Werkbänken" für die Theoriekonstruktion. Ich meine, daß eine ernstzunehmende theoretische Psychologie eigentlich erst seit der Verfügbarkeit von Computern möglich ist.
Theoretische Ansätze in der Psychologie sind m.E. bis zum heutigen Tag durch ihren *reduktionistischen* Charakter gekennzeichnet. Ob Freud alles psychische Geschehen auf die „Libido" und die Deformationen ihrer Entwicklung in der frühen Kindheit zurückführte, ob Adler hinter allem Machtmotive und Minderwertigkeitskomplexe witterte, ob die Behavioristen die Ver- bzw. Entknüpfung von „Reizen" und „Reaktionen" als formale Basis allen psychischen Geschehens betrachteten; immer ging es um die Reduktion psychischen Geschehens auf wenige, basale formale oder inhaltliche Prinzipien.
Es mag nun sein, daß die unendliche Vielfalt psychischer Prozesse auf wenige formale Prinzipien (z.B. der Erregungsausbreitung und -kanalisierung in Nervennetzen) und inhaltliche „In-Gang-Setzer" (Motive) zurückzuführen ist. Die Vielfalt aber ist Tatsache und wird hervorgebracht durch ein System, in welchem ständig verschiedene Teilprozesse parallel ablaufen, die eng miteinander interagieren.
Man denkt, weil man in bestimmter Weise motiviert ist. Das Denken erzeugt u.U. ein Gefühl der Hilflosigkeit und damit bestimmte Emotionen. Die Emotionen beeinflussen das Denken in bestimmter Weise. Das Denken wird in hohem Maße durch sprachliche Konzepte geformt, Kategorien bestimmen die Art und Weise wie man wahrnimmt usw.
Die Charakterisierung „anarchisch" für das Ineinanderspielen der verschiedensten Motivationen, Informationsselektions- und -integrationsprozesse, Wahrnehmungen, Absichtsbildungen und -erledigungen ist vermutlich nicht unangemessen. (Mit dem anarchischen und chaotischen Charakter psychischen Geschehens mag es zusammenhängen, daß es eigentlich nie sonderlich schwerfällt, psychische Ereignisse zu erklären – *hinterher!* Psychisches Geschehen ist determiniert, allein: welcher der vielen Bestandteile einer bestimmten psychischen Situation in einem Menschen nun zu einem bestimmten Zeitpunkt z.B. eine Entscheidung bestimmt, ist nur bei sehr genauer Kenntnis der Situation *voraus*zusagen.)

(Besser als der Begriff „anarchisch" wäre vielleicht der Begriff „heterarchisch", da doch immer der eine oder der andere Prozeß dominiert, aber eben nicht immer ein bestimmter und nicht immer für lange Zeit.) Wie soll man die Gesetzmäßigkeiten eines Prozesses studieren, der aus einer Vielzahl von ineinandergeschachtelten Parallelprozessen besteht? Bislang hat man es in der Psychologie vermieden, dieses Problem wirklich anzugehen. Man hat es entweder reduktionistisch aus der Welt geschafft oder in der Isolation des Einzelprozesses im psychologischen Labor verschwinden lassen. Präsent war die „anarchische Vielfalt" und „chaotische Mannigfaltigkeit" der psychischen Prozesse allenfalls außerhalb der Wissenschaft, nämlich in der Literatur. Der Grund dafür war, daß man einfach keine Mittel hatte, die Vielfalt irgendwie zu objektivieren. Die Verfügbarkeit des Computers ändert dies. Der Computer erlaubt es, ein kompliziertes Geflecht von interagiernden Prozessen zu „simulieren" und damit überhaupt einer analytischen Behandlung zuzuführen.

Man kann heute die Auswirkungen bestimmter Annahmen über Emotions-, Lern-, Denk- und Motivationsprozessen auf das psychische Gesamtsystem über einen längeren Zeitraum studieren und auf diese Weise zu einem in sich konsistenten und umfassenden theoretischen System kommen, welches die „Mechanismen" psychischer Abläufe sichtbar macht. Der Computer dürfte für die theoretische Psychologie die Rolle spielen, die das Mikroskop für Biologie oder Chemie gespielt hat. Er macht komplizierte Prozesse sichtbar und nachvollziehbar. Er gestattet es, im einzelnen und gegebenenfalls unter der Zeitlupe zu verfolgen, wie sich ein komplexer psychischer Prozeß entwickelt. (Genauer gesagt hat man natürlich nicht den eigentlichen psychischen Prozeß „unter der Lupe", sondern sein Abbild, sein „Modell"; insofern hinkt der Vergleich mit dem Mikroskop.)

Die Computersimulation ist die der Psychologie angemessene Form der Modellbildung und macht eine theoretische Psychologie, die diesen Namen verdient, überhaupt erst möglich.

Wenn nun dies wahr ist, so folgt daraus, daß eine profunde Ausbildung von Psychologen in den Konzepten der Informationswissenschaften unerläßlich ist. Der theoretische Psychologe muß sich auskennen in der Konstruktion dynamischer Systeme, in der Konzeption von kompliziert verknüpften Speichersystemen und mit den damit verbundenen Konzepten der formalen Logik und der Mathematik.

Die Verknüpfung „Psychologie – Informationswissenschaft" braucht keine „Einbahnstraße" zu sein. Vielmehr können die Informationswissenschaften m. E. ihrerseits sehr viel von der Psychologie profitieren, da hier Kenntnisse über psychische Phänomene vorhanden sind, die ihrerseits Anregungen für die Fortentwicklung informationsverarbeitender Systeme sein können.

So meine ich, daß eine „künstliche Intelligenz", die diesen Namen verdient, ohne „Motivation" und ohne „Emotion" nicht möglich ist. Die Mithilfe von Psychologen könnte die Entwicklung entsprechender Systeme vermutlich sehr beschleunigen.

3. Schlußbemerkungen

Die Psychologie ist ein *Brückenfach*. Sie braucht naturwissenschaftliche Konzepte, da sie die biologischen und biochemischen Grundlagen ihres Gegenstandes nicht vernachlässigen darf. Sie braucht (z. T.) die Meß- und Experimentiertechniken, die in den Naturwissenschaften entwickelt worden sind. Die Psychologie ist aber auch Kulturwissenschaft, die sich im Rahmen des „Kognitivismus" mit dem Aufbau komplexer Wissensbestände, mit dem Aufbau von „Weltbildern" befaßt. Da sie aber gerade dabei von den Konzepten der Informationstechnologien umfassenden Gebrauch machen muß, ergibt es sich, daß eine Separierung von „Naturwissenschaft" (und naturwissenschaftlich bestimmter Technik) und „Geisteswissenschaft" in der Psychologie kaum möglich ist. In der Psychologie kommt beides zusammen.

Literatur

Bertalanffy L v (1968) General System Theory. New York, Braziller
Bischof N (1981) Aristoteles, Galilei, Lewin – und die Folge. In: Michaelis W (Ed) Bericht über den 32. Kongreß der Deutschen Gesellschaft für Psychologie, Zürich. Göttingen, Hogrefe
Bischof N (1988) Emotionale Verwirrungen oder: Von den Schwierigkeiten im Umgang mit der Biologie. Wolfgang Köhler – Vorlesung auf dem 36. Kongreß der Deutschen Gesellschaft für Psychologie, S 1–23
Dörner D (1974) Die kognitive Organisation beim Problemlösen. Bern, Huber
Dörner D, Schaub H, Stäudel T, Strohschneider S (1988) Ein System zur Handlungsregulation oder: Die Interaktion von Emotion, Kognition und Motivation. Sprache und Kognition 7:217–239
Dörner E (1984) Empirische Psychologie und Alltagsrelevanz. In: Jüttemann G (Ed) Psychologie in der Veränderung. Weinheim, Beltz
Feynman RP (1987) Sie belieben wohl zu scherzen, Mr. Feynman. Abenteuer eines neugierigen Physikers. München, Piper
Hoffmann J (1982) Das aktive Gedächtnis. Berlin, Deutscher Verlag der Wissenschaften

Hoffmann J (1986) Die Welt der Begriffe. Berlin, Deutscher Verlag der Wissenschaften

Holzkamp K (1972) Kritische Psychologie: Vorbereitende Arbeiten. Frankfurt/ Main, Fischer

Kintsch W (1974) The Representation of Meaning in Memory. Erlbaum

Klix F (Ed) (1984) Gedächtnis – Wissen – Wissensnutzung. Deutscher Verlag der Wissenschaften

Klix F, Sydow H (Eds) (1977) Zur Psychologie des Gedächtnisses. Berlin, Deutscher Verlag der Wissenschaften

Navon D (1989) Importance of Being Visible: On the Role of Attention in a Mind Viewed as an Anarchic Intelligence System. European Journal of Cognitive Psychology, 1, (3), 191–213

Newell A, Simon HA (1972) Human Problem Solving. Englewood Cliffs, NJ, Prentice Hall

Norman DA (1982) Learning and Memory. San Francisco, Freeman

Opwis K, Lüer G (1989) Modelle der Repräsentation von Wissen. In: Albert D, Stapf KH (Hrsg) Enzyklopädie der Psychologie, Gedächtnispsychologie: Erwerb, Nutzung und Speicherung von Information. Göttingen, Hogrefe

Simon HA (1978) Information Processing Theory of Human Problem Solving. In: Estes WK (Ed) Handbook of Learning and Cognitive Processes. Hillsdale, NJ, Erlbaum

Votum: KI und die wissenschaftstheoretischen Paradigmen der Sozial- und Geisteswissenschaften

K. Mainzer

In seinem Vortrag zeigt Kollege Dörner sehr klar am Beispiel der Psychologie, daß Sozial- und Geisteswissenschaften häufig den angemessenen und nüchternen Umgang mit Technik noch nicht gefunden haben. Das sollte aber ein zentrales Ziel bei der Beantwortung unserer Frage sein: Wieviel Technikwissen benötigen Sozial- und Geisteswissenschaftler? Sie übernehmen nämlich nur allzu gerne und allzu schnell die jeweiligen Forschungsparadigmen der Technik- und Naturwissenschaften, um der eigenen Disziplin den Glanz einer „harten" Wissenschaft zu verleihen. Damit geben sie leichtfertig ihr eigenes Profil auf und schaffen sich in einem pseudotechnischen Vokabular nur Pseudoprobleme.

Wissenschaftstheoretisch waren solche Ansätze immer, wie Herr Dörner für die Psychologie eindrucksvoll belegt, mit einem Reduktionismusanspruch verbunden, wonach menschliche Intelligenz, je nach technischem Entwicklungsstandard und Softwaregeneration, auf mechanische Algorithmen (im Sinne früher Maschinensprachen), semantische Informationsverarbeitung (Minsky u. a.), heuristische Problemlösungsprogramme (z. B. GPS), Expertensysteme oder neuerdings auf neuronale Netze (Konnektionismus) zurückzuführen sei.

Hier ist es die Aufgabe von Wissenschaftstheorie und Philosophie, durch genaue Methodenanalyse sozusagen die „heiße Luft" aus manchen modischen Themen herauszulassen, um Grenzen und Möglichkeiten der jeweiligen Forschungsparadigmen zu klären.

Was z. B. die Expertensysteme in der KI betrifft, so stellt sich die Situation vom methodologischen Standpunkt so dar:[1] Als regelbasierte

---

[1] K. Mainzer, Wissensbasierte Systeme. Zur Wissenschafts- und Technikphilosophie der Künstlichen Intelligenz, in: Zeitschrift für allgemeine Wissenschaftstheorie 1990 (im Druck).

Systeme mit einer beschränkten Wissensbasis („Expertenwissen") arbeiten sie heute in verschiedenen Aufgabenbereichen (Diagnose, Design, Planung, Wartung etc.) und werden erfolgreich kommerzialisiert. Wissensingenieure haben zwar die Regeln der deduktiv arbeitenden „Ableitungsmaschine" („inference component") eines Expertensystems den jeweiligen menschlichen Experten „abgelauscht", um sie in eine KI-Programmiersprache (z. B. LISP) zu übersetzen und damit das Expertensystem zum Laufen zu bringen. Das reicht ja auch für die gestellte eingeschränkte Aufgabenstellung.

Einem wissenschaftstheoretischen Reduktionismusanspruch der Expertensysteme steht jedoch das sog. „Frame-Problem" entgegen: Wie soll die spezielle Wissensbasis eines Expertensystems mit dem allgemeinen und strukturalisierten Hintergrundwissen über die Welt verbunden werden, das die Entscheidungen und Handlungen eines menschlichen Experten beeinflußt?

All das löst sich aber von selber, so hört man neuerdings, wenn nur die wissensbasierten Systeme der 5. Generation laufen. Ihre Parallelstruktur stellt zunächst in der Tat einen grundlegenden technologischen Paradigmenwechsel dar, der am neurophysiologischen Modell des menschlichen Gehirns orientiert ist. Im Unterschied zu traditionellen Von-Neumann-Maschinen, die komplexe Aufgaben nur Schritt für Schritt in Angriff nehmen können, besteht das menschliche Gehirn aus 70–80 Mrd. Nervenzellen (Neuronen), von denen jede mit 1000–10000 Nachbarn verbunden ist und im Prinzip zur gleichen Zeit arbeiten kann. Analog besteht die Parallelstruktur eines Neurocomputers aus einer großen Anzahl sog. Transputer, die jeweils einen Prozessor und einen kleinen Speicher besitzen. Der Prozessor ist dabei für die Verarbeitung der Stromimpulse und die Verständigung mit anderen Transputern zuständig. Die Transputer arbeiten gleichzeitig und entsprechen in ihrer Funktion den Neuronen (Konnektionismus).[2]

So können z. B. Transputer die physikalische Realität schneller und präziser nachahmen als traditionelle Computer, die nur über einen Prozessor verfügen. Jeder Transputer verarbeitet gewissermaßen einen Lichtstrahl der Außenwelt, dessen Eigenschaften wie Brechung, Reflexion und Farbwirkung in Zusammenarbeit mit anderen Transputern berechnet werden. Neuronale Rechennetze erweisen sich analog dem menschlichen Gehirn als robust und fehlertolerant, so daß bei Ausfall

---

[2] Ders., Die Evolution intelligenter Systeme, in: Zeitschrift für Semiotik. Bd. 12, Heft 1–2, 1990, 81–104.

eines Netzteils dieselben Aufgaben von einem beliebig anderen Teil übernommen werden können. Darüber hinaus können sie sich wie Nervenzellen des Gehirns selbst organisieren (Synergetik) und Verbindungen zwischen den einzelnen Prozessoren verändern, um sich so neuen Aufgaben besser anpassen zu können. Selbstorganisation suggeriert die Möglichkeit von Systemen, die intelligentes Verhalten quasi von selbst als Reaktion auf ihre Wechselwirkung mit der Umwelt entwickeln.

Aus Physik, Chemie und Biologie sind Selbstorganisationsprozesse als Reaktion auf Umweltbedingungen wohlbekannt. So wird das spontane Entstehen von Ordnungsstrukturen im Ferromagnetismus, in bestimmten chemischen Reaktionen, bei geologischen Entwicklungen und biologischen Wachstumsprozessen durch synergetische Effekte komplexer molekularer Systeme erklärt, die bei bestimmten Umweltbedingungen (z. B. Temperatur, Energieverhältnisse) auftreten. Es wird daher bereits überlegt, wie solche natürlichen Selbstorganisationsprozesse der Materie (z. B. Spingläser der Festkörperphysik) als „Hardware" für die neuen Parallelrechner zugrundegelegt werden können.[3]

Wären solche Systeme nicht „kreativ", „spontan" und „intelligent" im Sinne Turings? Methodisch kann man nur folgendes sagen: In der Tat arbeiten neuronale Netzwerke, wie eben erwähnt wurde, nach anderen Strukturprinzipien als Von-Neumann-Maschinen, die jeden Programmschritt nacheinander algorithmisch abarbeiten. Gleichwohl ist das, was als „Spontaneität" neuronaler Netzwerke bezeichnet wird, durch deren technische Strukturprinzipien bestimmt und nicht naiv mit dem zu identifizieren, was z. B. im deutschen Idealismus von Kant bis Hegel als „Spontaneität" diskutiert wurde. Dasselbe wird wohl für die Spontaneitätsbegriffe verschiedener psychologischer Richtungen zutreffen. Bereits bei den Expertensystemen zeigte sich, daß die Art ihrer Problemlösungen entscheidend von den Strukturprinzipien der jeweiligen KI-Programmiersprache abhing.

Was lernt man als Philosoph aus solchen Methodenanalysen? Mehr Nüchternheit, angemessene Distanz und damit auch mehr Selbstbewußtsein. Es verhindert sowohl naive Euphorie und Selbstaufgabe im jeweils herrschenden Technikparadigma als auch das Einigeln in eine Zitadelle geisteswissenschaftlich verbrämter Technikfeindlichkeit.

---

[3] Ders., Philosophical Concepts of Computational Neuroscience, in: R. Eckmiller (ed.), Proceedings of the International Conference on Parallel Processing in Neural Systems and Computers, Elsevier Science Publishers, Amsterdam 1990, pp. 9–12.

II.3 Beispiel Technikfolgenabschätzung

„Technisches Wissen" in der sozialwissenschaftlichen Technikfolgenabschätzung?

R. Graf von Westphalen

Die Fragestellung: Wieviel „technisches Wissen" benötigen wir in der sozialwissenschaftlichen Technikfolgenforschung? legt die Skizzierung einiger Grundpositionen nahe – auch um eine möglicherweise in dieser Fragestellung enthaltene und ihre Beantwortung eingrenzende Sichtweise freizulegen. Voranzustellen ist das techniksoziologische Verständnis, auf welches ich das Folgende stützen möchte. Technik, gesehen als Ensemble zweckgerichteter künstlicher Sachen, läßt sich weder aus ihrem Entstehungszusammenhang, womit das Wissen, die Handlungen und Einrichtungen als Summe technikgenetischer Bedingungen zusammengefaßt sein sollen, noch aus ihrem Verwertungszusammenhang, mit welchem die Handlungssysteme, in deren Rahmen Technik verwendet werden kann und soll, bezeichnet werden, lösen.

Technik als materialisierter, versachlichter Handlungszweck ist zugleich als soziale Kraft wie als gesellschaftliches (vorläufiges) Resultat zu deuten. Im Begriff des „sozialen Handelns", welches seinem gemeinten Sinn nach auf das Verhalten anderer bezogen und daran in seinem Ablauf orientiert ist (Max Weber), verbindet sich techniksoziologisches Erkenntnisinteresse mit empirisch-operationalisierbaren Handlungstheorien: Sachen werden als soziotechnische Handlungssysteme erklärbar. Die Verknüpfung mit dem elementaren Begriff des sozialen Handelns rückt die Frage nach dem intendierten Zweck jedweder Versachlichung in den Mittelpunkt analytischer Bemühungen; darauf wird zurückgekommen.

Definitionen von Technik sind naturgemäß auch in inhaltlicher, didaktischer und curricularer Hinsicht bekanntlich folgenreich, da sie bestimmte Wahrnehmungsperspektiven festlegen und andere ausschließen. Verstehe ich Technik als „angewandte Naturwissenschaft", läßt sie sich – stark verkürzt gesagt – im naturwissenschaftlichen Fächerkanon abhandeln. Verstehe ich sie stärker als eine Weise des

Herstellens oder Arbeitens, dann erfasse ich in dieser Vermittlung lediglich einen instrumentellen Umgang mit Technik, und man könnte sie dem Fach „Arbeitslehre" zuordnen.

Gemachte Sachen („Artefakte") – Gegensatz: vorfindliche, naturgegebene Dinge[1] – als Inbegriff aller absichtsvollen Arbeit des Menschen tragen, wie angedeutet, ihren Zweck in sich. Genauer: Sachen werden durch den von Menschen gewollten Zweck bestimmt; dieser etabliert ihre Funktion und Form, ästhetische Gestalt wie technische Architektur und konstituiert und organisiert darüber Sozialbeziehungen; knapper formuliert: Sachen vergesellschaften.

Die Differenzierung zwischen Sachen und Dingen läßt die vom Menschen hervorgebrachten Artefakte als vorübergehende, ständig im Umbau begriffene Vergegenständlichungen der menschlichen Geschichte begreifen. Selbstevident erscheint, daß diese Hervorbringungen den geschichtlichen Prozeß, aus dem sie entstanden sind – „technische Formation" –, ihrerseits rückprägen (Technikfolgen).

„Technik" und „technisches Wissen" vermitteln sich über das beiden gemeinsame Sozialsystem: die Gesellschaft. Diese Anschauung dürfte sich auf alle uns bekannten Gesellschaftsformationen anwenden lassen. Als grundlegendes, ordnungsstiftendes Sinnsystem organisiert sie gesellschaftsstrukturelle Ausdifferenzierung und „bestimmt", was innerhalb der anknüpfenden und darauf aufbauenden Sozialsysteme wie z.B. dem Recht, der Wirtschaft, der Wissenschaft, der Religion oder der Politik als Handlungsmöglichkeit historisch jeweils aktualisierbar ist, und was nicht.

Über die gesellschaftsprägende Kraft des Faktors „Technik" im Rahmen der gesellschaftlichen Entwicklung, welche man als ständigen Prozeß der weiteren Ausdifferenzierung von Sozialsystemen verstehen kann, gehen die Meinungen weit auseinander.

Der französische Paläontologe André Leroi-Gourhan bewertet in seiner Arbeit über die Evolution von Technik, Sprache und Kunst den uns interessierenden Zusammenhang wie folgt:

> Die Aussage, die gesellschaftlichen Institutionen stünden in engster Übereinstimmung mit der technoökonomischen Organisation, wird von den Tatsachen aufs beste belegt. Ohne daß die moralischen Probleme sich wirklich im Wesen veränderten, formt die Gesellschaft ihre Verhaltensmuster mit den

---

[1] Im Anschluß an Hans Linde, Sachdominanz in Sozialstrukturen. Tübingen 1972, S. 11ff.; ders., Soziale Implikationen technischer Geräte, ihrer Entstehung und Verwendung, in. R. Jokisch (Hrsg.), Techniksoziologie. Frankfurt 1982, S. 1ff.; vgl. auch die anregende Arbeit von J. Hochgerner, Arbeit und Technik. Stuttgart 1986, insbesondere S. 11ff.

Instrumenten, die ihr die materielle Welt bietet; die Sozialversicherung wäre bei den Mammutjägern ebenso unvorstellbar wie die patriarchalische Familie in einer Industriestadt. Der technoökonomische Determinismus ist eine Realität, die das Leben der Gesellschaften tief genug durchdringt, um die Existenz von Strukturgesetzen der kollektiven materiellen Welt zu verbürgen, die ebenso fest sind, wie die Moralgesetze, mit denen die Individuen ihr Verhalten sich selbst und anderen gegenüber regeln. Wenn man die Realität der Welt des Denkens gegenüber der materiellen Welt anerkennt, ja selbst wenn man behauptet, letztere existiere nur als Wirkung der ersteren, so schmälert man dadurch nicht das Gewicht der Tatsache, daß das Denken sich in organisierte Materie umsetzt und daß diese Organisation, in wechselnden Modalitäten, sämtliche Zustände des menschlichen Lebens prägt.[2]

Auf die gesellschaftsstrukturierende Funktion von Sachen als Produkten menschlicher Arbeit hat bekanntlich Marx verschiedentlich hingewiesen. Er begriff sie als „Konsolidation unseres eigenen Produktes zu einer sachlichen Gewalt über uns, die unserer Kontrolle entwächst, unsere Erwartungen durchkreuzt und unsere Berechnungen zunichte macht."[3]
Anschaulich verdichtet sich Marx' Auffassung vom determinierenden Charakter der Sachen in seinem Satz: „Die Handmühle ergibt eine Gesellschaft mit Feudalherren, die Dampfmühle eine Gesellschaft mit industriellen Kapitalisten."[4] Dieser Satz sei nur zitiert, um kenntlich zu machen, daß die Bestimmung des Verhältnisses von technischem Wissen und Technik wesentlich davon abhängig ist, welche Bedeutung man den über die Sachen vermittelten, verhaltensbeeinflussenden Sozialbezügen einräumt. Zur Vertiefung dieser Auffassung sei an die Definition von „Sachen" in der Soziologie E. Durkheims erinnert, die in ihrem Kern wohl als eine „Soziologie der Sachverhältnisse"[5] anzusprechen ist.
Durkheim stellt die Sachen auf die gleiche kategoriale Ebene wie die immateriellen Verhaltensregeln. Eine sittliche und rechtliche Norm unterscheidet sich für ihn daher nicht grundsätzlich von einem Werkzeug, einer Wohnstätte, von Kleidung oder Verkehrswegen, da er davon ausgeht, daß es sich in beiden Fällen um gesellschaftlich-historisch verfestigte Artikulationsformen handelt, die in der Form ihrer Gestaltung Handlungsmuster vorgeben, in welche das aktuelle Hand-

---

[2] A. Leroi-Gourhan, Hand und Wort. Die Evolution von Technik, Sprache und Kunst. Frankfurt ²1984, S. 190f.
[3] K. Marx, F. Engels, Die deutsche Ideologie. Ausgewählte Werke in sechs Bänden: Bd. 1 Berlin (Ost) 1974, S. 203ff.
[4] Ders., Zur Kritik der Politischen Ökonomie, a.a.O., Bd. 2, S. 501f.
[5] Siehe mit diesem Hinweis auf Durkheim: H. Schmalenbach, Soziologie der Sachverhältnisse, in: Jhb. f. Soziologie III. Karlsruhe 1927.

lungspotential gegossen werden muß.[6] Auch E. Durkheim geht davon aus, daß es eine unserem Handeln vorauslaufende, von den Sachen ausgehende Handlungskanalisation gibt, die vom individuellen Willensentschluß weitgehend unabhängig, die Handlungsformen, wenn nicht bestimmend, so doch zumindest entscheidend steuert. Es bedarf hier nicht der weiteren soziologiegeschichtlichen Ausdeutung der Einsicht, daß von Sachen als „totalen sozialen Tatsachen" (M. Mauss) eine in jedem Fall verhaltensleitende Prägung ausgeht, welche den Auffassungen nach von Handlungsdetermination einerseits bis zur mitwirkenden Beeinflussung andererseits gehen kann.

Vor dem Hintergrund dieses Verständnisses vom Stellenwert der Sachen im sozialen Kontext sei die These formuliert, daß Sachen strukturierende Bestandteile von sinngeordneten Sozialsystemen sind. Vorstehend war die Auffassung formuliert worden, daß Gesellschaft um Rahmen dieses Beitrages als Sozialsystem, genauer als funktional differenziertes Sozialsystem verstanden wird. In der funktionalistischen Systemtheorie, aus der sich diese Sichtweise herleitet, versteht man darunter ein Gesamtsystem, welches sich – entsprechend seiner ihm eigenen Geschichte – in Funktionssysteme zergliedert, welche – entsprechend dem Systemzweck – je unterschiedliche Leistungen für das Sozialsystem erbringen. Systemdifferenzierung darf allerdings nicht dahingehend gedeutet werden, daß zwischen den Systemen kein Zusammenhang besteht; eher ist das Gegenteil richtig: Je ausdifferenzierter die Systeme gegeneinander sich darstellen, desto abhängiger sind sie voneinander. So ist das politische System der Industriestaaten etwa im wachsenden Maße auf wissenschaftlich-technisches Wissen angewiesen, dessen Bereitstellung der Sache nach Leistung des wissenschaftlich-technischen Forschungssystems ist. Dessen Funktionsfähigkeit dagegen hängt allerdings wesentlich davon ab, in welchem Umfang das politische System wissenschaftlich-technische Prozeßbedingungen stabil hält, also inwieweit etwa die Forschungsfreiheit strukturell gesichert erscheint, ökonomische Ressourcen langfristig bereitgestellt sind oder wie über technikrelevante Forschungsprogramme entschieden und wie diese durchgesetzt werden. Dazu gehört weiterhin z. B. auch die Einschätzung, über welches Vermögen das politische System verfügt, innere Legitimation und Loyalität zu erzeugen oder außenpolitische Unsicherheiten systemintern überzeugend zu bearbei-

---

[6] Vgl. E. Durkheim, Die Regeln der soziologischen Methode. Hrsg. u. eingel. v. R. König. 4. revidierte Ausgabe. Neuwied 1976, insbesondere S. 105ff., wie die Einleitung von R. König, hier S. 51ff.

ten. So verstehen wir auch die Absicht, Technologiefolgenabschätzung in der Mitte des politischen Systems institutionell zu etablieren als den Versuch, die arbeitsteilige Organisationsform des Parlamentsbetriebes dahingehend auszudifferenzieren, daß das segmentarische Aufmerksamkeits- und Wahrnehmungsvermögen des politischen Systems gegenüber dem technischen Prozeß und seinen Folgen verbessert wird. Man verspricht sich davon eine Steigerung der Funktionsleistung des politischen Systems überhaupt, nämlich kollektiv-verbindlich zu entscheiden.

Zusammengefaßt führen diese Überlegungen zu dem Schluß, daß sich die Frage nach dem curricularen Stellenwert von technischem Wissen in der sozialwissenschaftlichen Technikfolgenabschätzung zunächst auf eine Theorie der Sachverhältnisse stützen muß, welche die mitgestaltenden Rahmenbedingungen interpretiert, unter denen naturwissenschaftlich-technisches Wissen zur „Sache" wird. In diesem Zusammenhang ist auch die Auffassung zu diskutieren, nach welcher der Mensch im Prozeß der Erzeugung von Sachen die Ziele seines Tuns mit hervorbringt und damit sein Handeln in normativer Hinsicht an den technischen Möglichkeiten selbstorientiert. Damit soll gesagt sein, daß die Ziele und Werte, auf die menschliches Handeln abstellt, nicht „frei", außerhalb und unabhängig vom Prozeß der technischen Perfektionierung gewählt werden, sondern aus dem jeweiligen Vermögen dazu selbst hervorgehen, indem sie dieses nicht transzendieren, sondern bestenfalls technisch optimieren. Der Mensch produziert sich selbst als „technischen Menschen" (H. Lenk). Es ist diesem nicht möglich, Ziele und Werte außerhalb der durch die Organisation der Technik vorgegebenen Lebensstrukturen zu entwerfen; der Mensch kann sich nur auf die Verbesserung der technischen Funktionen konzentrieren, den Ablauf und die Tätigkeit seiner Apparate perfektionieren. Die technische Machbarkeit selbst – so diese Position – bestimmt, was gemacht werden soll, und weiter, daß alles hergestellt wird, was hergestellt werden kann. Machbarkeit und verfügbare Mittel determinieren in diesem Modell den gesellschaftlichen Entwicklungsprozeß.

Daß jede Technik in ihrer jeweils konkreten Fassung zunächst als Ergebnis gesellschaftlicher Konfiguration verstanden werden muß, ist richtig. Jede geselslchaftliche Formation erzeugt ihre Sachen, ihre sozio-technischen Systeme. Oder mit Siefried Giedion: „Mechanisierung ist das Ergebnis mechanistischer Auffassung der Welt."[7]

---
[7] S. Giedion, Die Herrschaft der Mechanisierung. Mit einem Nachwort von S. von Moos. Frankfurt 1982, S. 772.

Als Beispiel dafür, daß technische Manifestationen allgemeinen gesellschaftlichen Modellvorstellungen und Weltbildern folgen, mag man sich die bekannte griechische „Antikythera-Mechanik" vor Augen führen: Dieser Apparat war ein erstaunlich kompliziert aufgebauter Rechner für Werte der Sonnen- und Mondbahnen. Sein Mechanismus folgte – sozusagen „natürlich" – den im alten Griechenland zeitgemäßen Erklärungen der Himmelskörperbewegungen. Das Gerät war dem Konzept einer Weltanschauung – im wahrsten Sinne des Wortes – nachgebaut worden; seine Nutzung und Anwendung festigte seinerseits das ptolemäische Weltbild.[8]

Als Beispiel für die Wechselwirkung zwischen den in einer Gesellschaft herrschenden politischen, ökonomischen, rechtlichen oder religiösen Vorstellungen auf der einen und den jeweiligen Präferenzen für bestimmte technische Geräte auf der anderen Seite sei an die metaphorische Übertragung des Begriffs der Uhr[9] oder allgemeiner der der Maschine auf den Menschen und/oder auf das politische Gemeinwesen seit T. Hobbes erinnert, welcher nach eigenem Eingeständnis stark unter dem Einfluß *des* Philosophen stand, dessen Denken und v. a. dessen erkenntnistheoretisches Programm zum Inbegriff neuzeitlicher, mechanistischer Philosophie wurde: René Descartes. Eindrücklich findet sich die Weltsicht Descartes' in einer, in seiner Zeit überaus populären Arbeit des Bernard de Fontenelle, welche in der Form eines Dialoges zwischen dem Philosophen und einer Dame geschrieben ist, wiedergegeben, wenn es dort heißt:

> Marquise: „Auf die Art ist die Natur sehr mechanisch geworden."
> Ich: „Die Welt, nimmt man an, sei im Großen nichts anderes, als was eine Uhr im Kleinen ist, und alles in derselben geschehe durch regelmäßige Bewegungen, die von der Einrichtung der Theile abhängen..."
> Marquise: „Und ich schätz' es um so höher, nachdem ich weis, daß es einer Uhr ähnlich ist. Höchst seltsam, daß die so bewundrungswürdige Ordnung der Natur auf so einfachen Dingen beruht."[10]

Technik, so war eingangs gesagt worden, ist immer zugleich Produkt wie gesellschaftliche Kraft. Diesem Verständnis inhärent ist die ange-

---

[8] Vgl. insgesamt vom Verfasser: Geschichte der Technik-Geisteswissenschaftliche Voraussetzungen. (= Technik und Gesellschaft, Bd. 1). Köln 1984.
[9] Dazu O. Mayr, Uhrwerk und Waage. Autorität, Freiheit und technische Systeme in der frühen Neuzeit. München 1987; B. Stollberg-Rilinger, Der Staat als Maschine. Zur politischen Metaphorik des absoluten Fürstenstaates. Berlin 1986.
[10] B. de Fontenelle, Dialoge über die Mehrheit der Welten. Berlin ²1798, S. 15.

deutete Sichtweise, daß jede Sache in und aus ihrer historischen Erscheinung heraus Auskunft über ihren Zweck als Formursache ihrer Existenz gibt. Eingeschoben sei, daß mir daher alle Ausführungen zur sog. „Ambivalenz der Technik" oder ihrer vermeintlichen Wertneutralität überaus problematisch erscheinen. Behauptet wird weit eher, daß die Befragung der Zwecke von Sachen ethisch erweislich macht, was „gut" und was „böse" ist; erkennbar enthält diese Sichtweise einen Appell zur Remoralisierung des Technischen.
Vermittelnd zwischen naturwissenschaftlicher Erkenntnis und dem darauf gründenden Prozeß des „Zur-Sache-Werdens" liegt das Moment der zweckhaften Bewertung des (neu)erworbenen Wissens und seiner sachlichen Strukturierung. Ohne gesellschaftlich-kontextuelle Zweckbestimmung verwirklicht sich nichts, nimmt nichts „technische" Gestalt an, wird naturwissenschaftliches Wissen nicht zur gemachten Sache.[11] Zweckzuweisungen ergeben sich selbstevident nicht aus dem Forschungsprozeß selbst. Weit angemessener erscheint, diese als Resultante gesellschaftlicher Anschauung vom Zweck der Erkenntnis und des Wissens zu verstehen.
Sicherlich wäre der Einwand richtig, daß das angenommene Verhältnis von der Entdeckung und Erzeugung neuen Wissens und seiner Verdinglichung in dieser Form nur eine sehr allgemeine Gültigkeit hat. Zwingend bleibt m. E. dennoch, daß die Versachlichung von naturwissenschaftlicher Erkenntnis immer nur als Folge definierbarer gesellschaftlich-kontextueller Bedingungen zu beschreiben ist und daher die angemessene curricular-didaktische Ausgangssituation darstellt. Denn ein so formuliertes technik-soziologisches Verständnis enthält zwangsläufig auch die Anschauung, daß die entscheidenden Fragestellungen bezüglich des Verhältnisses von „Technikwissen" und „Technikfolgenabschätzungswissen" jene nach den gesellschaftlichen Akteuren, ihren Vorstellungen und Visionen, Strategien und Problemwahrnehmungen wie nach dem institutionellen Kontext, der Organisation der Interessen, dem kulturellen Selbstverständnis der Forscher und Ingenieure sind. Diese Auffassung versteht Technikentwicklung weit mehr als Handlungsablauf, als soziotechnisches System mit je eigener Geschichte, welche als solche rekonstruierbar erscheint. Wenn die soziale Wirksamkeit konkreter technischer Modi abhängig ist von den vorausgegangenen Prozessen ihrer Konstruktion – also weniger Manifestation

---
[11] Ausführlicher in T. Petermann/R. Graf von Westphalen, Ethik, Wissenschaft und Technik. (= Technik und Gesellschaft, Bd. 3). Köln 1985, insbesondere S. 59ff.

technischer Funktionslogik ist –, dann ist es eine selbstverständliche Konsequenz, daß die Folgen soziotechnischer Systeme auch als Folgen der gesellschaftlichen Präformierung von Technik zu verstehen sind. Politik- und sozialwissenschaftliche Technikfolgenabschätzung hat sich mithin um die Aufhellung der genetisch-formativen Prinzipien zu bemühen, unter denen Wissen zum Artefakt wird. Je höher die Bedeutung organisatorischer und kulturell-institutioneller Faktoren für den Prozeß der Sachentwicklung veranschlagt wird, je mehr ich also die Forschungsperspektive auf die Interessen und Entscheidungsprozesse über Form, Aufbau und Verwendung der Sache lenke, um so stärker ebne ich die funktionale Differenzierung zwischen Erzeugungswissen als Kompetenz von Forschung/Industrie und Wirtschaft einerseits und Bewertungs- und Abschätzungskompetenz (etwa: Politik) andererseits ein. Technische Kompetenz reicht bekanntlich alleine nie aus, selbstevident „gute" und „nützliche" Produkte zu erzeugen – in keinem Falle unter den Bedingungen der Herstellung weitreichender, soziotechnischer Systeme mit ihren hohen Risiko- und Schadenspotentialen und ihren Steuerungsansprüchen an das parlamentarische System.[12]
Ich vermag weiter nicht zu erkennen, daß „technisches Wissen" die Gewähr bietet wahrzunehmen, daß die Fragen nach den zeitverzögerten, nichtgewollten, synergistischen und kumulativen Folgen von Sachen sich mit dem institutionell-organisatorischen Entwicklungs- und Organisationskontext wandeln. Dieselben Techniken in unterschiedlichen Organisationen implementiert entfalten unterschiedliche Folgen, Wirkungen, Risiken und Chancen und werden unterschiedlich bewertet und wahrgenommen.
Kürzlich hat R. Mayntz einen Dreiländervergleich England – BRD – Frankreich am Beispiel von Btx vorgestellt und an diesem großtechnischen System die Determinanten seiner Entwicklung veranschaulicht.[13] Als Kontextbedingungen galten: Kultur/Werte, ökonomische Strukturen/politische Kräfteverhältnisse, rechtlich-institutionale Regeln und der technische „pool", der als Konstante galt, da er überall derselbe war. In Verknüpfung mit dem jeweiligen länderspezifischen Interaktionssystem (Akteuren, Ressourcen, Interessen, Netzwerken und Strategien) bildeten sich relativ varianzreiche soziotechnische Systeme auf

---

[12] Weiterführend vom Verfasser (Hrsg.), Technikfolgenabschätzung als politische Aufgabe. München 1988.
[13] R. Mayntz, „Entwicklung großtechnischer Systeme am Beispiel von Btx im Drei-Länder-Vergleich", in: Verbund sozialwissenschaftlicher Technikforschung, Mitteilungen 3 (1988), S. 7ff.

nationaler Ebene, deren Unterschiedlichkeit in Verbreitung und Nutzung bekannt ist. Erklärt wird diese Folge der Bildschirmtextsysteme mit dem Hinweis auf die unterschiedlichen Einführungsstrategien der nationalen Posttelefonverwaltung und zum zweiten mit einer damit zusammenhängenden – analytisch separierbaren – Zahl von Schlüsselentscheidungen, was die organisatorische Konfiguration der Systeme angeht.

Mit Blick auf die Frage: „Wieviel ‚technisches Wissen‘ braucht man in der sozialwissenschaftlichen Technikfolgenabschätzung?" lassen sich die vorgetragenen Überlegungen wie folgt zusammenfassen: Curriculare Konsequenz der Anschauung, nach welcher die ökonomischen, rechtlichen, politischen, sozialen, ideologischen und religiösen Randbedingungen der Entstehung von Sachen – die „Sachverhältnisse" – maßgeblich den Zweck und damit die Form und technische Architektur und die Verwendung, aber auch zugleich die gemeinten wie ungewollten Folgen von Sachen im sozialen Kontext hervorbringen, leitet zur Forderung nach einer möglichst weitgehenden forschungsstrategischen und didaktischen Berücksichtigung technikgenetischer Faktoren im Rahmen einer allgemeinen Soziologie der Sachen. Sozialwissenschaftliche Technikforschung („Technikfolgenforschung") löst „technisches Wissen" weitgehend zu Erklärungswissen um die soziale Bedingtheit jedweder Versachlichung auf; „Sachen" konfigurieren in diesem Verständnis als soziotechnische Handlungssysteme mit je eigener, rekonstruierbarer Erfindungs- und Entstehungsgeschichte. Diese reicht von der Projektion der Erfindung und Herstellung über die Begründung der realisierten Optionen bis zur Erklärung verworfener Realisierungsalternativen. Eingefügt in eine Interpretation der herrschenden gesellschaftlich-kulturellen Muster der alltäglichen Verwendung von Sachen könnte die Erhellung formativer Prinzipien technik-genetischer Bedingungen ein möglicher Weg zur antizipativen Darstellung der Folgen künstlicher Sachen im gesellschaftlichen Handlungszusammenhang sein.

Die Geschichte der Sachen – „Technikgeschichte" – bietet für eine so verstandene sozialwissenschaftliche Technikfolgenforschung das Material, welches uns möglicherweise zur Formulierung von Regelhaftigkeit technischer Entwicklung und ihrer Folgen verhilft, auf welche wiederum die Konzeption einer sozialverträglichen Technikgestaltung[14] angewiesen ist.

---

[14] Etwa U. von Alemann, H. Schatz, Mensch und Technik. Grundlagen und Perspektiven einer sozialverträglichen Technikgestaltung. Opladen 1986; R. Tschiedel, Sozialverträgliche Technikgestaltung. Opladen 1989.

Gefragt nach den Lernzielen einer im vorstehenden Sinne skizzierten sozialwissenschaftlich-curricularen Einheit wäre eine erste Antwort die, zur Erkenntnis zu leiten, daß die Hervorbringung von Sachen unlösbar verknüpft ist mit den geistes-, religions-, sozial-, wirtschafts- und rechtsgeschichtlichen wie politischen Ereignissen innerhalb eines historischen Formationsprozesses und daß der Charakter der „Technik" wesentlich auf dem ihr unterliegenden naturwissenschaftlichen Weltbild mit seinen philosophischen Axiomen und erkenntnisleitenden Anschauungen gründet. Da curriculare Fragen wesentlich auch Probleme der Zeitökonomie sind, sei eingeschoben, daß m. E. das letztgenannte Lernziel unter den Bedingungen der Gegenwart von vordringlicher Bedeutung ist. Eine wissenschaftsgeschichtliche Herausarbeitung der Grundlagen okzidentaler Wissenschafts- und Erkenntnisstrukturen kann etwa am cartesischen Denkmodell demonstrieren, wie unter den neuzeitlichen Rationalitätserfordernissen die Frage nach der ethisch-moralischen Dimension jeder menschlichen Hervorbringung infolge der Trennung von Physik und Moral eliminiert wurde und so der Weg frei wurde für ein auf den Funktionsablauf, auf das „Wie" der natürlichen Prozesse gerichtetes „technisches" Bemächtigungsinteresse. Dieser Prozeß enthält ein Grundproblem, um welches es uns heute vornehmlich geht, nämlich das Verhältnis von Naturerkenntnis („empirische Wissenschaft") und ethischer Rationalität, welche zunächst nur als subjektiv-moralische Frage zur Sprache gebracht wird. Vermeintlich habe Naturwissenschaft keine Bezüge zur Ethik, da sie unter der Alternative „wahr" oder „falsch" stehe, dies aber keine ethischen Alternativen seien.[15] Nach dem, was wir vorgetragen haben, erscheint diese Auffassung keine Lösung der Problematik zu enthalten.
Als weiteres Lernziel sollte die Einsicht genannt sein, daß das naturwissenschaftliche Weltbild einer Epoche immer auch Wirkung auf die Vorstellung vom Aufbau und der Ordnung anderer gesellschaftlicher Teilsysteme hat. Weiterhin: Daß die Entwicklung von Sachen auf Annahmen, Interessen, Wertvorstellungen und Entscheidungen beruhen, welche in derselben historischen Konstellation auch durchaus anders ausfallen können. Und letztlich: Daß in der Zweckstruktur unserer Sachwelt das Wirkungspotential enthalten ist, auf dessen frühzeitige Erkenntnis sich das Interesse der sozialwissenschaftlichen Technikfolgenabschätzung richten sollte.

---

[15] W. Schulz, Philosophie in der veränderten Welt. Pfullingen 1972, S. 91.

Technikwissen für die Technikfolgenabschätzung

C. Böhret

1. Von den grundsätzlichen Anforderungen

Hätten wir nur Naturwissenschaftler und Ingenieure in unseren Behörden, dann wären wir schlichtweg nicht in der Lage, unsere Arbeit zu tun. Da bin ich ganz sicher. *(J. Gibbons, OTA)*[1]

Ganz ungeheuerlich (ist) die außerordentliche Unbildung, das Unwissen der geisteswissenschaftlichen Studenten in den Naturwissenschaften.
(R. Ansorge)[2]

Was denn nun? Wer hat recht? Vielleicht beide? Geht es um eine erneuerte Problematisierung der kontrovers diskutierten „Zweikulturenthese" C. P. Snows? Daß es nämlich zwischen der geisteswissenschaftlichen und der naturwissenschaftlichen „Kultur" wegen wechselseitiger Ignoranz und der voranschreitenden Spezialisierung keine stimulierende Verbindung gebe?[3]

In jüngster Zeit wird aber eher wieder die Verständigung gesucht, man versucht voneinander „vorsichtig" zu erlenen; es ist auch dringend geboten. Denn Technikentwicklung und Technikfolgen werden zu neuen gesellschaftlichen und politischen Herausforderungen: Was soll besonders gefördert werden, welche Entwicklung könnte „kritisch" werden? Weshalb Frühwarnung und Gegenhalten geboten sein mögen.

---

[1] John Gibbons, Direktor des Office of Technology Assessment beim US-Kongreß, in: Rheinischer Merkur No. 7, vom 7.2. 1989, S. 16.
[2] Reiner Ansorge (Prof. der Mathematik in Hamburg) auf der Jahresversammlung der Westdeutschen Rektorenkonferenz 1989, zit. in: VDI-Nachrichten No. 21/26. 5. 1989, S. 45.
[3] Vgl. H. Kreuzer: Die zwei Kulturen (C. P. Snows These in der Diskussion) München 1987.

Technikentwicklung und Technikfolgen werden – wie nie bisher – problematisiert, die neue Technik muß sich „rechtfertigen", oft noch ehe sie ökonomisch verwertet und sozial verbreitet wurde. Non-Akzeptanz ist allerdings auch ein Ergebnis von Nichtwissen; pauschale und nichtdifferenzierte Technikkritik entstammt der Verweigerung, sich mit neuen Technologien zu befassen und mit den Technikern zu sprechen. Sei es, daß man eine potentielle „Vereinnahmung" durch die Techniker vermutet; sei es, daß man „sprachlos" ist aus mangelnder Kenntnis oder Angst.

So besteht ein hoher Lernbedarf auf beiden Seiten:

- die Techniker müssen mehr wissen über die historischen, sozioökonomischen Bedingungen und die politischen Effekte der „Technik" (Genese und Folgen) wie über die Wahrnehmungen und Verarbeitungen auf Seiten der Sozialwissenschaften;
- die Sozialwissenschaftler benötigen ein sehr viel breiteres Wissen über Technologien, Technik und Artefakte sowie eine tiefere Einsicht in Techniksozialisation und die wirklichen („empirisch" und/oder theoretisch) erst noch zu erschließenden Nettofolgen, Spätschäden und „schleichenden Katastrophen"[4] der neueren Technikverwertung.

Aber diesem hohen Bedarf an Kenntnis und Urteilsfähigkeit entspricht weder das Wollen, sich mit der Technik und ihren Folgen sozialwissenschaftlich zu beschäftigen, noch die Neigung, sich mit den Bedingungen und Potentialen der Technikfolgenanalyse oder gar einer politischen Techniksteuerung professionell zu befassen. Weder sind die politischen Akteure hinreichend vorgebildet noch viele Sozialwissenschaftler befähigt (und gelegentlich nicht willens), über die allgemeine Kritik des folgenreichen „technischen Fortschritts" oder „Fortsturzes" (R. Jungk) hinauszugehen zur profunden empirisch (und historisch) gestützten wie theoretisch fundierten Technikanalyse.
Aber die Techniker haben es ihnen auch nicht immer leicht gemacht! Immerhin – und erfreulicherweise – haben sich in jüngerer Zeit deutliche Veränderungen der ignoranten Positionen gezeigt. Anfänglich hätten es noch „Moden" sein können; doch nun wird es ein ernsthaftes

---

[4] Zum Begriff C. Böhret: Innovative Bewältigung neuer Aufgaben, in: ders., H. Klages, H. Reinermann, H. Siedentopf (Hrsg.), Herausforderungen an die Innovationskraft der Verwaltung, Opladen 1987, S. 37ff.

Anliegen, sich mit Technikproblemen und deren sozialen und politischen Konsequenzen zu befassen.[5] Daraus erwächst die durchaus begründete Hoffnung, daß sich das Interesse erhöht, mehr über Technik zu wissen und daß dies sowohl für das Zurechtfinden in der Welt von morgen unerläßlich ist, als auch für die wissenschaftliche Analyse und die professionelle Beratungstätigkeit unabdingbar wird.

Sozialwissenschaftler beginnen zu merken, wie leicht sie ihre mühsam erworbene Mitwirkungschance in Beratungsprozessen und in neuen beruflichen Positionen verspielen, wenn sie nicht ein angereichertes Technikwissen vorweisen können. Die oft geäußerte „Gegenmeinung": man könne eine Technikfolge eher „kritisch" abschätzen und bewerten, wenn man die Thematik selbst nicht kenne („Vereinnahmungs"these), ist als wissenschaftliches Argument schon immer unhaltbar gewesen: je genauer eine Technik, ihre Wirkungsweise und ihre Risiken bekannt sind, um so eher lassen sich auch ihre sozioökonomischen, ökologischen, rechtlichen, anthropologischen und politischen Folgen abschätzen.

2. Was heißt das: „technische Studienanteile" (hier speziell in der Politikwissenschaft)?

Technikfolgenabschätzung ist per se kein originärer Gegenstand der Politikwissenschaft. Aber politikwissenschaftliche Aspekte – etwa: was fangen politische Institutionen mit den Ergebnissen von Technikfolgenanalysen an (oder wie und warum blenden sie solche aus), sind dann schon relevante Fragestellungen. Ebenso wie die Beschäftigung mit der politischen Bewertung von prognostizierten Technikfolgen

---

[5] Vgl. u. a. den 16. Wissenschaftlichen Kongreß der Deutschen Vereinigung für Politische Wissenschaft (Oktober 1985) mit dem Generalthema „Politik und die Macht der Technik"; die zunehmende Menge an technikorientierten Forschungsprojekten und die wachsende Anzahl einschlägiger Publikationen. Exemplarisch seien genannt: W. Süß, K. Schröder (Hrsg.), Technik und Zukunft, Opladen 1988; K. Lompe (Hrsg.), Techniktheorie, Technikforschung, Technikgestaltung, Opladen 1987; W. Bruder (Hrsg.), Forschungs- und Technologiepolitik in der Bundesrepublik Deutschland, Opladen 1986; P. Kevenhörster, Politik im elektronischen Zeitalter, Baden-Baden 1984; C. Böhret, P. Franz, Technologiefolgenabschätzung. Institutionelle und verfahrensmäßige Ansätze, Frankfurt, New York 1982.

oder aber mit der im gegebenen politischen System angemessenen Institutionalisierung von Analysekapazitäten oder Ämtern.[6] Insoweit die Folgen des technischen Wandels politische Entscheidungen tangieren oder politisches Handeln Technikfolgen mitproduziert, ist eine politikwissenschaftliche Mitwirkung im multidisziplinären Erkenntnisprozeß zweckmäßig. Aber auch bei der Erforschung der Technikgenese, bei „Verwertungsentscheidungen" und bei der Methodenentwicklung selbst können Politikwissenschaftler mitwirken. Allerdings nur, wenn sie willens und fähig sind, ihren originären fachlichen Sachverstand mit adäquatem Verständnis für Technik und Technikentwicklung anzureichern: eine „Verstehens"kompetenz ist erforderlich und die Bereitschaft, sich dem Gegenstand vorbehaltlos zu nähern, ihn als einen (vielleicht *den*) wesentlichen Faktor einer kulturellen Epoche zu begreifen und erst dann die kritische Befragung nach seinen problematischen Wirkungen und seinem (deshalb) zunehmenden Gewicht im politischen Prozeß zu beginnen.

Obwohl die Technikfolgenabschätzung nur *ein* Element in der breiten Palette sozialwissenschaftlicher Technikwahrnehmung darstellt, ist sie doch für politikwissenschaftliche Analysen ein ideales Beobachtungs- und Lernfeld. Schon die Frage, ob und wie sehr Technikfolgenabschätzungen und -bewertungen von „der Politik" (in Regierung und/oder auch im Parlament) selbst vorgenommen und danach wie und mit wessen Hilfe weiter „verbreitet" werden *können* oder *sollen,* ist *eine* zentrale Fragestellung, deren schwierige Beantwortung sogleich das Verhältnis von staatlicher Kompetenz und sozioökonomischer Dynamik berührt. Immer differenziert nach „*Können*" (inwieweit ist der Staat überhaupt fähig, bei der Gestaltung des technichen Wandels mitzuwirken?) und nach „*Sollen*" (inwieweit darf und „soll" der Staat steuern?)!

---

[6] Vgl. C. Böhret, P. Franz, Die Institutionalisierung der Technikfolgenabschätzung im politischen System der Bundesrepublik Deutschland, in: K. Lompe (Hrsg.), Techniktheorie, Technikforschung, Technikgestaltung, Opladen 1987, S. 268–288; ferner C. Böhret, Stellungnahme zur Institutionalisierung der Technikbewertung, in. F. Rapp, M. Mai (Hrsg.) für VDI: Institutionen der Technikbewertung, Düsseldorf 1989, S. 171ff.

3. Wie könnten solche Studienanteile aussehen und eingeführt werden?

Um diese (und andere) Fragen zu stellen und dann – im Zusammenwirken mit anderen Disziplinen – beantworten zu können, benötigt der Politikwissenschaftler ein Mindestmaß an Technikverständnis, wenigstens exemplarisches „objektbezogenes Wissen" und methodologisches Rüstzeug für die Beobachtung, Analyse und Bewertung von Technikfolgen.

Erst auf dieser Grundlage kann *wissenschaftlich gestützte* und *gesellschaftlich relevante* Kritik an der Rolle des politischen Systems bei der Technikentwicklung entfaltet werden. Nur mittels „verstehender" Analyse lassen sich praktikable Lösungen erarbeiten, wie das politisch-administrative System mit Technikentwicklung und Technikfolgen besser und sozial wie ökologisch angemessen umgehen kann.

Dies alles kommt nicht von ungefähr, man muß es erfahren und lernen; am besten schon während der Hochschulausbildung. Es geht um das Erlernen und Üben von Dialogfähigkeit. Freilich kann dies wiederum nicht „erzwungen" werden. Aber etwa ein Kurs „Grundlagen der Technikentwicklung" und „Umgang mit Technikfolgen" sollte überall angeboten und zumindest als Wahlpflichtveranstaltung eingesetzt werden.

In einer solchen – über 2 Semester laufenden – Veranstaltung wäre zu erreichen:
- gehobenes Verständnis für die Entwicklung und Bedeutung der Technik (exemplarisch an einem Artefakt, an bestimmten Verfahren und Auswirkungen);
- vertiefte Einsicht in die Verbreitung und Nutzung einer Technik, auch unter ökologischem Aspekt;
- Überblick über instrumentelles Wissen für die Abschätzung und Bewertung von Technikfolgen;
- Auswirkungen der Technikentwicklung (und ggf. fehlender technologischer Basisinnovationen) auf das politische und ökonomische System und Anforderungen an politisches Handeln;
- Möglichkeiten und Grenzen für die Herausbildung und Abstimmung von politischen Beurteilungskriterien kritischer Entwicklungen und für die Formulierung und Durchsetzung von politischen Steuerungsprogrammen (distributive, informative, regulative Maßnahmen).

Auf solchen Grundlagen aufbauend könnten dann Lehrveranstaltungen angeboten werden, die anhand von Fallstudien eine vertiefte Beschäftigung mit politikrelevanten Aspekten der Technikentwicklung ermöglichen, wobei möglichst aktuelle Probleme bearbeitet werden sollten. Beispiele:

- Einführung von Informations- und Kommunikationstechnologien in eine Behörde, im Parlament;
- Technikfolgenberücksichtigung im Gesetzgebungsprozeß (Grenzwerte, Stand von Wissenschaft und Technik);
- Vergleichende Folgenanalyse bei der Einführung neuer Verkehrstechnologien (z. B. Schnellbahnsystemen) oder Aspekte der Folgenakzeptanz bei der Freisetzung biotechnischer Produkte.[7]
- Verfahren zur Ermittlung bisher nicht bekannten Wissens über Techniken und deren Folgenbewertung – am Beispiel einer vorbereiteten „Verhandlung" vor einem „Wissenschaftsgerichtshof". Schließlich könnten auch neuere Hilfsmittel – etwa Simulationsmodelle zur Folgenproblematik[8] – in Kursmodellen eingesetzt werden, die sich mit der Schärfung des analytischen Wissens und/oder mit der Verbesserung politisch-administrativer Entscheidungsstrukturen befassen.
- Institutionalisierungsmodelle für die Technikfolgenabschätzung in unterschiedlichen Regierungssystemen.

Im übrigen wären solche „Studienanteile" auch von besonderer Wichtigkeit in der Ausbildung von zukünftigen *Journalisten,* die oft ein politikwissenschaftliches Kernstudium absolvieren und in ihrer späteren Verwendung häufig auch über Technologien, Techniken und (demnächst mehr) über Technikfolgen berichten und neue Vorgänge kommentieren müssen.[9]

---

[7] H. Gissel wies während des Ladenburger Diskurses am 11. 2. 1989 darauf hin, daß auch vielen Technikstudenten solche Kenntnisse vermittelt werden müßten.
[8] Ermutigende Erfahrungen wurden erzielt mit dem Einsatz des computergestützten Planspiels „tau" in der Fortbildung von Führungskräften der Verwaltung und von politischen Entscheidungsträgern. Vgl. Böhret, Wordelmann, Karczewski, tau-Spielunterlagen, Speyer, Bonn, Berlin 1989.
[9] Vgl. neuerdings A. Bammé, E. Kotzmann, H. Reschenberg (Hrsg.), Unverständliche Wissenschaft. Probleme und Perspektiven der Wissenschaftspublizistik, München 1989.

4. Welche Schwierigkeiten können entstehen?

Sozialwissenschaftler (und Politologen im besonderen) haben in den seltensten Fällen eine über das Normalmaß (Alltagstheorien; übliche „Techniksozialisation") hinausgehende Beziehung zur Technik und zur Technikgenese. Sie denken nicht in technischen Kategorien, „verstehen" technische Prozesse kaum und schon gar nicht die „ingeniöse Begeisterung". Im Grunde haben sie eher eine Abneigung gegen Apparate, technische Zeichnungen und Normierungen und wohl auch (unbewußt) gegen Denk- und Artikulationsweisen der Ingenieure. Obwohl – bei konkreten Berührungen – diese viel „naheliegender" und verständlicher sind, als man das erwartete. Dies trifft übrigens auch für viele politische Akteure zu.[10]

Erste Befragungen (1984) bundesdeutscher Politikwissenschaftler über ihre derzeitigen und geplanten Forschungsfelder[11] zeigten, daß Technologiepolitik, Technikakzeptanz und Auswirkungen von einzelnen Techniken (insbesondere IKT) zunehmende Aufmerksamkeit fanden und fordern werden – allerdings ausgehend von einem bis dahin sehr niedrigen Wahrnehmungsniveau.

Innerhalb aller Politikfeldanalysen war die Technologiepolitik im weitesten Sinne explizit aber doch schon mit rund 10 % vertreten. Objektbezogene Technikfolgenanalysen und Technikfolgenabschätzungen als politisch-administrative Aufgabe wurden als geplante Forschungsfelder mehrfach genannt. Zwischenzeitlich hat das Forschungsinteresse deutlich zugenommen und mehrere einschlägige Politikfeldstudien liegen vor. Eine „schnelle" Stichprobenuntersuchung der technikbezogenen Lehrveranstaltungen im Wintersemester 1988/89 an 20 bundesdeutschen Universitäten ergab,[12]

– daß der Anteil solcher Veranstaltungen (am gesamten Angebot) durchweg sehr gering ist (grobes Verhältnis 1:30);

---

[10] Vgl. auch C. Böhret, Technikfolgen als Problem für die Politiker, in: C. Zöpel (Hrsg.), Technikkontrolle in der Risikogesellschaft, Bonn 1988, S. 85–117.

[11] Vgl. C. Böhret, Zum Stand und zur Orientierung der Politikwissenschaft in der Bundesrepublik Deutschland, in: H. H. Hartwich (Hrsg.), Policy-Forschung in der Bundesrepublik Deutschland, Opladen 1985, S. 216–330.

[12] Die ausgewählten Universitäten (Nord/Süd; Uni/TU/GHS) können in etwa als „repräsentativ" angesehen werden; aber selbstverständlich ist die Betrachtung nur eines Semesters zu „dünn". Die „Stichprobe" sollte nur der Illustration dienen. Eine „richtige" Untersuchung – auch zur Entwicklung – wäre sicher informativ.

- daß fast die Hälfte der 20 Universitäten (= 45%) noch *keine* einschlägige Veranstaltung anbieten;
- daß es sich (noch) vorrangig um Politikfeldanalysen (z. B. neue Biotechnologien, Kernenergiepolitik, Datenbanken) oder um Einführungen (z. b. „Einführung in die politische Ökologie", „Gewerkschaften und Technologiepolitik") handelt;
- daß daneben aber auch schon einige Veranstaltungen zum Technikfolgenproblem angeboten werden („technology assessment" – Konzept und Praxis; Technikbewertung und Ethik).

Bei vorsichtiger Einschätzung – und auf der Grundlage neuerer Hinweise – kann man davon ausgehen, daß die Menge der einschlägigen Angebote steigen wird. Dabei ist aber nur in wenigen Fällen (etwa in Braunschweig; beginnend auch an der TU Berlin) ein durchgängiges Konzept vorhanden. Dies muß aber zumindest die 2. Stufe des Angebots sein: ein „ersichtlicher" Zusammenhang, eine nachvollziehbare Abfolge der Angebote.

Es wäre sehr zu empfehlen, daß in erster Linie die technischen Universitäten damit beginnen, das technikdemonstrierende Lehrangebot für Sozialwissenschaftler zu erhöhen und dabei möglichst einen Technik- und einen Politikwissenschaftler für eine gemeinsame Seminarleitung „begeistern". Dabei sollten nicht nur die Informations- und Kommunikationstechnologien als Objekt und Verfahren im Mittelpunkt stehen, wenngleich sie derzeit den höchsten Aufmerksamkeitsgrad verbuchen können.

Im übrigen gibt es ältere und neuere „Empfehlungen" gewichtiger Gremien zur Intensivierung und Erweiterung der „technischen Studienanteile" in der sozialwissenschaftlichen Ausbildung. So heißt es in der Empfehlung des „Gesprächskreises Bildungsplanung des Bundesministers für Bildung und Wissenschaft" von 1984 u. a.:

> Die Hochschulen müssen der wachsenden Bedeutung technisch-naturwissenschaftlicher Faktoren und Entwicklungen im wirtschaftlichen Geschehen ... durch eine flexible Gestaltung der Studieninhalte ... Rechnung tragen. Im Rahmen des allgemeinen Bildungsauftrags der Hochschule (§ 7 Hochschulrahmengesetz) sollen technisch-naturwissenschaftliche Bildungsinhalte in die Studiengänge von Nichttechnikern und Nichtnaturwissenschaftlern integriert werden. ... Es ist vordringlich, die Berufsbezogenheit der Hochschulausbildung durch geeignete Maßnahmen wie beispielsweise Praktika und Praxissemester zu stärken.[13]

---

[13] BMBWi (Hrsg.), Naturwissenschaft und Technik als Bildungsauftrag, Bonn 1984, S. 21.

Und der Bericht der rheinland-pfälzischen Expertenkommission „Wettbewerbsfähigkeit und Beschaffung" von 1985 enthält auch die Empfehlung

... natur- und ingenieurwissenschaftliche Studiengänge einerseits sowie wirtschafts- und sozialwissenschaftliche Studiengänge andererseits durch einen Mindestanteil der Fächer aus dem jeweils anderen Bereich zu ergänzen (z. B. durch Aufnahme in den Katalog der Wahlfächer). Wirtschafts- und Sozialwissenschaftler sollten dadurch die Möglichkeit erhalten, technologische Grundkenntnisse zu erwerben ...[14]

Bis es soweit ist, müssen auch die Fortbildungsbemühungen gestärkt werden: was in der Ausbildung versäumt wurde, muß für bereits im Beruf stehende Politikwissenschaftler nachgeholt werden. Anpassende Weiterbildungsmaßnahmen werden allerdings auch später ratsam sein, denn die Veraltungsgeschwindigkeit des Wissens nimmt zu.

5. Folgerungen

Ja, wir brauchen „technologische Studienanteile" in den Sozialwissenschaften und speziell in der Aus- und Fortbildung von Politologen. Sonst ist die Mitsprache- und sogar die Mithörkompetenz (M. Timmermann)[15] nicht mehr gewährleistet. Der zentrale Gegenstand politikwissenschaftlicher Analyse (politisches System) ist ohne ausreichendes Verständnis für Technik, für Technikentwicklung und Technikfolgen nicht mehr hinreichend zu begreifen und zu erforschen. Woraus *auch* folgt, daß die „Berufsfeldeignung" von Politologen zunehmend von ihrer zusätzlichen Kompetenz abhängen wird, sich mit „Technik" sachverständig zu befassen – selbstverständlich von ihren besonderen Erkenntnisinteressen aus. Woraus wieder folgt, daß sie ihre Dialogfähigkeit (R. Wirtz) gegenüber Technikern erhöhen müssen – was ihnen selbst sehr gut tun wird.
Technikfolgenanalysen und deren „Erprobung am historischen Material" (W. König) (Entstehung, Abschätzung, Bewertung) können *ein* Ansatzpunkt oder gar der rote Faden sein, an dem sich auch aus didaktischer Absicht das Verständnis für Technik, die Kooperation und die Verständigung mit Technikern verhältnismäßig leicht erreichen läßt.

---

[14] Bericht und Empfehlungen der Expertenkommission „Wettbewerbsfähigkeit und Beschaffung" des Landes Rheinland-Pfalz, Mainz 1985, S. 107.
[15] Diskussionsbeiträge von Manfred Timmermann, R. Wirtz und Waldemar König während des Ladenburger Diskurses am 11. 2. 1989.

Technischer Fortschritt und gesellschaftliche Verantwortung

K. A. Detzer

„Technik ist ein Stück unserer menschlichen Natur; sie läßt sich nicht neben andere Bereiche, wie Wissenschaft, Kunst, Politik, Religion oder Wirtschaft, stellen; sie ist als menschliche Verhaltensweise in allen diesen Bereichen wirksam" (Sachsse). Man mag darüber streiten, ob die Technik ein Stück menschlicher Natur oder eine menschliche Verhaltensweise oder sonst etwas ist. Unbestreitbar ist die enge Verflechtung von Technik mit allen Bereichen menschlichen Lebens.
Wissen über die Technik gehört daher zur Allgemeinbildung und erst recht in die Hochschulbildung, nicht zuletzt in den Geistes- und Sozialwissenschaften. Über die Inhalte, die zu vermitteln sind, kann man verschiedener Meinung sein, geht man von den Fragestellungen aus, die bei öffentlichen Veranstaltungen und Diskussionen (v. a. zu den Themen Technikbewertung und Technikverantwortung) immer wieder aufkommen, so kann die folgende Einführung zum Thema „Technischer Fortschritt und gesellschaftliche Verantwortung" zumindest einen ersten analytischen Rahmen für eine vertiefende Diskussion liefern.

1. Technik als Mittel zur Bedürfnisbefriedigung

Eine der aufschlußreichsten Technikdefinitionen (es gibt ja sehr viele), ist diejenige von Stork: „Technik ist jenes Handeln, durch das der Mensch naturgegebene Stoffe und Energie so umformt, daß sie seinem Bedarf und Gebrauch dienen."
Technik wäre demnach ein Instrument zur Bedürfnisbefriedigung, und zwar nicht nur, wie manche Technikkritiker meinen, der materiellen Bedürfnisse. Der Technikphilosoph Sachsse: „Sie ist eine Entlastung, Verlängerung und Vervollkommnung aller unserer Organe, der

Augen, der Ohren, der Hände und auch des Gehirns, und sie dient daher ebenso zur materiellen wie zur geistigen Steigerung unseres Lebens." Sprache und Schrift sind letztlich auch technische Erfindungen des Menschen, die geistiges Leben erst begründen.

Wenn die Technik menschliche Bedürfnisse befriedigen soll – so sagen die Kritiker – dann muß sie eben nach den Bedürfnissen gesteuert werden; und wenn nicht alle Bedürfnisse befriedigt werden können, dann eben zuerst die wahren, die echten Bedürfnisse, die Grundbedürfnisse.

Nun sind aber die wahren und echten Bedürfnisse des Menschen umstritten. Hinzu kommt, daß Bedürfnisse von Kultur und Zeit abhängig sind. Die verschiedenen Bedürfnistheorien helfen immerhin, einen verbreiteten Irrtum auszuräumen: Da menschliche Bedürfnisse z.T. im Wettbewerb miteinander stehen (innerhalb der Einzelperson und zwischen Menschen und Gruppen), können noch so viele Reformen und Revolutionen nicht zur konfliktfreien Gesellschaft führen.

Von den meisten Theorien (Tabelle 1) wird auch anerkannt, daß die menschlichen Bedürfnisse nicht nur auf die „Vermeidung" z.B. von Hunger, Durst beschränkt, sondern auch auf das „Erstreben" von etwas, z.B. von Behaglichkeit und Kunstgenuß gerichtet sind. Die Bedürfnisse sind also nach oben unbegrenzt.

Grillparzer dichtet in seiner *Libussa* (5. Aufzug):

> Befriedigt ist das Tier nur und der Weise,
> Den Menschen, die gleich mir und gleich den meisten.
> Ward das Bedürfnis als ein Reiz und Stachel.
> Von ew'gen Mächten in die Brust gelegt,
> Bedürfnis, das sich sehnt nch der Befried'gung.
> Und dort auch noch zu neuen Wünschen keimt.

Gegen die bedürfnisorientierte Definition des Technikbegriffes mag sprechen, daß sie für junge Menschen – v.a. wenn sie mit technikkritischer Einstellung an das Thema herangehen – zu abstrakt ist.

Konkreter ist da Gehlen:

> „Der sinnesarme, waffenlose, nackte Mensch ist existentiell auf Handlung angewiesen; Handeln ist auf Veränderung der Natur zum Zwecke des Menschen gerichtete Tätigkeit; Fähigkeiten und Mittel dazu bietet dieTechnik; sie hilft den Menschen durch Organverstärkung, Organentlastung und Organersatz."

In Anlehnung an diese Definition ist in Tabelle 2 der Versuch unternommen, ausgewählte Basistechnologien aus der Technikgeschichte in

Tabelle 1. Typologie menschlicher Grundbedürfnisse. (Nach Galtung)

	Abhängig von handelnden Individuen		Abhängig von Gesellschaftsstrukturen	
	Persönliche Sicherheit	Mittel zur Befriedigung	Wohlergehen	Mittel zur Befriedigung
Materiell	Gegen individuelle Gewalt, z.B. Folter	Polizei	Ernährung, Schlaf	Nahrung, Wasser, Luft
	Gegen kollektive Gewalt, z.B. Krieg	Militär	Bewegungsfreiheit, Schutz gegen Klima und feindliche Umwelt	Kleider, Behausung
			Schutz gegen Krankheiten	medizinische Betreuung
			Schutz gegen Überbelastung	Ergonomie
	Freiheit		Identität	
Immateriell	Informations- und Meinungsfreiheit	Kommunikation, Versammlungen	Selbstentfaltung	Arbeit und Freizeit
	Koalitions- und Wahlfreiheit	Organisationen, Parteien	Aktivität und Individualität	Erholung, Familie
			Verbundenheit, Zugehörigkeit	„Sekundäre Gruppen"
	Freie Berufs- und Ortswahl	Arbeitsmarkt, Verkehr	Verständnis für soziale Bewegungen	politische Aktivität
	Freie Wahl von Gütern und Dienstleistungen	Supermarkt	Naturerleben	Nationalparks
	Freie Wahl des Lebensstils	Demokratie		

die drei Kategorien „Werkzeuge/Apparate/Maschinen", „Verfahren" und „Systeme" einzuteilen und wichtigen Zwecken zuzuordnen. Sicher ist die getroffene Auswahl subjektiv und die Zuordnung zu einzelnen Feldern nicht immer eindeutig: die Zusammenstellung zeigt dennoch klarer als erläuternde Worte den konkreten Nutzen der Technik bzw.

Technischer Fortschritt und gesellschaftliche Verantwortung 231

Tabelle 2. Zweck und Mittel von Basistechnologien (Alter in Jahren)

Mittel Zweck	Werkzeuge, Apparate, Maschinen		Verfahren		Systeme	
Organ- verstär- kung	Steinwerkzeuge	(2000000)	Gebrauch des	(750000)	Staat	(5000)
	Schiff	(50000)	Feuers		Straßenverkehr	(5000)
	Pfeil und Bogen	(12000)	Erschmelzung von	(6000)	Eisenbahnver-	(185)
	Rad	(5500)	Kupfer		kehr	
	Seilwinde	(2400)	Bronze	(5500)	Stromerzeugung	(107)
	Wasserrad	(2300)	Glas	(5000)	und -verteilung	
	Windmühle	(1100)	Eisen	(3500)	Kfz-Verkehr	(100)
	Fernrohr	(400)	Stahl	(3000)	Flugverkehr	(90)
	Dampfmaschine	(300)	Schießpulver	(1100)		
	Turbine	(230)	Hochofen	(270)		
	Eisenbahn	(185)	Herstellung von	(125)		
	Dynamo, Elek- tromotor	(150)	Kunststoff Sprengstoffherstel-			
	Verbrennungsmotor	(120)	lung	(120)		
	Auto	(100)	Raumfahrttechnik	(30)		
	Flugzeug	(90)	Lasertechnologie	(28)		
	Strahltriebwerk	(55)	Holographie	(25)		
	Satellit	(30)	Neue Werkstoffe	(z. Z.)		
Erwei- terung der Exi- stenz- grund- lagen	Webstuhl	(7000)	Zähmung von Tie-	(14000)	Tauschhandel	(X00000)
	Pflug	(5500)	ren		Ackerbau	(9000)
	Uhr	(4000)	Felderbewässerung	(7000)	Geldwirtschaft	(2700)
	Batterie	(190)	Ziegelherstellung	(5000)	Telefonnetz	(110)
	Mikroprozessor	(10)	Kuppelbau	(1850)	Modernes Ge-	(40)
			Porzellanherstellung	(1300)	sundheitswesen	
			Telegraphie	(185)	Moderne In-	(z. Z.)
			Telefonie	(110)	Iformations-	
			Rundfunk und		und Kommunika-	
			Fernsehen	(90)	tionssysteme	
			Atomenergie	(46)		
			Kernfusion	(z. Z.)		
Intelli- genz verstär- kung	Bewegliche Lettern	(900)	Sprache	(100000)	Schulen	(5000)
	Druckmaschine	(500)	Schrift	(8500)	Universitäten	(1000)
	Schreibmaschine	(250)	Geometrie	(4600)	Modernes	(150)
	Computer	(50)	Algebra	(3700)	Bildungswesen	(z. Z.)
	Microcomputer	(18)	Lautschrift	(3300)	Experten-	
			Papierherstellung	(1900)	systeme	
			Buchdruck	(550)		
			Künstliche Intelligenz	(z. Z.)		
Organ- ersatz	Künstliches Gebiß	(2700)	Impfung	(190)		
	Brille	(700)	Chemotherapie	(80)		
	Eiserne Lunge	(54)	Insulinherstellung	(67)		
	Dialyseapparat	(45)	Organverpflanzung	(35)		
	Herzschrittmacher	(36)	Künstliche Organe	(z. Z.)		
Beschleu- nigung der Evolution			Tierzüchtung	(10000)		
			Pflanzenzüchtung	(9000)		
			Gentechnologie	(z. Z.)		

der Technologien. Die Darstellung zeigt aber auch, daß man mit den Kategorien Gehlens nicht auskommt, sondern weitere, nämlich die *Erweiterung der Existenzgrundlagen*, die *Intelligenzverstärkung* und die *Beschleunigung der Evolution* hinzunehmen muß.

An dieser Stelle ist ein kurzer Exkurs über den Fortschrittsbegriff angebracht:

Das Wort „schreiten" zeigt eine Bewegung an, das „fort" eine Richtung; es muß aber nicht immer die Richtung zum Besseren sein. Als Beispiel für Fortschritt (im Sinne von Höherentwicklung) in der Naturgeschichte kann die Evolution der Lebewesen auf der Erde gelten, als Gegenbeispiel die ständige Zunahme der Entropie im Energiehaushalt der Welt (das ist energetisch gesehen keine Höherentwicklung), der Verbrauch von nichtsubstituierbaren Ressourcen und die Schädigung der Umwelt.

Den Fortschritt absolut oder schlechthin gibt es also nicht. Eher schon den relativen Fortschritt: z. B. höhere Lebenserwartung im Vergleich zu früheren Epochen oder gegenüber anderen Ländern oder Fortschritte auf speziellen Gebieten, z. B. den wissenschaftlichen, den technischen und den sozialen Fortschritt.

Liefert schon die Natur Beispiele für Fortschritt und Rückschritt, so erst recht die Technik: Technischer Fortschritt bedeutet zwar mehr „Können", aber nicht automatisch mehr menschlichen Fortschritt im Sinne eines humaneren Lebens – oder wie Biedenkopf es ausdrückt: „Zwischen Technik und Glück besteht kein zwingender Zusammenhang." Die Idee des geschichtsimmanenten, immerwährenden Fortschritts in Richtung auf das Paradies auf Erden ist überholt; zwar gibt es relative Fortschritte auf speziellen Gebieten, aber global gesehen werden unsere Probleme nicht kleiner:

- für 5 Mrd. Menschen – so drückt es Korff aus – gibt es keine ökologischen Nischen;
- die Existenz der Gattung Mensch erweist sich als ebensowenig gesichert wie die der 99% Arten, die im Laufe der Naturgeschichte bereits untergegangen sind (Markl).

2. Die Kritik an der Technik

Viele Menschen fühlen sich durch die Gefahren, die von der Technik ausgehen oder die zumindest mit ihr einhergehen, bedroht – auch diejenigen, die den Nutzen der Technik dagegenrechnen.

Als *Problemfelder* mit besonders weitreichenden Risikn werden heute wahrgenommen:

- die Klimaproblematik (Treibhauseffekt und Ozonloch);
- das beschleunigte Artensterben in der Tier- und Pflanzenwelt;
- das Gefährdungspotential aus der Nuklearenergie (militärisch und zivil);
- der (z. B. durch Gentechnik) manipulierte Mensch.

Bei den *Problemursachen* stehen im Vordergrund:

- die Bevölkerungsexplosion;
- die Abgase, die Abwässer und – am wenigsten bewältigt – die Abfälle;
- das Gefährdungspotential aus der Informations- und der Kommunikationstechnik, der Gentechnik und der Fortpflanzungsmedizin.

Die Abgase, Abwässer und Abfälle werden ihrerseits wieder verursacht durch:

- das Konsum- und Freizeitverhalten der Menschen;
- den Produktions- und Dienstleistungsprozeß der Wirtschaft und des Staates;
- das Energieversorgungs- und das Verkehrssystem;
- und nicht zuletzt von der Landwirtschaftstechnik.

Den vielen bekannten Horrorszenarien soll hier kein weiteres hinzugefügt werden, es gilt vielmehr, die Ausgangslage nüchtern zu analysieren und zu überlegen, was wir tun können. Es ist schwierig, bei der Beschreibung der Ausgangslage das richtige Maß zu finden; jedes übertriebene Dramatisieren, aber auch jedes leichtfertige Herunterspielen von Problemen behindert ihre Lösung oder Milderung.
Bei aller Differenziertheit der Technikkritik werden jedoch immer wieder die gleichen Vorwürfe (Tabelle 3) – wenn auch mit andere Worten – erhoben: „Zerstörung der biologischen und sozialen Umwelt" und „Selbstvernichtung der Menschheit"; unterscheiden können wir zudem die gezielte Kritik des Technikmißbrauchs und der Technikebenfolgen von einer uneingeschränkten Kritik der Technik als Prinzip.

Tabelle 3. Art und Inhalt der Technikkritik

Art der Kritik	Prinzipielle Kritik	Mißbrauchskritik	Nebenfolgenkritik
Inhalt der Kritik			
Zerstörung der biologischen Umwelt	– Raubbau an der Natur – Verbrauch belebter und unbelebter Materie	– Grenzen des Wachstums – Bevölkerungsexplosion – Großtechnologie	– Umweltverschmutzung – Waldsterben – Biospeziesholocaust
Zerstörung der sozialen Umwelt	– Sinnentleerung, Entseelung des Lebens – Herrschaft der Maschine – Technologischer Imperativ	– Technokratie – Instrumentelle Vernunft – Gläserner Mensch – Screening	– Entfremdung – Fachidiotismus – Reizüberflutung – Informationsüberflutung – Überwachungsstaat
Selbstvernichtung der Menschheit	– Wettrüsten als Selbstmordprogramm	– „military industrial complex" – Krieg als Folge von Besitz	– Menschenzüchtung – Nuklearer Winter

2.1 Die berechtigte Technikkritik

Berechtigt ist jede Technikkritik, die auf einen eindeutigen Mißbrauch zielt; ein Technikmißbrauch liegt sicherlich dann vor, wenn jemand bei der Technikanwendung aus Eigennutz eine Handlung unternimmt, die andere Individuen gefährdet oder gar schädigt (z. B. gesetzeswidrige Einleitung giftiger Abwässer in einen Fluß).

Aber auch bei der nichtmißbräuchlichen Technikanwendung können *negative Neben- und Nachwirkungen* auftreten, wobei wir wieder 3 Fälle unterscheiden müssen:
- die negativen Nebenfolgen werden von Anfang an bewußt in Kauf genommen (z. B. Bau von Staustufen oder Einnahme von Medikamenten);

- schädliche Nebenwirkungen treten erst später unbeabsichtigt zutage, hätten aber bei entsprechendem Aufwand vorhergesehen werden können (z. B. Contergan);
- die später auftretenden Folgen waren oder sind unvorhersehbar (z. B. Waldsterben).

Dieser Befund – das Auftreten von Nebenwirkungen und deren teilweise Vorhersehbarkeit – reicht aus, um eine Forderung nach einer wie auch immer gearteten gesellschaftlichen Kontrolle, Steuerung oder Gestaltung der Technik zu begründen. Neben der weichen, indirekten Steuerung über den Druck der öffentlichen Meinung gibt es grundsätzlich folgende Möglichkeiten, direkt zu steue4rn:

- Ver- und Gebote und deren Überwachung im Zusammenhang mit gefährlichen Produkten oder Prozessen;
- staatliche Förderung von Aktivitäten z. b. in den Bereichen Bildung und Forschung und
- ordnungspolitische Veränderungen.

Diese Möglichkeiten sind nicht neu; sie wurden auch bisher schon wahrgenommen. Man denke an die technischen Überwachungsvereine und ihre frühen Vorläufer, die Dampfkesselüberwachungsvereine, an die Vorschriften und Kontrollen im gesamten Bausektor und generell an alle Gebote und Verbote im Zusammenhang mit Betriebssicherheit, Arbeitssicherheit, Gesundheitsvorsorge und Umweltschutz. Die Flut gesetzgeberischer Maßnahmen ist mengenmäßig eher zu groß als zu klein, wie das Beispiel der Umweltgesetzgebung zeigt.

Das Werkzeug, um die richtigen Maßnahmen für die Techniksteuerung zu finden, soll die Technikbewertung sein. Auf sie werden wir in Punkt 3 näher eingehen. Zunächst soll jedoch auf einige Widersprüche der nichtberechtigten, prinzipiellen Technikkritik eingegangen werden.

2.2 Widersprüche der nichtberechtigten, prinzipiellen Technikkritik

Erkenntnisse aus der Naturgeschichte
Um sinnlose Prinzipkritik von konstruktiver Mißbrauchskritik unterscheiden zu können, ist eine Beschäftigung mit der Naturgeschichte und der Kulturgeschichte hilfreich.
Die Natur kennt nicht den „Gleichgewichtszustand", den heutige Utopisten vielfach fordern: Nach dem Urknall gab es noch keine feste

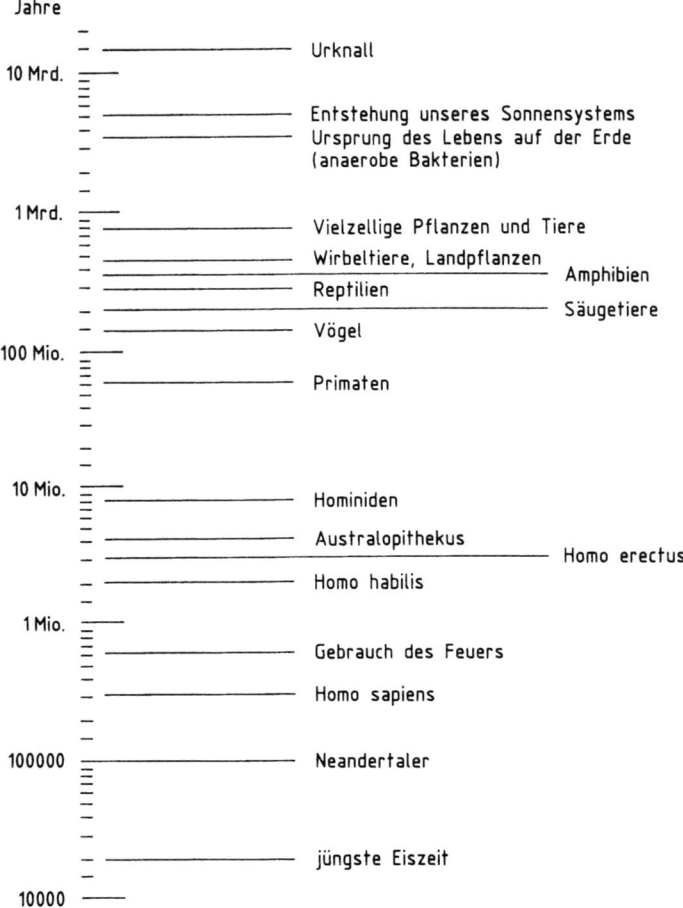

Abb. 1. Naturgeschichte in Zahlen

Materie; die ersten Lebewesen mußten noch ohne Sauerstoff auskommen; erst viel später erzeugten photosynthetisierende Bakterien den Sauerstoff, den wir heute zum Leben benötigen; es dauerte lange, bis Lebewesen sich das Land eroberten (Abb. 1).
Über 99% der auf der Erde lebenden Arten sind inzwischen wieder ausgestorben. Vor 63 Mio. Jahren wurden drei Viertel der damals lebenden Tierarten wahrscheinlich von einem großen Meteor und seinen Folgen vernichtet. Auch vor 35 Mio. Jahren fielen einzelne Tierarten vermutlich einem Mikrotektiten-(Glaskügelchen-)Schauer zum Opfer. Die letzte Eiszeit war vor rund 20000 Jahren. Wann wird die

nächste sein? Niemand weiß genau, welchen Einfluß die Verbrennung fossiler Energieträger darauf hat. Ein Vulkanausbruch im Stillen Ozean brachte im Jahre 536 sogar den Mittelmeerraum ein Jahr lang unter eine lichtschluckende Dunstglocke. Der damalige „saure Regen" läßt sich noch heute im Grönlandeis nachweisen. Diese und ähnliche Erkenntnisse bringen manche Philosophie und Utopie ins Wanken. Wild:

Ein Naturschutz, der sich die kompromißlose Erhaltung aller existierenden Arten zum Ziel setzt, kann sich nicht auf die Natur berufen. Ebensowenig kann sich der Prophet des Maßhaltens oder der Bedürfnislosigkeit auf die Ökologie berufen, denn die von ihm empohlene Strategie benutzt die Natur gerade nicht, um Ökosysteme zu stabilisieren. Den Naturwissenschaften stellt sich die Welt heute nicht mehr als ein Uhrwerk dar. Sie ist auch nicht ein vom blinden Zufall regiertes Chaos, denn der Zufall ist durch Naturgesetze gezähmt. Wir sehen die Welt vielmehr als ein offenes Ordnungsgefüge an, das vielfältiger Entwicklung fähig ist.

Die Entwicklung der Menschheit
Die prinzipielle Technikkritik übersieht, daß die Menschwerdung eng mit der Technik verbunden ist.
Die meisten Anthropologen vertreten heute die Ansicht, daß klimatische Veränderungen (verringerter Regenfall) die Auswanderung von Primaten aus dem schützenden Wald in die offene Grassteppe erzwangen. Aufrechter Gang und beschleunigte Gehirnentwicklung waren evolutionäre Anpassungswirkungen. Die Technik war von Anfang an mit dabei: Die ersten Werkzeuge und Waffen können als Verstärkung und Verlängerung der leiblichen Organe des Menschen interpretiert werden. Zu den frühen technischen Leistungen des Menschen gehören aber auch Verfahren, wie die Nutzung des Feuers (vor 700 000 Jahren), die Entwicklung der Sprache (vor 100 000 Jahren), die Zähmung des Hundes (vor 14 000 Jahren), die Züchtung des Getreides (vor 9000 Jahren) und der meisten heute gebräuchlichen Nutzpflanzen (Obst- und Nußbäume, Bohnen, Kürbisse, Kohl, Zwiebeln, Oliven, Orangen, Feigen, Datteln), der Hausbau mit Steinfundamenten (vor 9000 Jahren), die Schrift (vor 5000 Jahren) etc.
Vor der Jungsteinzeit lebte der Mensch als Jäger und Sammler; pro 100 km^2 konnten nur 1–2 Menschen leben. Der Übergang von der Jagd über die Sammlerwirtschaft zum Ackerbau war nach Ansicht vieler Anthropologen die wichtigste technische Revolution des Menschen; 1–2 Menschen konnten jetzt auf einem Quadratkilometer leben. Die starke Vermehrung führte auch hier wieder zu Umweltkrisen. Liebig revolutionierte mit seiner „Agrikulturchemie" die Landwirtschaft. Die Bevölkerung der Erde konnte abermals anwachsen.

Auch in früheren Zeiten gab es bereits Umweltprobleme, z. B. der Verlust der Wälder in Ländern des Mittelmeerraums, die mit Abwässern von Färbereien und Gerbereien vergifteten Bäche und Flüsse. Der entscheidende Unterschied zu heute liegt wahrscheinlich einmal im gewaltigen Bevölkerungswachstum, zum anderen in der Verschärfung der Probleme durch Überlagerung.

Die Durchschau- oder Überschaubarkeit der Technik
Häufig und sicher oft zu Recht wird beklagt, daß die Technik in ihrer Mannigfaltigkeit und Komplexität nicht mehr durchschaubar ist. Das mag sein! Letztlich läßt sich aber jede Maschine, jeder technische Prozeß, jedes technische Gesamtsystem in Elemente (Abb. 2) zerlegen. Im wesentlichen werden mit 3 Technikmedien – „Stoffe", „Energie" und „Informationen" – 4 Arten von Vorgängen, nämlich

– Wandeln,
– Vereinigen, Trennen,
– Vergrößern, Verkleinern, Speichern,
– Leiten, Schalten, Isolieren

durchgeführt. Die Kombination ergibt 12 Grundelemente der Technik; unter das Element „Energiewandeln" fällt z. B. die Umsetzung chemischer Energie in thermische oder thermischer Energie in elektrische usw.

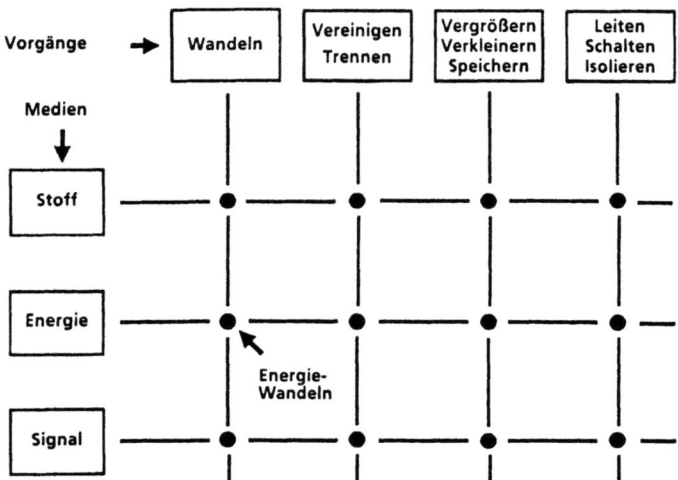

Abb. 2. Funktionselemente der Technik

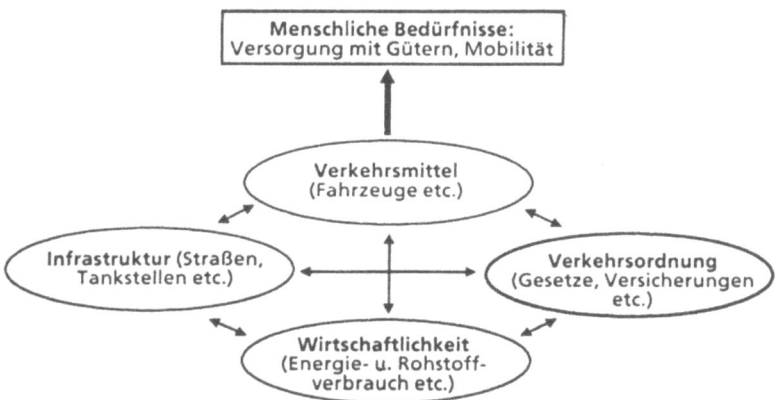

Abb. 3. System „Straßenverkehr"

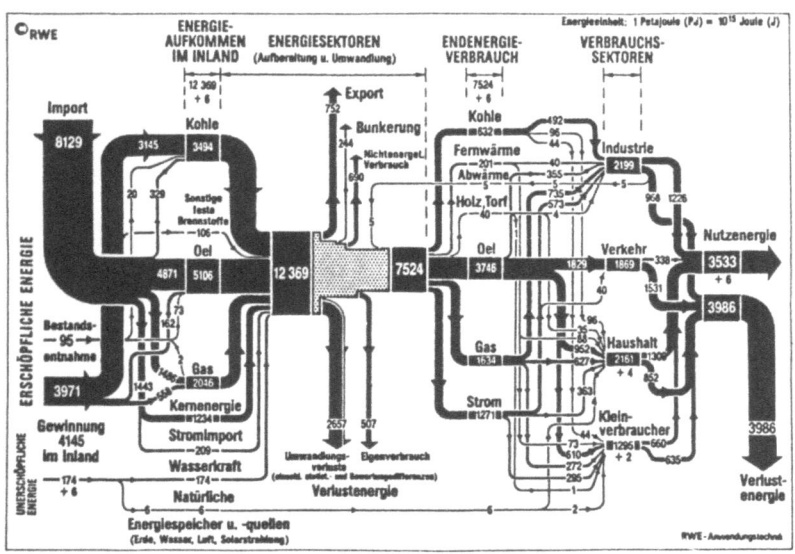

Abb. 4. Energieflußbild der Bundesrepublik Deutschland (1987)

Andererseits lassen sich wichtige Teilsysteme wie der Straßenverkehr (Abb. 3) ganzheitlich darstellen. Es sollte daher jedem interessierten Statsbürger, auch wenn er technisch ein Laie ist, bei einiger Anstrengung möglich sein, einzelne für ihn wichtige Techniksysteme – z. B. das Energieversorgungssystem (Abb. 4) – zu durchschauen oder doch zu überschauen.

Risikoanalyse, Sicherheitstechnik und fehlertolerante Technik
Die Gefahren, die direkt oder indirekt mit der Technikentwicklung oder -anwendung verbunden sind, werden häufig zur prinzipiellen Technikkritik herangezogen.

Für den „Risiko"begriff gilt wie für „Technik", „technischer Fortschritt": Als Wort der Allgemeinsprache ist der Begriff bestenfalls „kernprägnant" aber nicht „randscharf". Objektiv lassen sich mindestens 4 Risikodimensionen unterscheiden:

– das Schadensvolumen, das mit einem bestehenden Risiko verbunden ist;
– die Eintrittswahrscheinlichkeit für den Schadensfall;
– die räumliche und gegebenenfalls zeitliche Reichweite des Risikos bzw. eines Schadensfalles;
– die Unsicherheit bei der Abschätzung der vorgenannten Größen.

Bei der Risikowahrnehmung und -akzeptanz unterscheidet der Mensch – sehr vereinfacht ausgedrückt – Risiken nicht nur nach ihrer Höhe; er beurteilt sie vielmehr auch nach ihrer *Durchschaubarkeit* und *Beeinflußbarkeit;* die hierfür maßgeblichen, oft verwendeten Schlagworte lauten:

– Angst vor dem Unbekannten,
– Angst vor dem Ausgeliefertsein,
– Angst vor dem Unerfaßbaren,
– Angst vor menschlichem Versagen.

Wir sollten uns hüten, dieses Verhalten leichthin als irrational zu bezeichnen. Die Evolutionsgeschichte läßt vielmehr vermuten, daß die höhere Einschätzung von unbekannten und unbeeinflußbaren Risiken so „vernünftig" war, daß sie sogar gefühlsmäßig als *Angst* verankert wurde (wer hier einen Widerspruch zwischen Vernunft und Gefühl herausliest, möge einen Blick in das aufschlußreiche Bändchen von E. Zimmer *Die Vernunft der Gefühle* werfen).
Ein anderes Phänomen im Zusammenhang mit Risikoakzeptanz kann mit dem Stichwort „selektive Wahrnehmung" belegt werden. Gemeint

ist damit die Beobachtung, daß sich jeder Mensch im Laufe des Heranwachsens und der Aus- und Weiterbildung ein Bild von den Menschen und von der Welt macht (man könnte auch sagen; ein „Vorurteil" bildet) und alle Phänomene, die dieses Bild bestätigen, stärker wahrnimmt als indifferente oder gegenteilige.

Trotz dieses Befundes müssen wir allerdings für technikrelevante Entscheidungen in Politik, Wissenschaft und Wirtschaft, die immer auch ethische Entscheidungen sind, möglichst auf quantitative Angaben zurückgreifen; eine Güterabwägung allein auf der Basis qualitativer Kriterien müßte zu willkürlich ausfallen. Letzteres findet man mittelbar in einer Meldung bestätigt, wonach in den USA jeder fünfte befragte Genetiker eine gentechnische Frühdiagnose zum Zweck der Geschlechtsselektion der Nachkommen für moralisch vertretbar hält. Auf gesellschaftlicher Ebene ist Ethik eben auch eine Frage der statistischen Verteilung von Wertvorstellungen.

Neben der Risikoanalyse wurden in den letzten Jahrzehnten die *Zuverlässigkeits- und Sicherheitstechnik* – nicht zuletzt in der Luft- und Raumfahrt und in der Kernenergietechnik – entscheidend weiterentwickelt. Sicherheitsprinzipien, wie

- hintereinandergeschaltete Barrieren zur Zurückhaltung gefährlicher Stoffe;
- Redundanz von Sicherheits- und Notsystemen;
- räumliche Trennung von Sicherheits- und Notsystemen;
- Fail-safe-Technologien, die bei Störfällen zur sicheren Seite hin arbeiten;
- Diversität, z. B. bei Messungen und Überwachungen;
- Automatisierung der Sicherheitssysteme zur Verringerung der Auswirkungen menschlichen Versagens

lassen sich in viele andere Technikbereiche übernehmen.

Damit sind die Probleme der „Risikogesellschaft" (Beck) keineswegs erschöpfend beantwortet. So wird gefordert, „der potentielle Verursacher von Gefährdungen müßte nachweisen, daß er keine Gefahr darstellt, anstatt daß er einem engmaschigen aber immer durchlässigen Netz von Kontrollen unterworfen würde". Diese Forderung ist unrealistisch; sie übersieht, daß nicht alles vorhersehbar ist.
Die Forderung nach einem „Menschenrecht auf Irrtum", z. B. von Guggenberger vorgetragen, ist berechtigter; in der Tat müssen wir die Technik so gestalten, daß das berühmte „menschliche Versagen" nicht zu Katastrophen größten Ausmaßes führen kann. Das Stichwort hierzu lautet „fehlertolerante Technik".

Technik kann in vielen Fällen nicht ohne jedes Risiko entwickelt oder angewendet werden; risikobehaftete Technik ist jedoch dann zu verantworten, wenn insgesamt das von ihr ausgehende (Rest)risiko geringer ist als das Risiko ohne diese Technik.

Die Technikakzeptanz wird in der Zukunft weit mehr als bisher von den Ergebnissen einer interdisziplinären durchzuführenden Technikfolgenabschätzung oder Technikbewertung sein.

3. Möglichkeiten und Grenzen der Technikbewertung

Der Begriff „technology assessment" wurde 1965 von Emilio Daddario, dem damaligen Vorsitzenden des Wissenschafts- und Forschungsausschusses des US-Repräsentantenhauses geprägt. Unter „technology assessment" (im Deutschen finden wir Begriffe wie Technikfolgenabschätzung, Technikfolgenschätzung, Technikfolgenbewertung, Technikbewertung, Frühwarnung vor Technikfolgen u. ä.) versteht man nach den „Empfehlungen zur Technikbewertung" des Vereins Deutscher Ingenieure:

... das planmäßige, systematische, organisierte Vorgehen, das
- den Stand einer Technik und ihre Entwicklungsmöglichkeiten analysiert
- unmittelbare und mittelbare technische, wirtschaftliche, gesundheitliche, ökologische, humane, soziale und andere Folgen dieser Technik und möglicher Alternativen abschätzt
- aufgrund definierter Ziele und Werte diese Folgen beurteilt oder auch weitere wünschenswerte Entwicklungen fordert
- Handlungs- und Gestaltungsmöglichkeiten daraus herleitet und ausarbeitet, so daß begründete Entscheidungen ermöglicht und gegebenenfalls durch geeignete Institutionen getroffen und verwirklicht werden können.

Der Begriff Technik*folgenabschätzung* beinhaltet nur die beiden ersten Stufen der Aufzählung, der Begriff Technik*bewertung* auch noch die beiden nachfolgenden Stufen.

Die Ziele, die in der Fachliteratur über Technikbewertung aufgeführt werden, sind je nach Interessenslage verschieden:
- schädliche Nebenfolgen für natürliche und soziale Umwelt des Menschen weitgehend vermeiden,
- die Technik- und Wissenschaftsförderung der Regierungen kontrollieren,
- die Parlamente beraten,
- die Mitwirkung der Bürger am politischen Prozeß verbreitern,
- ethische Richtlinien (Verhaltenskodizes) erarbeiten,
- die Wirtschaft kontrollieren,

– den technischen Fortschritt eindämmen, kontrollieren oder steuern,
– die Akzeptanz der Technik erhöhen.

Die hier aufgeführten Ziele oder Aufgaben und die dahinterstehenden Motive überlappen sich teilweise, z. T. sind sie wohl auch konträr. Weil das so ist, eignet sich die Technikbewertung besser zur Aufklärung betroffener Mitbürger und Politiker als zur Zielvorgabe.

Dies führt uns zur Frage nach der Qualität der bisherigen Technikbewertungsversuche und dem anzustrebenden Anspruchsniveau.

Gegen das Technikbewertungskonzept gibt es eine Reihe von Einwänden:

– die Ergebnisse jeder Studie gründeten auf Annahmen, Abgrenzungen und Bewertungen; sie seien daher wertbeladen und subjektiv (s. Übersicht);
– bisher wurden gefährliche Experimente vermieden; das Technikbewertungskonzept fordere die geradezu heraus;
– gemessen am Anspruch gäbe es ein Theorie-, Methoden- und Datendefizit.

Technikfolgenabschätzung oder Technikbewertung ist eine vieldimensionale Aufgabe
Bei mindestens 3 Dimensionen sind wir auf Prognosen, d. h. auf unsichere Annahmen angewiesen:
1) der Art der zu erwartenden technischen Neuerungen,
2) den sozialen und ökologischen Folgen dieser Neuerungen,
3) den Wertesystemen der Zukunft (Rapp).

Einige dieser Einwände lassen sich relativieren: Der VDI-Ausschuß „Grundlagen der Technikbewertung" hat im Teil 2 seines Richtlinienentwurfes „die Bedeutung von Wertesystemen für die Technik" allgemein herausgearbeitet. Im Teil der der Richtlinie wird die Rolle der „Werte im technischen Handeln" einzeln dargelegt. Die Tatsache der Wertbezogenheit der Technik kann also grundsätzlich in das Konzept einbezogen werden; daher auch der Begriff Technikbewertung im Unterschied zur Technikfolgenabschätzung.
Es bleibt aber der Einwand, daß Technikfragen auch durch noch so ausgefeilte Methoden nicht generell vorhersehbar sind und auch nicht in absehbarer Zeit vorhersehbar werden: Das Datendefizit wäre sicher auf längere Sicht stufenweise – nicht zuletzt mit automatischer Meßwerterfassung und elektronischen Datenverarbeitungsanlagen der

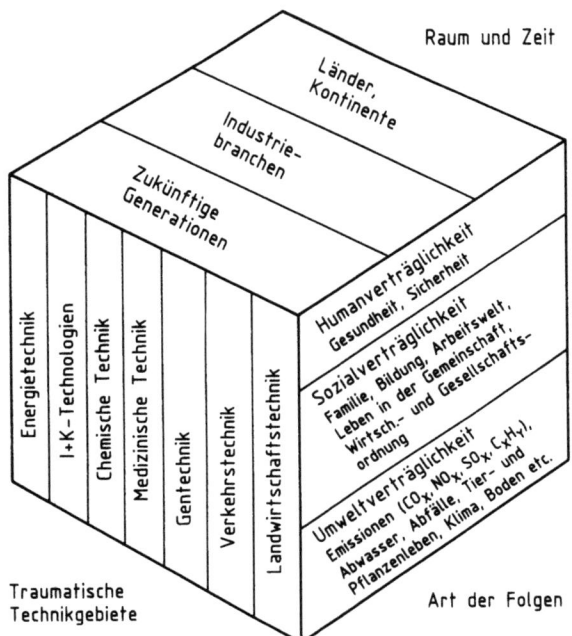

Abb. 5. Dimensionen der Technikfolgenabschätzung

5. Generation – zu überwinden. Jede Hoffnung auf eine Überwindung des Theorie- oder Methodendefizits würde aber die nahezu unendliche Komplexität unseres gesellschaftlichen Kosmos verkennen (Abb. 5). Wir werden die Kluft zwischen dieser Komplexität und unserem wissenschaftlichen Können auch durch noch so umfassende Technikbewertungsmethoden nie ganz überbrücken können.

Die Grenzen unseres Bewertungsvermögens lassen sich auch nicht durch eine „Spezialethik der Technik" oder eine „neue Technikphilosophie" beliebig verschieben oder gar aufheben. Dennoch ist das Konzept „Technikbewertung" positiv zu sehen, v. a. in Fällen, wo es um eine „Güterabwägung über voraussehbare schädliche Nebenfolgen von Technik mit grundsätzlich sinnvoller Zielsetzung" geht. Das gilt übrigens auch für sanfte, mittlere, angepaßte und alternative Technik.

Umstritten ist, ob Technikbewertung auch von der Industrie durchgeführt werden sollte; die Antwort wird je nach Branche oder Problemkomplexität unterschiedlich ausfallen:

Dort, wo eine schädliche Wirkung auf *eine* Ursache zurückgeführt werden kann (monokausale Beziehung), z. B. bei Medikamenten, ist unmittelbar das einzelne Unternehmen für die Produktfolgen verantwortlich. Dort, wo schädliche Neben- und Nachwirkungen nicht oder nur undeutlich zugeordnet werden können, kann auch die Verantwortung nicht eindeutig zugeteilt werden; allerdings muß schon beim begründeten Verdacht auf einen „zurechenbaren Kausalzusammenhang" eine Mitverantwortung gesehen und auch wahrgenommen werden, wenn nicht von Einzelunternehmen, so vielleicht doch von der betroffenen Branche; z. B. kann die Motorenindustrie bei der Erforschung der Abgaswirkungen auf den Menschen mitarbeiten (dieser Aufgabe hat sich die Forschungsvereinigung Verbrennungskraftmaschinen im VDMA angenommen).

Bei sehr komplexen Problemen, wie der Frage nach den Ursachen der Waldschäden, kann eine Erforschung der Wirkungsketten nur noch gesamtgesellschaftlich, d. h. im Auftrage des Staates durch entsprechend breitgefächerte Aufträge unternommen werden; typisch für diese Art von Problemstellungen ist auch meist ihr grenzüberschreitender Charakter; sie müssen daher auch international angegangen werden.

Die in letzter Zeit immer häufiger geäußerte Forderung nach Technikbewertung durch die Industrie kann also nicht so weit gehen, die Verantwortung für Güterabwägungen oder Entscheidungen, die auf gesellschaftlicher Ebene durchgeführt werden müssen, einzelnen Branchen oder gar einzelnen Firmen alleine aufzubürden.

Nicht nur die Entscheidungen, welche Produkte unter welchen Bedingungen in welche Länder geliefert werden, warum und mit welchen Zielen z. B. Wehrtechnik betrieben wird, auch die Entscheidung, wo Technikbewertung intensiviert werden soll und welche Gebote, Verbote oder Anreizsysteme gegebenenfalls errichtet werden, müssen gesellschaftlich, d. h. von den zuständigen Parlamenten, getroffen werden.

Vorschläge in Richtung tiefgreifender ordnungspolitischer Veränderungen müssen mit Vorsicht und Skepsis betrachtet werden: Wie immer bei Programmen von Parteien, Verbänden oder anderen Institutionen wird man selbstverständliche und berechtigte Forderungen neben unakzeptablen und nicht realisierbaren Vorschlägen finden. Die meisten Forderungen laufen aber auf Parallelhierarchien in der Wirtschaft oder gar im Staat hinaus. Sie würden unser System eher lähmen als verbessern.

4. Wer ist wem wofür verantwortlich?

Die Frage nach der Zuständigkeit für Technikfolgenabschätzung führt letztlich auch zur Frage nach der Verantwortung für die Technik.

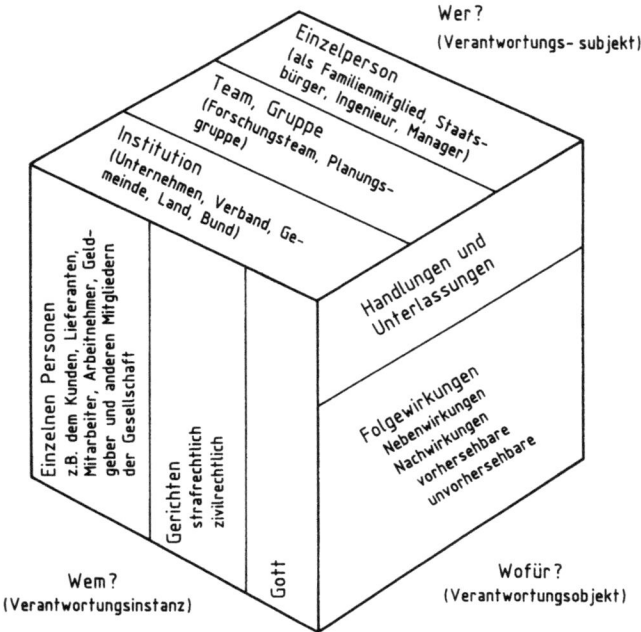

Abb. 6. Dimensionen des Begriffes Verantwortung

Der Begriff Verantwortung ist besonders vieldeutig; hilfreich ist daher wieder eine Analyse seiner wichtigsten Dimensionen; in der Literatur ist vielfach von Verantwortungssubjekt, Verantwortungsinstanz und Verantwortungsobjekt die Rede. In Abb. 6 sind die wichtigsten konkreten Ausprägungen dieser Dimensionen stichwortartig aufgeführt. Die Würfeldarstellung erleichtert nicht nur die Identifizierung verschiedener Ebenen der einzelnen Verantwortungsdimensionen; sie verdeutlicht – durch Verschränkung der 3 Hauptdimensionen – den Systemcharakter des Verantwortungsbegriffs. Wenn wir uns an den Spielwürfel von Rubik erinnern, wird uns ferner die Komplexität aller Verantwortungsfragen und damit die Notwendigkeit zur Differenzierung anschaulich bewußt.

Wir erkennen beispielsweise die verschiedenen Ebenen bei den *Verantwortungssubjekten:* Als Individuen sind wir alle für Technikanwendung, z. B. in unserer Fahrweise mit Autos, verantwortlich. Die Planung und Erarbeitung von Produkt- und Prozeßinnovationen im Industrieunternehmen ist meistens Sache von Teams; auch viele Entscheidungen werden heute in Gruppen oder Teams gefällt. Bei besonders großen oder weitreichenden Risiken – so haben wir weiter oben schon angedeutet – muß ohnehin auf gesellschaftlicher Ebene entschieden werden.

Verantwortungsobjekte sind Handlungen und Unterlassungen und deren Folgen, die direkten, die indirekten (Nebenfolgen) und die späteren (Nachwirkungen). Dabei stellt sich die Frage, ob die Verantwortung, wenn schon nicht moralisch, so doch juristisch, auch die unverschuldeten oder gar die unvorhersehbaren Folgen einschließt.

Wenn von allen Individuen, die an der Entscheidung zu einer Handlung (oder Unterlassung) oder der Ausführung der Handlung mitwirken, eine „Mitverantwortung" nicht nur für die Handlung selbst, sondern für alle Folgewirkungen – auch die unvorhersehbaren Spätwirkungen – verlangt wird, so kommen wir m. E. zu einem unsinnigen Verantwortungsbegriff. Auch Lenk weist darauf hin, daß die Ethik- bzw. Verantwortungskonzepte von Schweitzer („Ethik ist ins Grenzenlose erweiterte Verantwortung gegen alles was lebt"), Weizenbaum („Jeder sei für alles verantwortlich") oder Meyer-Abich („Jeder nimmt auf alles Rücksicht") widersinnig sind, weil die darin enthaltenen Ansprüche nicht erfüllt werden können. Wo ist also die Grenze? Das ist durchaus nicht immer klar; in der Gesetzgebung und Rechtsprechung gibt es entsprechend viele Probleme, man denke nur an die Produkthaftung.

Die in Abb. 6 genannten *Verantwortungsinstanzen* bedürfen für diese holzschnittartige Analyse keiner Erläuterung.

Natürlich enthält der Verantwortungsbegriff neben den 3 genannten Dimensionen noch weitere. Besonders häufig wird die Frage nach den Verantwortungskriterien gestellt. Es gibt zahlreiche Versuche, gerade auch für Manager und Ingenieure, solche Kriterien in Gestalt von Verhaltenskodizes oder Führungsrichtlinien aufzulisten; diese Kataloge können als Orientierungshilfe dienen, sind aber kein Allheilmittel zur moralischen Disziplinierung von Managern und Ingenieuren.[1]

Die Verantwortungskriterien oder Verhaltensprinzipien oder -normen liefern nämlich in den wenigsten Fällen direkte Handlungsempfehlungen; auch die Moraltheologie bestätigt:

> Aus einer theologischen Prämisse lassen sich allenfalls negative (Du sollst nicht lügen! Du sollst nicht stehlen! Du sollst nicht töten!), nie aber ohne Zwischenschaltung einer Güterabwägungslehre (Liebe Deinen Nächsten *wie* Dich selbst!) positive Normen ableiten (Roos).

---

[1] Eine Zusammenstellung wichtiger ethischer Prinzipien, Verantwortungskriterien und Verhaltenskodizes für Manager und Ingenieure ist als VDI-Report 11 veröffentlicht.

Die Differenzierung des Verantwortungssubjektes nach den verschiedenen Ebenen führt über die Streitfrage, ob die Industrie überhaupt Technikfolgenabschätzung durchführen soll und kann, hinaus: Je nach Problemart und Problemkomplexität ist für eine Aufgabenstellung ein einzelnes Wirtschaftsunternehmen, eine ganze Branche oder eben die Gesellschaft als Ganzes zuständig und damit verantwortlich oder zumindest mitverantwortlich. Für Technikbewertung beim Parlament ist die Industrie sicher nicht primär zuständig; bei Gesetzgebungsaktivitäten, die in irgendeiner Weise den technischen Fortschritt betreffen, wird sie dennoch gehört werden. Auch werden bei vielen Technikbewertungsprozessen sinnvollerweise kompetente Mitarbeiter aus der Industrie einbezogen werden.

Die Methoden der Technikbewertung werden auf jeden Fall auch in Industrieunternehmen im Rahmen der langfristigen Unternehmensplanung Anwendung finden, unabhängig davon, ob die beteiligten Personen die Begriffe „Technikfolgenabschätzung" oder „Technikbewertung" in ihrer Abteilungsbezeichnung tragen oder nicht.

Der Forderung nach einer umwelt- und ressourcenschonenden Technik wird im Zuge der F+E-Tätigkeiten schon heute in weit größerem Maße Rechnung getragen, als die breite Öffentlichkeit das wahrnimmt (z. b. bei der Energieeinsparung in und mit Produkten und Prozessen und bei der Betriebssicherheit von Produkten und Prozessen).

Allerdings wäre es illusionär, von Mitgliedern spezifizierter Entwicklungsteams, z. B. für Mofas, Motorräder, Pkw oder Lkw, eine pauschale Infragestellung ihres Produkts zu erwarten oder gar zu verlangen. Das ist angesichts der Aufgaben- und Gewaltenteilung in unserem Gesellschaftssystem auch gar nicht nötig. Bestimmte Entscheidungen müssen wegen des bestehenden Meinungspluralismus sowieso auf höherer, d. h. auf gesellschaftlicher Ebene getroffen werden. Das gilt z. B. für Fragen, wie:

- Sollen wir Güter für die Verteidigung herstellen?
- Dürfen wir nach Südafrika liefern?
- Sollen Motorräder im Straßenverkehr überhaupt – und wenn ja, unter welchen Bedingungen – zugelassen werden? Und so weiter.

Wenn Entscheidungen zu solchen Fragen auf gesellschaftlicher Ebene gefällt werden, so können sie ggf. nur dort wieder korrigiert werden, nicht aber innerhalb von Teamarbeit oder bei Teamentscheidungen in der Wirtschaft.

Der einzelne muß deswegen nicht sein Gewissen demokratischen Entscheidungen unterordnen. Er kann *als Staatsbürger* eine Revision auf gesellschaftlicher Ebene anstreben – allerdings nur unter Beachtung der dafür gültigen Regeln.

Literatur

Beck U (1988) Gegengifte. Die organisierte Unverantwortlichkeit. Frankfurt, S 324

Biedenkopf (1982) Technik 2000 – Chance oder Trauma? In: Miegel M (Hrsg). Stuttgart, S 18–35

Detzer K (1987) Von den Zehn Geboten zu Verhaltenskodizes für Manager und Ingenieure, VDI-Report 11:74

Galtung (1980) In: Lederer K (Hrsg). The Basic Need Approach Human Needs – A Contribution to the Current Debate. Königstein/Ts, p 361

Gehlen A (1955) Der Mensch. Bonn, S 33f

Korff W (1982) Technik – Ökologie – Ethik. Köln, S 16

Lenk H (1987) Über Verantwortungsbegriffe und das Verantwortungsproblem in der Technik. In: Lenk H, Ropohl G (Hrsg) Technik und Ethik. Stuttgart, S 112–148

Markl H (1986) Natur als Kulturaufgabe – Über die Beziehung des Menschen zur lebendigen Natur. Stuttgart, S 391, s insbesondere S 316–354

Rapp F (1982) Technikbewertung in Technik interdisziplinär. VDI-Verlag Düsseldorf, S 61–73

Roos L (1988) Methodologie des Prinzips ‚Arbeit vor Kapital'. Jahrbuch für christliche Gesellschaftswissenschaften

Sachsse H (1978) Anthropologie der Technik. Braunschweig, S 291

Stork H (1977) Einführung in die Philosophie der Technik. Darmstadt, S 189

Wild (1982) Wenn die Wirklichkeit die Utopie einzuholen beginnt. FAZ 30.12. 1982

Zimmer D (1981) Die Vernunft der Gefühle – Ursprung, Natur und Sinn der menschlichen Emotion. München, S 272

Zum Problem einer soziotechnischen Grundbildung für Geistes- und Sozialwissenschaftler

U. Heyder

1. Die „Gesellschaftsform der Technik" als Ausgangspunkt

Moderne Gesellschaften formieren sich immer stärker nach technischen Funktionserfordernissen. Besonders die neuen Informations- und Kommunikationstechnologien transformieren die sozialen Beziehungen.
Im Produktionssektor zeichnet sich ein Umbruch der Arbeitskonzepte ab. Es werden computergestützte Produktionssysteme errichtet, die sich fließförmig organisieren und vernetzen lassen. Bestimmte Arbeitstätigkeiten werden zunehmend überflüssig, andere werden grundlegende Wandlungen erfahren und neue Qualifikationsanforderungen mit sich bringen. Symptomatisch hierfür sind die Bereiche computergestütztes Konstruieren und Zeichnen (CAD), computergestützte Arbeitsvorbereitung (CAM) sowie der Einsatz von computergesteuerten (CNC) Maschinen, Industrierobotern und Produktionsüberwachungssystemen. Im Dienstleistungs- und Verwaltungssektor ist von einer weiteren Vernetzung und Integration von herkömmlicher Bürotechnik, Nachrichtentechnik und neuen Medien auszugehen, die auch dort erhebliche Veränderungen der Arbeit hervorrufen wird. Hierfür stehen insbesondere die generelle Zunahme von Bildschirmarbeit, computergestützte Textverarbeitung (CTV), computergestützte Sachbearbeitung, aber auch Telekommunikation und technische Kommunikation. Indem sich die Art und Weise verändert, in der öffentliche und private Organisationen mit Informationen umgehen, eröffnen sich auch dort neue Aussichten auf Produktivitätssteigerung und Automatisierung. Im Reproduktionsbereich (Haushalt und Freizeit) lassen neue Kommunikationsmedien wie Kabel- und Satellitenfernsehen, Bildschirmtext und Video die bisher getrennten Bereiche Arbeit und Frei-

zeit zusammenwachsen. Dies geschieht zum einen durch die Vermehrung des Unterhaltungssektors, zum anderen aber auch durch die wachsende Gelegenheit zur Heimarbeit an Rechnersystemen. Der derzeitige Ausbau von leistungsfähigen informations- und kommunikationstechnischen Infrastrukturen läßt generell eine weitere Technisierung unserer individuellen und gesellschaftlichen Kommunikation sowie ein weiteres Ansteigen von Sekundärerfahrungen gegenüber unmittelbaren Erfahrungen erwarten. In diese Strukturen eingebettet kann beispielsweise ein Heimcomputer zum Spielzeug, aber auch gleichzeitig zu einem Heimarbeitsplatz, zu einem Bankschalter, zu einem Einkaufskatalog oder auch zum Nachhilfeinstrument werden.[1] Dies bedeutet mehr als die Fortsetzung überkommener Technisierungsprozesse. Menschliche Beziehungen und Handlungsziele werden zunehmend technikadäquat gefaßt, damit sie mittels Techniken bearbeitet werden können. Wenn technologisches Basiswissen an Geistes- und Sozialwissenschaftler vermittelt werden soll, geschieht dies in einem Kontext, in dem Technik v. a. als kulturellem Vollzug Aufmerksamkeit geschenkt wird. Es geht darum, technische Verhältnisse in Lebensverhältnisse zu übersetzen. Es interessieren dabei aus der Problemlage einer „Risikogesellschaft" (U. Beck) v. a. folgende Aspekte:

- welchen Bedürfnissen entsprechen die Techniken,
- welche Alternativen gibt es zu ihnen,
- welche ökonomischen und sozialen Kosten erzeugen sie,
- wie wirken sie sich auf die Lebensverhältnisse aus,
- welche Mißbrauchsmöglichkeiten gibt es,
- welche gesetzlichen und sozialen Möglichkeiten gibt es, Mißbräuche zu verhindern?[2]

Der Kontext, aus dem heraus der Geistes- und Sozialwissenschaftler nach technologischem Wissen und Fertigkeiten fragen, ist also die soziale Beherrschung und Gestaltung der Technik. Von hier her ist somit die Selektion von Ausbildungsgegenständen technischer Art für diese Zielgruppe zu vollziehen. Dies stellt uns vor die Frage einer neuen Allgemeinbildung. Wenn gilt, daß Sachverhalte, die das eigene

---

[1] Vgl. R. Oberliesen, Informations- und Kommunikationstechnologische Grundbildung für alle, in: R. Oberliesen, A. Stieberling (Hrsg.), Neue Medien, neue Technologien. Bildung und Erziehung in der Krise? Hamburg 1988, S. 242f.

[2] Vgl. K. M. Meyer-Abich, Wissenschaft für die Zukunft. Holistisches Denken in ökologischer und gesellschaftlicher Verantwortung. München 1988.

Leben bestimmen, von Bedeutung sind und verstanden werden müssen, dann gehören auch technische Verfahren zur Allgemeinbildung. Es ist zu fragen, ob die technischen Verfahren verschiedener Fachrichtungen in Form einer „praktischen Allgemeinbildung" also noch diesseits einer beruflichen Spezialisierung, vermittelt werden können. Daß Technik nicht schon lange integrativer Aspekt allgemeiner Bildung ist, hängt mit dem verkürzten Blickwinkel zusammen, aus dem wir lange Zeit auf Technik und Technikfolgen geblickt haben. Alle Technikdefinitionen betonen den finalen Charakter der Technik. „Als Technik bezeichnen wir die Summe der Verfahrensweisen, um vorgegebene Ziele durch Umwandlung und Verarbeitung von Materie, Energie und Information auf der Basis der in der Natur erkannten Regelmäßigkeiten (zweckrational) zu verwirklichen."[3] Angewandte Technik ist jedoch nie reine Technik oder lediglich Mittel. Technik ist immer in Handlungszusammenhänge und gesellschaftliche Systeme eingebettet und prägt die Lebensbedingungen hierdurch nachhaltig. Trotz ihres Mittelcharakters kann Technik zielorientiertes soziales Handeln in seinen Abläufen qualitativ mitbestimmen. Technische Systeme sind damit auch Instanzen der Regelung menschlichen Verhaltens und in dieser Funktion durchaus Normen vergleichbar. Sie leiten Handlungen, was jedoch nicht ausschließt, daß alternative Aktionsmöglichkeiten gegeben sein können.[4]
Technik ist keineswegs ein gegenüber unseren Zielen neutrales Instrument, das so oder so verwendet werden kann, vielmehr wird Technik selbst zu einer bestimmten Qualität in den sozialen Beziehungen. Technostrukturen bestimmen eine neue Form der Gesellschaftlichkeit. Es kommt zu einem Formwandel im Sozialverhalten. Es ist eine erhebliche Unterschätzung der gesellschaftlichen Bedeutung der Technik, wenn man glaubt, daß es Sozialbeziehungen gäbe oder soziales Verhalten als solches und daß man sich zu seinem Vollzug technischer Mittel bedient. Einige menschliche Verhaltensweisen sind überhaupt nur durch die Existenz von Techniken möglich. Telefonieren ist nicht nur ein vermitteltes Gespräch, Autofahren ist nicht beschleunigtes Wandern, Fotografieren ist nicht präzises Malen. Es entstehen technische

---

[3] Vgl. O. Renn, Technischer und sozialer Wandel. Möglichkeiten antizipativer Regulation. Unveröff. Manuskript. Vortrag auf der Frühjahrstagung des Arbeitskreises für praxisorientierte Sozialwissenschaft in Wuppertal vom 9.–11. Mai 1985.
[4] Vgl. T. Petermann, R. Graf von Westphalen, Technik und soziale Strukturen der Gesellschaft. Köln 1985, S. 86.

Sozialverhältnisse. Technik wird die Form einer Praxis, ein eigenständiger Typus von Sozialität, ein Handlungssystem. Es geht um die Erfassung der Strukturprinzipien soziotechnischer Systeme.[5] Die überkommene Technikauffassung verstand unter Technik jedes nach Effizienz bewertete Vorgehen: Zweckrationalität. Die soziale Bedeutung der Technik liegt tiefer: Sozialstrukturen und soziales Handeln sind nach ihrer Technisierung nicht einfach effizienter, sondern anders. Es kommt zu einem Perspektivenwechsel: es geht gar nicht mehr um Technik als Ursache oder als Gegenstand, sondern um die technischen Formen der Gesellschaftlichkeit. Technik ist in die Sozialstrukturen eingedrungen, in die Formen sozialen Handelns, in die normativen Erwartungen in Form von Sachzwängen. Gesellschaft wird selbst als Maschine denkbar, wie es Lewis Mumford in seinem Begriff der Megamaschine bereits für die ägyptische Gesellschaft der Pyramidenzeit versucht hat. Gesellschaft wird, etwas reduzierter im Anspruch, die auf Wißbarkeit hin durchorganisierte Gesellschaft. Gesellschaft wird durch Daten verfügbar und steuerbar. Die gesellschaftlichen Prozesse müssen funktional ausdifferenziert und nach Modellen arrangiert werden, datengemäß gestaltet werden, so daß ihre Rolle und Wirkung selbst als datenproduzierend bedeutsam wird.[6] Technik und technische Produkte sind nicht rein technisch zu begreifen. In ihnen haben sich auch nichttechnische Faktoren niedergeschlagen, wie politische Entscheidungen, gesellschaftliche Bedürfnisse und kulturelle Normen. Technikentwicklung ist selbst ein determinierter Faktor und ihre Entwicklung ist von sozialen Rahmenbedingungen abhängig: z. B. Vorhandensein qualifizierter Arbeitskraft, Erfindern, Technikern, Unternehmer, Bereitstellung von Kapital, niedrigen Zinsen, kapitalistischem Geist, d. h. einer Bewußtseinshaltung und Lebenspraxis, in welcher Arbeit, Leistungswille, rationale Lebensführung als erstrebenswerte Ziele betrachtet werden. Politische und rechtliche Maßnahmen als Voraussetzung des technischen Fortschritts sind zu nennen: Gewerbeordnung, Zollvorschriften, Subventionen, ordnungspolitische Grundentscheidungen wie freier Wettbewerb. Es ist hier nie ganz klar, ob einer dieser Faktoren als Voraussetzung oder erst als in

---

[5] Vgl. H. Linde, Soziale Implikationen technischer Geräte, ihre Entstehung und Verwendung, in: R. Jokisch (Hrsg.), Techniksoziologie, Frankfurt 1982, S. 29.
[6] Vgl. G. Böhme, Die Technostrukturen in der Gesellschaft, in: Technik und sozialer Wandel. Verh. des 23. Deutschen Soziologietages in Hamburg 1986. Frankfurt am Main 1987, S. 56.

der Entwicklung eintretende Folge zu begreifen ist. Technik ist aber prinzipiell in der Entwicklung der Gesellschaft nur ein Faktor, der diese vielfältig bedingt und in seiner Bedeutung begrenzt oder verstärkt wird durch eine Vielzahl nichttechnischer Faktoren. Wir stehen vor einem Wirkungsgeflecht, das die gesamtgesellschaftliche Struktur revolutioniert, aber es ist schwierig, die Wirksamkeit einzelner Momente zu quantifizieren oder eine Hierarchisierung der Bedeutungen vorzunehmen.[7]
Wir müssen autonome Antworten finden, von den Sozialwissenschaften her. Sehen wir dagegen die Gesellschaft von der Technik abhängig, so ergibt sich folgendes Bild von der Zukunft. Vielfach spricht man von einer Informationsgesellschaft. In ihr werden alle Bereiche des Lebens durch die immer perfekter werdende Speicherung, Verteilung und Nutzung von Wissen bestimmt. Die Zahl der Publikationen wird sich enorm vervielfachen. Informationen werden als materielle Güter hergestellt. Wissenschaftler, Ingenieure, Lehrer, Ausbildende, Datenverarbeiter werden über 50% der Berufe ausmachen. Es wird bald 30000 Fachzeitschriften geben mit über 2 Mio. Beiträgen jährlich; 4 Mio. neue Bücher werden jährlich erscheinen. Der Anteil der Informationsberufe an der volkswirtschaftlichen Wertschöpfung wird sich erhöhen. Die Welt wächst elektronisch zusammen. Aber das wissen wir über die sozialen Beziehungen in der Zukunft? Werden sich adäquate Bewußtseinspotentiale zur Bewältigung der mit der Informationsgesellschaft einhergehenden Probleme herausbilden? Oder werden die Mißbrauchsmöglichkeiten zunehmen? Gehen wir einem Überwachungsstaat entgegen? Wird sich die Wissensaneignung demokratisieren oder schichtspezifisch auseinanderdriften? Wird es mehr Bedienungswissen oder mehr Bildungswissen für die breite Mehrheit der Menschen geben? Was passiert bei Sabotageakten an Zentralcomputern? Was passiert mit der direkten zwischenmenschlichen Kommunikation, wenn auch die private Kommunikation über Bildschirmterminals abläuft?[8]
Wie sich Mensch und Gesellschaft wirklich entwickeln, kann über diese Fragen kaum beantwortet werden. Jene Fragen lauten vielmehr: Wird die Gesellschaft Ziel oder Mittel der Individuen sein? Wie wird sie strukturiert sein? In welchem Verhältnis stehen die verschiedenen sozialen Funktionen, Wirtschaft, Politik, Kultur zueinander? Was wird das Verhältnis der Individuen zu den sozialen Institutionen bestim-

---
[7] Vgl. T. Petermann et al., a.a.O., S. 17ff.
[8] Vgl. T. Petermann et al., a.a.O., S. 43f.

men? Werden sie individuelle Handlungsziele in den gesamtgesellschaftlichen Funktionsbereichen ausdrücken können? Welche Handlungschancen wird der Einzelne in den Institutionen haben? Welche individuellen Bedürfnisse werden in den sozialen Institutionen befriedigt werden? Werden wir in einer Gesellschaft des Konkurrenzkampfes leben oder der Solidarität?

Das einzelne technische Ding ist dabei nur das, was es als Glied in einem größeren, vernetzten Zusammenhang ist. Das Auto als technischer Gegenstand ist nur leistungsfähig im Zusammenhang des Straßennetzes, des Netzes der Tankstellen, der Servicestationen, des Systems der Versicherungen, der Rechtsordnungen etc. Das bedeutet die Vernetzung der Gesellschaft gemäß bestimmter technischer Funktionen. Das Leben des Gesellschaftskörpers ist heute weitgehend durch diese Technostrukturen bestimmt und das Leben des Einzelnen durch seine Möglichkeiten, Anschluß oder Abnehmer zu sein.

Technostrukturen übernehmen auch Funktionen der gesellschaftlichen Integration und Handlungskoordination. Zu denken ist an die Versorgungs- und Entsorgungsnetze, an die Medien der Massenkommunikation. Wurde in traditionellen Gesellschaften durch die gemeinsame Kultur, durch gemeinsamen Glauben und Werte oder durch das marktvermittelte Zusammenwirken der Einzelproduzenten ein gesamtgesellschaftliches Erscheinungsbild hervorgebracht, so heute durch die netzvermittelte Interdependenz allen sozialen Handelns. Der Zugang zu den Netzen wird zu einer Frage der Zugehörigkeit und Nichtzugehörigkeit der Gesellschaft. Wer kein Telefon hat oder keine Kreditkarte bei bargeldlosem Kauf, ist gesellschaftlich fast nicht mehr existent. Der Aufbau der Technostrukturen legt fest, was in Zukunft gesellschaftlich möglich sein wird und was und wer freigesetzt wird bzw. in die gesellschaftliche Irrelevanz gedrängt werden wird.[9]

Technisierung ist die Fortsetzung humaner Organisation sozialen Handelns mit anderen Mitteln, nämlich sachlichen Mitteln. Je mehr sachliche Glieder eine Handlungskette aufweist, je höher also der Technisierungsgrad der gesellschaftlichen Handlungsbereiche ist, desto weniger sind sie noch von menschlichem Bewußtsein erfüllt. Hier liegt das eigentliche Risiko. Technik setzt sich an die Stelle kommunikativer Akte und schwächt das Bewußtsein des Menschen für seine Problemperzeption und Handlungsverantwortung ab.

Erfahren wir in der Industriewirtschaft noch unsere Naturzugehörigkeit? Man kann durch technische Anlagen nicht hindurchfühlen. Im

---
[9] Vgl. C. Böhme, a.a.O., S. 57f.

Auto erlebt man nicht mehr die Straßenberührung. Wir fühlen die Betätigung des Schalters, nicht aber das Sterben der Fische im Fluß jenseits der Anlage. Das heißt, durch die Technik geht der unmittelbare sinnliche Bezug, das Berühren und Spüren und das Berührtwerden von der Umwelt verloren. Damit nimmt die persönliche Erfahrung ab, daß wir ein Teil der Natur sind. Das Berühren und Berührtsein von der Natur ist jedoch das sinnliche Korrelat zu der wichtigsten Einsicht, die wir brauchen, um den Gefährdungen der Industriegesellschaft zu entgehen: das Erleben der Natur als des Ganzen, zu dem wir gehören. Wäre es denkbar, alle industriellen Geräte nur noch als Verstärker zu bauen, durch die der Mensch so hindurchfühlen kann, daß er jenseits des Apparats das Gegenbild seines eigenen Handelns empfindet, so daß sich dem eigenen Ausdruck ein Gegendruck verbinden kann, durch welchen wir uns als zur Natur gehörig erfahren können? Weil wir uns nicht mehr zur Natur gehörig erfahren, setzen wir uns ja über die Anpassungserfordernisse hinweg, welche in vorindustrieller Zeit zum Menschsein gehörten.[10]

Technik kann uns sozial einschläfern, die Aufmerksamkeit abziehen, die Bewußtheit herabdämpfen von den Vorgängen um uns herum, die wir handelnd bestimmen sollten. Der Einbau eines automatischen Regelsystems der Raumtemperaturen z. B. kann den Bewohnern das Gefühl vermitteln, daß durch deses System alles schon richtig läuft und geregelt wird und daß sie ihren Beitrag zum Energiesparen bereits durch den Kauf dieser Anlagen geleistet haben. Durch handbediente Apparatur wird der Bewohner für das Energiesparen sensibilisiert. Gerade das Energiesparen ist nicht bloße Technik zur rationellen Verwendung von Energie, sondern die Energiesysteme und der Energieverbrauch sind als Wechselspiel von Lebensstilen, Werten und Techniken zu begreifen. Neben technikzentrierten Lösungen steht die Forderung der Anpassung von Verhaltensgewohnheiten und des Lebensstils. Die technikzentrierte Sehweise wird durchbrochen, wenn sich die Auswirkungen der betreffenden Technik auf die Natur und die Beziehung des Menschen zu seiner natürlichen Lebensumwelt als Erlebnis einbeziehen lassen.[11]

---

[10] Vgl. K. M. Meyer-Abich, Wahrnehmungsverlust durch Energiesysteme, in: M. Held, W. Molt (Hrsg.), Technik von gestern für die Ziele von morgen? Energiepolitische Orientierung auf dem Weg zur postmaterialistischen Gesellschaft. Opladen 1986, S. 91f.

[11] Vgl. M. Held, Technik, Werte, Umwelt: Energiepolitik als Beispiel für die Krise der industriegesellschaftlichen Entwicklung. Einführung und Übersicht, in: M. Held, W. Molt (Hrsg.), vgl. Fn. 10, S.

Im Umgang mit immer mehr und immer komplizierteren Apparaturen tritt eine tendenzielle Trennung zwischen Können und Wissen im Handlungskreis der Individuen auf. In der Arbeitswelt und im Privatbereich bedienen wir per Knopf oder Schalter komplexe Systeme und nutzen ihre Leistungen, ohne im allgemeinen über den funktionellen Ablauf Bescheid zu wissen. Technik erweitert damit Handlungsspielräume, schränkt aber auch autonome Verhaltensmöglichkeiten ein. Klimaanlagen gestatten es nicht, die Fenster zu öffnen, Verkehrsregeln entheben uns der eigenen Beurteilung der Situation. Vereinsamung, Isolierung, Verlust von Kontaktfähigkeit können die Folge sein, wenn wir nur noch mittels Informationstechnologien miteinander kommunizieren. Computerautismus und Fernsehkliniken für bildersüchtige Kinder in der USA sind einprägsame Warnungen. Technik verändert unsere Identität in bezug auf unseren eigenen physischen Körper. Zu denken ist an medizinische, pharmazeutische Techniken. Apparate der Körperpflege und des Sexuallebens, technische Kontrolle von Geburten, der Ernährung, der Diagnose, der Behandlung. Es wird möglich werden, künstliche Herzen einzusetzen, Kinnbacken aus Vitalium, Gebisse aus Nylon, Zähne aus Plastik, die Aorta aus Nylon, Gelenke aus Plastik, alles ist schon in der Erprobung. Der menschliche Körper nähert sich damit der Funktionsweise eines Automaten. Die Grenzen zwischen Lebewesen und Maschinen werden in Frage gestellt. Von den eingebauten Gliedern hat man kein Bewußtsein wie von den natürlichen Organen des Körpers. Roboter werden intelligent und mit Sinnesorganen versehen, können auf gesprochenes Wort reagieren und aus ihren Eindrücken Steuerungsbefehle ableiten. Die sinnliche Wahrnehmungsfähigkeit und die Intelligenz werden künstlich. Es entstehen intermediäre Lebewesen. Genetische Erbgutmanipulation wird möglich. Was ist hier lebendig, was ist künstlich? Wie können wir mit der Existenz „geklonter", erbgleicher Tiere oder sogar Menschen fertig werden? Die sozialen, rechtlichen und ethischen Probleme solcher Möglichkeiten sind noch nicht einmal ausformuliert, und die Produkte werden schon entwickelt.[12]

In der Technik enthüllt sich ein Stück von der Weise, wie wir mit der Welt umgehen. Diese wirkt auf uns selbst zurück. Wird die Welt immer mehr von Maschinenaggregaten oder Automaten bevölkert, so

---
[12] Vgl. U. Heyder, Die gesellschaftlichen Folgen der neuen Technologien als Prüfstein für die soziale Innovationsfähigkeit unserer Gesellschaft, in: B. Rebe (Hrsg.), Neue Technologien und die Entwicklung von Wirtschaft und Gesellschaft. Cloppenburg 1987, S. 210.

beeinflußt uns dies bis in unsere Gedanken und Gefühle. Mit den Automaten läßt sich alles machen. Sie lehnen sich nicht auf. Das heißt von ihnen geht keine im schöpferischen Sinne hilfreiche Anregung auf uns aus. Wir sind noch viel stärker geistig bloßgestellt. Es wird zum Problem, wie wir uns auf die technisch bedingte Verarmung der menschlichen Kommunikation einstellen werden, ob es uns gelingt, die Medien als Mittel zu benutzen und dadurch gewinnbare Zeit- und Handlungsspielräume sozial sinnvoll, verantwortungsbewußt und kreativ zu nutzen oder ob wir sie als einen Verlust an Kontroll- und Handlungsmöglichkeiten erfahren. Dabei steht fest, daß die Menschen in der Industriegesellschaft auch im Hinblick auf ihre verantwortungsvolle ökologische und soziale Umgestaltung von den Grundformen der Vergesellschaftung her auf eine kreative, persönlichkeitsbildende und persönlichkeitsstärkende soziale Kommunikation angewiesen sein werden. Es wird eine aufmerksame, bewußte, zu soziale Kommunikation und politischem Engagement fähige Lebenspraxis erforderlich, die den durchsetzungsfähigen, aktiven Menschen fördert. Über die technischen Fähigkeiten zur Deckung von Bedürfnissen hinaus bedarf es politischer Fähigkeiten zur gesellschaftlichen Ordnung und Entwicklung. In diesem Rahmen sollen technische Mittel auch wirklich nur Mittel sein. Jede technisdhe Veränderung bedingt im Prinzip neue soziale Fähigkeiten, damit Menschen mit dieser Veränderung auch wirklich besser leben als ohne sie. Die politischen Veränderungen müssen unabhängig von den technischen gewertet werden. Die Technik wird dort nur zum Risiko, wo die Bewußtseinskräfte nicht mitwachsen, die das Risiko bannen können.[13]
Dies hat der Ausgangspunkt einer Bildungskonzeption zu sein, die technologisches Wissen und Fertigkeiten an Geistes- und Sozialwissenschaftler vermitteln will. Das Vermitteln von Technik geschieht mit Bezug auf die Frage, ob wir die Technostruktur von menschlichen Handlungszielen her prägen können.
Wir können nicht den Mitteln die Wirkung zuweisen, die letztlich von unseren Zielen abhängen. Der soziale Kontext der Technik ist die entscheidende Determinante. Technikfolgen sind Handlungsfolgen, Folgen handelnder Menschen. Am Anfang steht immer ein Handlungsgefüge. Es geht also darum, über soziale Strukturen nachzudenken, deren Produkt Technik ist. Problemlagen werden nicht durch Einsatz von Mitteln beseitigt, sondern durch zielorientierten Einsatz der Mittel und die Möglichkeit, den Menschen zu aktivieren. Die Probleme, die

---

[13] Vgl. T. Petermann et al., a.a.O., s. 89ff.

wir mit der Technik haben, hängen damit zusammen, daß unser soziales Denken verkürzt wird: eindimensional, funktionell, instrumentell. Wissenschaftlich beschäftigen wir uns mit dem, was aus verschiedenen Zielen folgt, aber viel zu wenig mit den Zielen selbst. Wir müssen Abschied nehmen vom Begriff der Technikfolgen. Die Technik ist keine exogene, von außen wirkende oder fremd vorgegebene Kraft. Es sind nicht Roboter, die die Arbeitslosigkeit bewirken. So zu denken hieße eine Instanz schaffen, die nicht an ein menschliches Handeln gebunden ist.[14]
Es ist die Weise, wie wir Arbeit und Einkommen verknüpfen, die trotz steigender Arbeitsproduktivität eine neue Armut entstehen läßt. Die wissensmäßige Aneignung technischer Fertigkeiten gehört in einen Rahmen bewußter Bemühung um soziale Innovativität. Vermittelt werden muß Handlungskompetenz in soziotechnischen Systemen. Wenn eine fächerübergreifende technologische Grundbildung möglich ist, kann sie nicht einfach wahlfachartig an die bestehenden Studien angehängt werden, sondern muß die Verschränkung von technischer und sozialer Welt sichtbar machen. Zu klären ist, was als technologisches Grundwissen angesehen werden kann, ferner, auf welche Weise es Bestandteil einer Allgemeinbildung werden kann und wie es schließlich den Ansprüchen einer reflexiven, d. h. authentischen Selbst-Bildung gerecht werden kann.

2. Konzeptionelle Probleme technologischer Wissensvermittlung an Geistes- und Sozialwissenschaftler

Die Frage lautet, ob eine technologische Grundbildung als praktische Allgemeinbildung von den Ingenieurwissenschaften her möglich ist und fächerübergreifend vermittelt werden kann. Die Inhalte einer solchen Ausbildung können allerdings nur von den spezifischen Adressatenbedürfnissen her ermittelt werden.
Seit S. B. Robinsohns *Revision des Curriculum* werden v. a. 3 sich z. T. überlappende Sätze von Kriterien für die Auswahl von Bildungsinhalten betont.[15]

---
[14] Vgl. F. Fürstenberg, Technikfolgen – Analyse von Handlungsspielräumen des Sozialwissenschaftlers, in: K. Lompe (Hrsg.), Techniktheorie, Technikforschung, Technikgestaltung. Opladen 1987, S. 140ff.
[15] Vgl. S. B. Robinsohn, Bildungsreform als Revision des Curriculum. Neuwied 1975, S. 47f.

1) Die Bedeutung der Unterrichtsgegenstände im Gefüge der anbietenden Wissenschaften. Zunächst müssen sich also die Ingenieurwissenschaften selbst der didaktischen und hermeneutischen Aufgabe unterziehen, eine Auswahl von Bildungsinhalten zu treffen und vorzuschlagen.

2) Besondere Bedeutung kommt darüber hinaus der Funktion eines Gegenstandes in den spezifischen Verwendungssituationen des privaten und öffentlichen Lebens zu. Dies setzt Arbeitsmarkt- und Arbeitsplatzanalysen voraus. Bei Studierenden aller Fachrichtungen besteht heute ein großer Bedarf an computergestützten Arbeitstechniken und entsprechenden Kenntnissen. Zu vermitteln wäre ein Wissen über Datenbanken, Speicherungsverfahren, Dokumentationssysteme, EDV-Anwendungen in der empirischen Forschung, die Verwendung von Textbausteinen und Expertensystemen. Das beinhaltet:
(a) ein Handlungswissen, das sich auf die Funktionsweise und den Einsatz von Hard- und Software bezieht;
(b) ein Übersichtswissen, das die Anwendungsentwicklung in den beruflichen Tätigkeitsfeldern erfaßt und
(c) ein Gestaltungswissen, das darauf abzielt, organisatorische, finanzielle, personelle sowie juristische Implikationen zu erfassen, die bei der Einrichtung technischer Arbeitsplätze entstehen.

Die Ausbildungs- und Prüfungsordnungen müssen diese Lerninhalte aufnehmen. Das Ausbildungsangebot sollte jedoch nicht gleich auf ein Wahlfach hinauslaufen. Es muß berücksichtigt werden, daß in Zukunft nahezu alle Lebensbereiche und Arbeitsplätze informationstechnisch unterstützt werden. Es bedarf daher einer Informatikgrundausbildung als Bestandteil des Grundstudiums. Soweit es um eine Vertiefung geht, sollte Raum für ein Wahlfach bleiben, das EDV-Zusatzqualifikationen vermittelt.

Die Praxis des algorithmen- und anwendungsorientierten Informatikunterrichtes darf sich nicht auf das Erlernen von Programmierfähigkeiten beschränken. Praxiswissen in diesem Kontext bedeutet auch die konkrete Auseinandersetzung mit den neuen Technologien und ihren spezifischen Wirkungen. Eigene Planung und Herstellung von informationstechnischen Wirkungszusammenhängen vermag erst Alternativen technologischer und arbeitsorganisatorischer Entwicklung vorstellbar werden zu lassen. Der Benutzeraspekt der Ausbildung widerspricht also keineswegs dem Bedürfnis nach verstehendem Durchdringen der Technik. Es eröffnen sich vielmehr Gelegenheiten, reale Ausgangssituationen der Anwendung zu problematisieren. Durch die benutzerorientierte Konzeption erfahren die Lernenden ihre eigene Betroffenheit sowie die prinzipielle Begrenztheit algorithmischer Problemlösung.[16]

3) Als 3. Kriterium für die Auswahl von Unterrichtsinhalten verweist Robinsohn auf die Leistung eines Gegenstandes für Weltverstehen, d. h. für die Orientierung innerhalb einer Kultur und für die Interpretation ihrer Phänomene.

Ohne Zweifel kommt diesem Kriterium eine besondere Bedeutung für eine adressatenbezogene Auswahl technologischer Unterrichtsgegenstände für Studiengänge der Geisteswissenschaften zu.

Eine rein technologisch-instrumentelle Form von Wissen kann keine Orientierungs- und Handlungsfähigkeit in soziotechnischen Systemen vermitteln. Unerläßlich ist eine weitere Ebene von Kenntnissen über die methodischen Kriterien der computergestützten Erfassung, Verarbeitung und Umsetzung von Informationen, die zugleich Einsichten in die damit verbundenen Erkenntnisgrenzen ermöglicht. Angesichts der vielfachen Vernetzung von Informationstechniken und deren medialer Wirkung muß eine Grundbildung wesentliche Momente der Medienerziehung mit umfassen. Das bedeutet z. B., daß neue Technologien gleichzeitig sowohl als Bestandteil von Massenkommunikation als auch als Instrumente der Realitätsaneignung zu reflektieren sind. Die Veränderung der Lebenswirklichkeit durch Rationalisierung, Verdatung und Informatisierung in Produkten, Dienstleistung und Verwaltung, Haushalt und Freizeit muß sich auf den Gegenstandsbereich des Lernens abbilden.[17]

Insgesamt wissen wir jedoch noch zu wenig, um abschätzen zu können, was das Arbeiten und der Umgang mit computergestützten Lernverfahren bewirkt. Zu fragen ist:

– Wie verändert das neue Medium das Verhältnis des Menschen zur Welt und die Weise, wie er die Wirklichkeit wahrnimmt? Was bedeutet die Zunahme und Intensivierung visueller Kognition gegenüber anderen Sinnestätigkeiten?
– Welche neuen Kommunikationsbeziehungen enstehen mit diesem Medium in der Gesellschaft in den verschiedenen sozialen Räumen? Wie kann einer Verarmung persönlicher, unmittelbarer aktiver Kommunikationskultur entgegengewirkt werden?

---

[16] Vgl. R. Oberliesen, a.a.O., S. 244f.
[17] Vgl. ebd., S. 240.

- In welchem Verhältnis steht der Computer zu den Schrift- und Bildmedien? Setzt er sie fort, beschleunigt er sie oder kombiniert er sie gar zu einem Hypermedium?
- Was bewirkt die Verdrängung assoziativer, kreativer oder auch nur ungewöhnlicher und unberechenbarer Lern- und Denkprozesse durch systematische, lineare, rein kognitive Vorgänge, die Rekonstruktion von Welterkenntnis hin zu verrechenbaren algorithmischen Problemlösungen, die Austauschbarkeit von kognitiven Operationen und spielerischen Tätigkeiten, von Arbeit und Freizeit, Spielen und Lernen?[18]

Eine informationstechnische Grundausbildung sollte sich weniger auf die Apparate als auf die Programme beziehen und deren Wirkungen auf Denkstrukturen und Sozialbeziehungen erfassen. Die Programmentwicklung hat bisher in keiner Weise den Erwartungen der Hersteller und Benutzer entsprechen können. Softwareentwicklung ist besonders arbeits- und kostenintensiv. Es fehlen generalisierbare Erkenntnisse darüber, was der Zwang zur Formulierung und Formalisierung in Entscheidungsprozessen bedeutet, ebenso das sequentielle Denken, die Zerlegung der Probleme in elementare Bestandteile, die Auflösung komplexer Strukturen zugunsten von modularen Problemlösungen, Vereinfachung und Quantifizierung von Informationen, mangelnde Überprüfbarkeit, Revidierbarkeit, Selektionen und versteckte Bewertungen, Vorrang synthetischer und künstlicher Information gegenüber Anschauung und Erfahrungswissen.

Wenn wir den Gestaltungsproblemen moderner Technologien ausbildungsmäßig entsprechen wollen, bedarf es eines kooperativen Zusammenwirkens von Technikern und Geisteswissenschaftlern in der Ausbildung. Bisher haben alle Wissenschaften versucht, durch Reduktionen und vereinfachende Modellbildung komplexe Probleme bearbeitbar zu machen. Dadurch konnten Einzelphänomene isoliert betrachtet und arbeitsteilig erforscht werden. Diese sehr erfolgreiche Vorgehensweise trug zu einer immer weiter fortschreitenden Spezialisierung bei. Was nicht geleistet wurde, ist die Integration verschiedener Teillösungen auf einer Gesamtebene. Es besteht zu Recht die Befürchtung, daß sich z. B. der Ingenieur an die Vervollkommnung

---

[18] Vgl. H.-D. Kübler, A. Hammelrath, Informationstechnische Grundbildung – was ist das? In: H.-G. Rolff et al. (Hrsg.), Neue Medien und Lernen. Basel 1985, S. 102f.; außerdem: Technik und Gesellschaft. Jahrbuch 5, Frankfurt 1989, S. 8.

technischer Systeme als Selbstzweck verliert und dabei das Ziel, dem Menschen bessere Lebenschancen zu eröffnen, aus dem Auge verliert. Eine an den zukünftig zu bewältigenden Problemen unserer Gesellschaft orientierte Ausbildung muß für alle Disziplinen daher mehr sein als der Erwerb der in der Vergangenheit erfolgreich gehandhabten Methoden. Dieses „Mehr" umfaßt:

- die Erarbeitung eines neuen professionellen Selbstverständnisses,
- die Fähigkeit zur selbständigen und interdisziplinären Zusammenarbeit,
- die Fähigkeit zum vorausschauenden, integrativen Problemlösen,
- die Fähigkeit, Sinnbezüge selbst herstellen und sich daran orientieren zu können.[19]

Die Auswahl von Unterrichtsgegenständen aus den Natur- und Ingenieurwissenschaften kann nur problemorientiert und praxisbezogen geschehen. Jeder Versuch, eine solche Auswahl von den Fächern her systematisch zu begründen, führt zu unlösbaren Problemen im Hinblick auf die Bestimmung der Menge und der Bedeutung des ausgewählten Wissens. Problemorientiert heißt, daß in der fächerübergreifenden Lehre nicht die Gesichtspunkte der Disziplinen, sondern Probleme gesellschaftlicher Art im Vordergrund stehen. Praxisbezug meint die methodische Vorgehensweise des Problemlösens: nämlich Probleme der beruflichen wie gesellschaftlichen Praxis sollen zum Ausgangspunkt der Arbeit in der fächerübergreifenden Lehre gemacht werden. Von dort aus sollen gegebenenfalls theoretische Modelle und Lösungsstrategien erarbeitet werden. Denken und Handeln sollen zusammengebracht werden.

Die Auszubildenden müssen befähigt werden, die Wechselwirkungen von Wissenschaft/Technik, Gesellschaft und Umwelt zu verstehen. Sie sollten die Wirkung und Folgen technischer Systeme auf Mensch und Umwelt analysieren und bewerten lernen. Sie sollten die Rollenproblematik des Ingenieurs am Arbeitsplatz analysieren und bewerten lernen. Sie sollten Begriffe, Ansätze und Methoden zur Beschreibung natürlicher Systeme kennenlernen. Sie sollten die Möglichkeiten zur Minimierung schädlicher Technikfolgen bewerten und praktizieren lernen. Sie sollten auch gesellschaftsbezogene politische und rechtliche Methoden in ihre Lösungsstrategien einzubeziehen lernen. Sie sollten

---
[19] Vgl. I. Blankenbach et al., Fächerübergreifende Lehre für die THD. – Wissenschaftliches Zentrum für Hochschuldidaktik der TH Darmstadt, 1981, S. 13.

die Fähigkeit und die Bereitschaft entwickeln, zur Integration verschiedener disziplinärer Ansätze und Perspektiven bezüglich eines komplexen Systems beizutragen. Sie sollten die Fähigkeit und die Bereitschaft entwickeln, Werte in Entscheidungsprozessen zu erkennen, zu akzeptieren, die eigenen Wertvorstellungen einzubringen und nach ihnen zu handeln.[20] Es besteht kein Zweifel daran, daß eine solche Ausbildung nur interdisziplinär als themenzentrierte Kooperation organisiert werden kann. Interdisziplinarität ist dabei ein herzustellender Zustand, dem ein kommunikativer Prozeß der Verständigung über die interdisziplinäre Problemstellung vorauszugehen hat. An einem Beispiel aus der Arbeitswelt soll dies hier verdeutlicht werden:
In Zukunft wird die Leistungsstärke der Unternehmen nicht von der Beherrschung der Massenproduktion, sondern von der Durchsetzung eines flexiblen Produktionssystems abhängen. Ein flexibles Produktionssystem ist gekennzeichnet durch technologische Innovation, Präzisionsherstellung und kundenspezifische Erzeugnisgestaltung. Es verlangt einen neuen Managementstil, der die Teamarbeit stärker statt der Hierarchie, die individuelle Problemlösung stärker als die Routine betont. Die personalpolitischen Zielsetzungen erhalten dadurch eine neue planerische und langfristige Qualität. Personalplanung schließt jetzt v. a. die systematische ganzheitliche Konzeption personeller Maßnahmen ein, die auf einer frühzeitigen und kontinuierlichen Erfassung technisch-organisatorischer Veränderungen aufbaut.

Die Fragerichtung aus den einzelnen Bezugsdisziplinen aufeinander zu kann wie folgt skizziert werden:

– Die veränderte Rolle der Führungskräfte sollte durch Psychologie und soziologische Studien erfahrbar werden. Es geht um ein Umlernen der Führungskräfte, da die Kontrollfunktion in die Maschinen integriert und der Arbeiter zum Programmierer fortgebildet wird. Der Vorgesetzte auf der untersten Ebene der Leitungshierarchie wird heute zu einem Anachronismus, der die Produktivität hemmt. Die Arbeitsgruppe übernimmt seine Aufgaben.
– Aufgabenintegration bedingt ein neues Konzept ganzheitlicher Berufsbildung. Indem die berufsbezogene Ausbildung auf dem Hintergrund der Zeitgestalt des menschlichen Lebens gesehen wird, tritt die Konzentration auf die unmittelbaren funktionsbedingten Anforderungen nach dem vermeintlichen „Auslernen" als Erziehungsziel

---

[20] Vgl. I. Blankenbach, Fächerübergreifende Lehre – wozu? a.a.O., S. 53ff.

zurück und läßt der Vermittlung allgemeiner Qualifikation eine größere Bedeutung zukommen. Gemeint sind personenbezogene, überfachliche Schlüsselqualifikationen: Lernbereitschaft, Lernfähigkeit, Konzentrationsvermögen; weniger handwerkliches Können als stärkeres Verantwortungsbewußtsein und kommunikative Kompetenz werden die Fertigung in der Zukunft vom Faktor Arbeit her bestimmen. Diese Fragen im Kontext der „neuen Produktionskonzepte" bedürfen der Kooperation mit den Erziehungswissenschaften.

– Die Verlagerung der Produktionsintelligenz in die Werkstatt und die Entwicklung von z. B. flexiblen Fertigungsinseln bedürfen der Zusammenarbeit mit der Arbeitswissenschaft.

– Die veränderte Rolle der Gewerkschaften und der betrieblichen Interessenvertretung in Richtung eines Kooperationsmodells, welches die Interessen nicht antagonistisch einander konfrontiert, sondern als Polaritäten in einer Einheit verständlich macht, bedarf der Zusammenarbeit mit der Politikwissenschaft und dem Arbeitsrecht, ebenso die Frage nach flexiblen Arbeitszeitformen, Entgeltformen und Gratifikationssystemen.

Als Ausgangspunkt einer technologischen Grundbildung als praktische Allgemeinbildung haben wir das Handeln in „soziotechnischen Systemen" bestimmt. Leitidee ist die Sozial- und Umweltverträglichkeit soziotechnischer Systeme, eine fächerübergreifende Fragestellung, die allen der beteiligten Disziplinen gemeinsam ist. Dies begründet zugleich einen Zwang, die Begriffe verschiedener Disziplinen aufeinander zu beziehen. Die gemeinsame Zielvorstellung ist Gestaltung. Gestaltung bedeutet, daß über die Analyse und kritische Bewertung von Gegebenheiten hinausgegangen wird. Einbezogen werden muß die Auswahl und Begründung von sozialen Normen und Werten und ihre Vergegenständlichung sowohl in der Technik als auch in den Arbeits- und Bildungsprozessen. Was uns vorschwebt ist ein aufgabenorientierter Forschungs- und Ausbildungstyp durch Initiierung von Leitprojekten. Aus diesen sollen dann Erkenntnisse über Entwicklungsbedingungen und Wirkungen moderner Techniken in die Zielfindungsprozesse soziotechnischer Systeme und in ein Konzept soziotechnischer Grundbildung eingebracht werden. Eine solche Aufgabe läßt sich jedoch erst andeutungsweise in ein Grundstudium einbinden.[21]

---

[21] Forschungsperspektiven zum Problemfeld Arbeit und Technik. Bremer Sachverständigenkommission Arbeit und Technik (Hrsg.), Bonn 1986, S. 121f.

Über eine technologische Grundbildung hinaus sollte daher ein Forschungs- und Lehrverbund von Ingenieuren, Sozial- und Geisteswissenschaftlern begründet werden, aus dessen Zusammenarbeit eine spätere Vertiefung und Spezialisierung der Studiengänge möglich wird. Es fehlt aber noch ein hochschuldidaktisches Konzept, das besagt, welche Studienelemente, Ausbildungsgänge von Ingenieuren und Geisteswissenschaftlern zusammengeführt werden könnten, damit diese befähigt werden, gemeinsam Gestaltungskonzepte zu entwickeln. Dieses wird wahrscheinlich eine projektartige Struktur haben und als ein Aufbau- oder postgraduierter Studienbereich zu etablieren sein, in dem Ingenieure, Ökonomen, Berufsbildungspädagogen, Philosophen, Psychologen, Politologen und Soziologen zusammenwirken. Ein solcher Ausbildungs- und Forschungsprozeß muß allerdings an die Merkmale universitären Arbeitens anknüpfen: Erkenntnistheoretische Grundlegung, Grundlagenorientierung, Selbstreflexivität und weiter Zeithorizont. Es könnte ein Promotionsprogramm „Technik und Gesellschaft" entstehen.

Die zu entwickelnden Curricula sollten auf folgende Aspekte von Technik Bezug nehmen:

– Technik in ihrer technisch-wissenschaftlichen Beschreibung (instrumentelle Dimension);
– Technik in ihrer historischen Gewordenheit, soziale Voraussetzungsanalyse der Technik (historische Dimension);
– Technik als Produkt und Prozeß der Befriedigung menschlicher Bedürfnisse (Nutzendimension);
– Technikevaluation und -folgenabschätzung (Wirkungsdimension);
– Technik in ihrem Verhältnis zur Natur (ökologische Dimension).

Es geht also nicht nur um Verstehen, Handhaben, Reparieren oder technisch-konstruktives Entwickeln vorfindlicher Technik, sondern zugleich darum, Maßstäbe ihrer Beurteilung zu vermitteln. Es wird wichtig, nach der Rationalität und den Zwecken der vorfindlichen Technik zu fragen, nach den Interessen zur Prioritätensetzung unter den Rationalitätskriterien, nach verschiedenen technischen, d. h. auch alternativen Lösungen und nach den ökologischen Auswirkungen auf die Binnenstruktur des Menschen, auf Denken und soziale Beziehungen und die natürliche Umwelt.[22]

---

[22] Vgl. ebd., S. 123.

3. Der soziale Kontext soziotechnischen Lernens in der Gegenwart

Fächerübergreifende Lernprozesse der erwähnten Art haben nur Sinn, wenn sich die Gesellschaft selbst als lernfähig begreift, d. h. wir müssen begreifen können, daß die Lösung vieler Gegenwartsprobleme nicht technologisch gefunden werden kann, sondern nur aus einer Weiterentwicklung der sozialen Strukturen. Diese darf nicht unkontrolliert bleibenden Anpassungsprozessen überlassen bleiben, sondern muß von Zielvorstellungen geleitet sein, die sich gegenüber technischen Funktionserfordernissen behaupten können.

Die technische Wurzel vieler sozialer Gegenwartsprobleme ist offenkundig: Arbeitslosigkeit, Umweltschäden, militärisches Drohpotential, Freiheitsgefährdung durch Kommunikationsmedien etc., alles Erscheinungen, an deren Entstehung der technische Fortschritt mitbeteiligt ist. Aber handelt es sich deswegen auch um technische Probleme? Ohne Zweifel nicht, es handelt sich um soziale Probleme, die durch Innovationen in den Beziehungsverhältnissen der Menschen zueinander ihre Lösung finden müssen. Das Verhältnis von Arbeit und Einkommen, unser Naturverhältnis, Friedfertigkeit in antagonistischen sozialen Strukturen, kommunikative Sozialbeziehungen, der gesamte Kontext sozialer und kultureller Vorentscheidungen, aus denen eine bestimmte Technikentwicklung hervorgeht, ist revisionsbedürftig. Soziale Innovationen werden nötig, weil die Art der Naturbeherrschung, die der Industrialismus hervorbringt, zu teilweise unkorrigierbaren Veränderungen und Zerstörungen der Natur geführt hat. In vielen Lebensbereichen würden Verlängerungen der gegenwärtigen Entwicklungstrends zu absolut irrationalen Resultaten für die Sozialentwicklung in der Zukunft führen: Überbevölkerung der Erde, zunehmender Welthunger und wachsende Einkommensdisparitäten zwischen Industrie- und Entwicklungsländern, globale Umweltzerstörung und Ressourcenverschwendung, ein technologisch nicht mehr stabilisierbares militärisches Ungleichgewicht im Verhältnis der Großmächte, Wachstumsstrukturkrise, strukturell bedingte Arbeitslosigkeit, nicht abschätzbare Nebenfolgen der neuen Technologien, die eine größere Macht und Kontrolle über den einzelnen Menschen und die sozialen Beziehungen mit sich bringen werden. Daher muß dringend gefragt werden, welcher soziale Lernprozeß in die Modernisierung hinein erfolgen muß, damit diese zu sozial und ökologisch verträglichen Resultaten und nicht zu einer Verschärfung der Krisenphänomene führt.

Drastische Beispiele der Folgen aus der Technikanwendung zeigen uns, daß die Hoffnung, Technik könne schon letztlich immer zum Guten gewendet werden, trügerisch ist. Ab einer bestimmten Größenordnung oder einer bestimmten Risikogröße sind technische Strukturen gegenüber dem sozialen Zusammenhang ihrer Verwendung nicht neutral, sondern prägen diesen gemäß den Voraussetzungen ihrer eigenen Funktionserfüllung. Die neuen Themen verlangen neue Begriffe und Perspektiven.

Während der äußere Fortschritt, etwa in Form des Wirtschaftswachstums, weiterhin erstrebt wird, und während eine vordergründige Futurologie noch nicht ganz erloschen ist, welche Chancen und Wege dieses Fortschritts extrapoliert, wächst die Empfindung, ja die Überzeugung, daß die entscheidenden Fragen damit überhaupt nicht berührt sind. Wo liegen aber dann die entscheidenden Fragen?[23]

Die Grundlagen der neuzeitlichen Vergesellschaftung scheinen zu versagen. Steht der Mensch noch in der richtigen Weise in den sozialen Prozessen? Diese Frage stellt sich noch mehr, wenn wir die Wirkungen der Technik auf das Zusammenleben im normalen Funktionszustand der Technik betrachten. Auch hier geschieht die kritische Bewertung nicht mit dem Ziel, Technikentwicklung und Technikanwendung einzufrieren, sondern um die erforderlichen Bewußtseinspotentiale zu wecken, die die Basis eines nichttechnikabhängigen, sondern Technik kontrollierenden sozialen Wandels werden können.

Wir benötigen soziale Innovationen als Voraussetzung einer humanen Technologieentwicklung und Technikanwendung. Es geht nicht darum, die Technik abzuschaffen oder einzufrieren, sondern sie muß aus dem Gegensatz zum Menschen und zur Natur wieder herausgeführt werden. Das bedeutet auf der Ebene des Vergesellschaftungsmodus, sie darf einer aktiven Qualität des Handelns und der sozialen Beziehungen nicht entgegenwirken. Das aber können nur soziale Organisationsformen garantieren, die den aktiv handelnden Menschen als Voraussetzung ihres Funktionierens betrachten. Technische Neuerungen müssen sich heute jedoch in erster Linie durch ökonomische Rentabilität und militärischen Machtzuwachs legitimieren. Die Ambivalenz der daraus resultierenden Konsequenzen zwingt aber, diese impliziten Kriterien und Wertmaßstäbe zu überdenken. Es kann also nicht unmittelbar gefragt werden, ob der Mensch im Rahmen der

---

[23] Vgl. C. F. von Weizsäcker, Die Ambivalenz des Fortschritts, in: Der Garten des Menschlichen. Beiträge zur geschichtlichen Anthropologie. München, Wien 1980, S. 63.

gegebenen sozialen Bedingungen und Strukturen Technologien implementieren sollte oder überhaupt kontrollieren kann. Es müssen die sozialen Bedingungen reflektiert werden, aus denen heraus wir Technologien entwickeln und anwenden. Letztlich handelt es sich aber um kulturelle Orientierungsfragen, in deren Licht die soziale Gestaltungsrichtung und wissenschaftliche Fragerichtung zu bestimmen ist. Es gibt keine autonome Technikentwicklung, an welche sich die Gesellschaft nur anzupassen hat. Daher wird die Frage wichtig, von welchem kulturellen Moment her die soziale Entwicklung impulsiert werden muß, damit aus ihr eine sozialverträgliche Technikentwicklung hervorgeht. Soziale Innovationen werden heute jedoch nur selten erwogen. Gerade dies aber bezeichnet das Risiko der modernen Techniken, daß sie den Menschen der Initiativkraft zu sozialen Innovationen berauben. Erst wenn die menschliche und soziale Innovation ausbleibt, verdrängt die Systemtechnokratie die Humanität, die Freiheit, die vom Menschen zu entscheidende Politik. Die neuen Technologien werden dadurch aber gerade zur Herausforderung an den modernen Menschen, eine soziale Bewußtheit zu entwickeln und in konkreter organisatorischer und technischer Erscheinungsform zu verkörpern, die ihm die aktive Qualität des Handelns beläßt. Die Weiterentwicklung der Ingenieurtechniken erscheint nur unter der Voraussetzung wünschenswert, daß sie mit der Entwicklung eines aufgeklärten Bewußtseins und verfeinerter gesellschaftlicher Lebensformen Hand in Hand geht.
Man kann nur für die Technik sein, wenn man einräumt, daß sie Grenzen gegenüber menschlichem und sozialem Fortschritt hat.
Man kann der pauschalen Technikfeindlichkeit nur entgegentreten, wenn man darüber nachgedankt hat, wie sich die Technik vervollkommnen läßt. Dieser Vervollkommnungsprozeß hat aber nur Sinn als ein umfassender menschlicher und sozialer Steigerungs- und Vervollkommnungsprozeß. Die Technik zeigt uns die Leerstellen auf, an denen wir uns in den Sozialbeziehungen weiterentwickeln sollen und in welche Richtung wir uns entwickeln sollen. Die tatsächlichen Unvollkommenheiten liegen in der sozialen und politischen Ordnung. Diese ist verbesserungsbedürftig, ergänzungsbedürftig und als entwicklungsfähig zu begreifen. Die Atomtechnologie läßt die Frage entstehen, welche und wieviel Güter wir eigentlich brauchen. Die Gentechnik läßt die Frage entstehen, was der Mensch geistig ist. Die Informationstechnologien werfen die Frage auf, wie die menschliche Entscheidungsfreiheit in Zukunft gesichert werden kann. Zur sozialverträglichen Technikgestaltung gehört also nicht nur die Analyse und das Erkennen von

Wirkungen der Technik, sondern v. a. die Diskussion gesellschaftlicher Ziele. Wir stehen noch nicht am Ende der Gesellschaftsgeschichte des Menschen. Ebenso wie die Naturwissenschaften in ihrer technischen Anwendung brauchen wir in den Sozialwissenschaften eine konstruktive Erfahrung der gesellschaftlichen Wirklichkeit und ihrer Entwicklungsmöglichkeiten. Was Politik heute jedoch tatsächlich versucht, ist nicht die Anstrengung eines Bewußtseinswandels als Vorbedingung des Strukturwandels, sondern das Suchen nach technologischen Lösungen und Auswegen um jeden Preis und ohne daß sich in den Beziehungen der Menschen zueinander etwas Grundlegendes ändert. Die neuen Probleme können nicht mit dem alten Bewußtsein und den alten Strukturen gelöst werden. Viele der gegenwärtigen gesellschaftspolitischen Konzepte versuchen aber gerade dies. Sie wollen alles, ohne daß sich etwas ändert. Deshalb können sie sich nicht darüber einigen, wo der Punkt liegt, an welchem die Dinge sich wenden. Krisenzeiten sind Zeiten großer Freiheit. Die Richtung der Neugestaltung ist nicht vorherbestimmt. Aber die Richtung, in welcher der Ausweg aus der Krise gesucht wird, ist von entscheidender Bedeutung. Ein Bewußtseinswandel wird erforderlich. Alle Probleme ließen sich durch kooperative Vernunft lösen. Aber Bewußtseinswandel ist eine Vorbedingung des Strukturwandels. Dieser verlangt eine hohe intellektuelle Anstrengung, und er kommt nicht ohne ein tiefes Erschrecken.[24] Wir haben keine Wahl mehr.

> Unsere Gesellschaft hat sich schon verändert, und um zu überleben, muß sie sich weiter verändern, radikaler als bisher. Bewußtsein und gesellschaftliche Strukturen haben wir in den Bereichen des Verstandes und des Willens radikal verändert, in Wissenschaft, Technik und Wirtschaft. Die Menschheit kann nicht überleben, wenn sie fortfährt, die neuen Instrumente in den Dienst des alten Bewußtseins und der alten Strukturen ... zu stellen.[25]

Dabei fehlt es den meisten Gesellschaften nicht an Werten, sondern an deren Realisierung. Die Grade der Bindung sind unterschiedlich, an den Werten selbst gibt es meistens wenig zu verbessern. Zu fragen wäre, was Gesellschaften davon abhält, ihre eigenen Werte zu realisieren?[26]

---

[24] Vgl. H. Afheldt, Gedanken für Morgen (Einleitung), in: Bilder einer Welt von Morgen. Modelle bis 2009, hrsg. von H. Afheldt, Stuttgart 1985, S. 46.
[25] H. Afheldt, Gedanken für Morgen ..., a.a.O., S. 46.
[26] Vgl. A. Etzioni, Die aktive Gesellschaft. Eine Theorie gesellschaftlicher und politischer Prozesse. Opladen 1975, S. 37.

Dies markiert auch das Problem in den Weltmodellen der Zukunftsforschung. Den meisten Weltmodellen liegen zivilisatorische Entwicklungsziele zugrunde. Dienstleistungen lösen die Industrie ab, Technologien werden sanfter, Werte ändern sich, auf die Industriegesellschaft folgt die Informationsgesellschaft. Die meisten der Weltmodelle

> projizieren meßbare Tatbestände in die Zukunft, wie physische Ressourcen, Temperaturen der Atmosphäre, Bruttosozialproduktziffern je Kopf, Wohlstandsgefälle zwischen und innerhalb von Staaten. Nur wenige Modelle befassen sich mit den Befindlichkeiten der Akteure, den Menschen und ihren Reaktionen oder ... mit den Wertvorstellungen und den daraus entstehenden Kräften. So bleiben die funktionalen Zusammenhänge in den meisten Modellen konstant. So lassen Modelle die Polkappen schmelzen, aber es entsteht in ihren Bildern keine neue Religion, kein neues ordnungspolitisches Bild, in dem Sozialismus und Liberalismus zusammenschmelzen, in dem neue Kombinationen von Wettbewerb und Kooperation entstehen. Und das, obwohl ein Schlüssel zu allen künftigen Entwicklungen zweifellos in der sozialen Entwicklung, in den Werthaltungen, in der Bereitschaft zu arbeiten oder nicht zu arbeiten, in der Lust zu leben oder in der Bereitschaft zu sterben, liegt.[27]

Die meisten Modelle verhelfen nicht zu neuen Einfällen, sondern sind strukturell sklerotisch, es fehlen in ihnen die entscheidenden Innovationen. Und diese liegen auf sozialem Felde. Sie berühren die Weise, wie wir vergesellschaftet sind. Viele Entwicklungslinien, wie z. B. die Bevölkerungszunahme, sind in ihrer Richtung vorgezeichnet.
In welche Handlungsrichtung bringt die gegenwärtige Sozialstruktur den einzelnen Menschen? Der einzelne wird heute auf dem Markt und durch die nationalen und internationalen Konkurrenzmechanismen in eine Richtung des Handelns getrieben, die ihn nur auf die kurzfristigen Vorteile, nicht aber die gemeinsamen Grundlagen des Überlebens schauen läßt. So entstehen Belastungsbereiche wie Ressourcenverschwendung, Umweltzerstörung, soziale Not etc., deren soziale Grenzwerte schon weit überschritten sind. Die Bürger erzeugen in den sozialen Prozessen immer mehr Probleme und sind gleichzeitig immer weniger bereit, ihnen durch Selbstorganisation gesellschaftsunmittelbar zu entsprechen. Die Möglichkeit einer Gesellschaftsreform in der Weise, daß der Mensch anders in die sozialen Prozesse hineingestellt wird, so daß Produktion und Arbeit eine andere Sinnrichtung erhalten, wurde verworfen zugunsten einer Übernahme der sozialen Kosten individualistischer Selbstverwirklichung durch den Staat. Heute wird jedoch immer deutlicher, daß es gesellschaftliche Aufgaben gibt, die

---
[27] H. Afheldt, Gedanken für Morgen ..., a.a.O., S. 21.

man weder dem Markt, weil dieser den einzelnen überhaupt nicht sozial motiviert, noch dem Staat überlassen kann, weil dieser über die Bedürfnisse des einzelnen hinweg handelt. Die gesellschaftliche Doppelstruktur einer Privatökonomie, in der der Bürger nur die eigene Wohlfahrt zu bedenken hat und dies mit gemeinschaftsbelastenden Wirkungen auch tut, und einem aufgabenüberlasteten Staat, der durch Zentralisierung Demokratiepotentiale schwächt, beginnt unproduktiv zu werden. Der Bürger wird in diesem System sozial passiviert. Es fällt immer weiter auseinander, was zusammengehört: Die Erzeugung der sozialen Probleme und die Verantwortung für sie. Eine Gesellschaft, die es in einem Bereich zuläßt, gegen die langfristigen Überlebensinteressen zu handeln, um einer erwünschten wirtschaftlichen Produktivität willen, und zugleich ein anderes gesellschaftliches Subsystem strukturell für die Folgen verantwortlich macht, deformiert Politik. Der Bürger weiß nicht mehr, wie er ursächlich verantwortungsmäßig an den sozialen Prozessen beteiligt ist. Wir brauchen daher eine gesellschaftliche Demokratieausweitung, die den Bürger gesellschaftsunmittelbar für die Folgen seines Handelns auf dem Markt verantwortlich macht. Der aus der Frühneuzeit überkommene Grundmodus der Vergesellschaftung bedarf einer Überprüfung: Das rationale Eigeninteresse als Grundlage der Gesellschaft. Es sagt dem einzelnen: Sorge für dich selbst, für die gemeinschaftlichen Belange sorgt der Staat. Das Resultat ist, der Mensch stellt sich aus individueller Freiheit nicht den sozialen Aufgaben. In der Komplexität moderner Sozialordnungen entwickeln sich daher die gemeinschaftlichen Entscheidungsabläufe über ihn hinweg. Es entsteht politische Apathie. Gesellschaften sind keine Marktfunktion, das hat die soziale Frage gezeigt, sondern haben in der Solidarität der Menschen ihr tragendes Fundament. Gesellschaft ist aber auch keine Funktion technischer Innovationen. Es muß politisch entschieden werden, wie wir zusammenleben wollen. Eine Sozialentwicklung muß wieder angestoßen werden, und zwar da, wo die heute nicht mehr lösbaren Probleme erzeugt werden. Sozialentwicklung ist heute das, was über den Marktmechanismus und in dem Versuch, durch Technik die Entwicklungsprobleme moderner Gesellschaften zu lösen, nicht in Erscheinung treten kann.

> Die alten Ökonomen hatten bekanntlich zu zeigen versucht, daß die wirtschaftlichen Aktivitäten der Marktteilnehmer unter bestimmten institutionellen Bedingungen stets so aufeinander abgestimmt werden, daß eine optimale Anpassung der gesamtwirtschaftlichen Güterproduktion an den häufig wechselnden Bedarf der Gesellschaftsmitglieder gewährleistet bleibt, und dies, obwohl niemand ein solches Ziel bewußt anstrebt, sondern jeder nur aus der begrenzten Sicht seiner eigenen Handlungssituation und seiner persönlichen

Interessenlage heraus tätig wird. Zur theoretischen Begründung stützten sich die Klassiker der Nationalökonomie auf die These, daß die Wirtschaftssubjekte in ihren Aktivitäten – wie jedermann sonst – stets auf rationale Weise ihre individuellen Interessen zu fördern versuchen und eben dadurch ganz bestimmte Preis- und Mengenanpassungen in Gang setzen, die immer wieder ein Gleichgewicht von Angebot und Nachfrage herbeiführen. Damit war für einen wichtigen gesellschaftlichen Teilbereich einer der ersten systematischen Versuche zur Lösung eines Problems vorgelegt worden, das man als das Problem der sozialen Ordnung zu bezeichnen pflegt: Wie ist eine störungs- und konfliktfreie Koordinierung der aufeinander bezogenen Handlungen der Menschen in einer Gesellschaft möglich?[28]

Das heißt es entsteht soziale Ordnung, ohne daß der Mensch mit einer sozialen Motivation in die sozialen Beziehungen hineinzugehen braucht. Der reine Marktprozeß motiviert den Menschen vom Eigennutzen her, seine Ablaufprozesse bleiben daher gegenüber vielen Fragen völlig blind: Soziale Probleme der Arbeit, Umweltprobleme, Gemeinschaftsbedürfnisse etc.
Weil der Markt selbst keine Struktur vernünftigen und verständigungsorientierten Handelns zwischen sozialverantwortlichen Individuen ist, werden die erwähnten sozialen Kosten des Markthandelns zur Lösung an eine andere gesellschaftliche Instanz, nämlich den Staat, zur Lösung überwiesen. Tritt aus strukturellen Gründen der einzelne Mensch auf dem Markt überhaupt nicht als sozial motiviertes Wesen in Erscheinung, bleibt die staatlich abgeleitete Sozialität für ihn abstrakt. Sie wird zu einem Handeln von Bürokraten nach Maßstäben der Gleichbehandlung und Kontrollierbarkeit, die über die Initiative und das konkrete empfundene Engagement des Menschen hinweggeht. Niemand erlebt das Steuernzahlen als eine soziale Geste, die von entsprechenden Gefühlen für den Nächsten begleitet wäre. Der Markt steht damit auf einer anthropologischen Grundlage, die seiner objektiven Leistung, nämlich eine Ordnung in den vielen Einzelentscheidungen von Anbietern und Nachfragern zu erreichen, nicht voll entspricht. Arbeitsteilung bedingt Koordination und Ordnung. Dies leistet der Markt. Aber ein entsprechendes Gemeinschaftsbewußtsein und eine Verantwortung über die Eigeninteressen hinaus entsteht nicht. Was fehlt ist, in den Markt hinein eine Struktur verständigungsorientierten Verhandelns zwischen gegensätzlichen Standpunkten und Interessen zu entwickeln, ein Verhandeln über gesellschaftliche Bedürfnisse, das

---

[28] A. Bohnen, Handlung, Lebenswelt und System in der soziologischen Theoriebildung: Zur Kritik der Theorie kommunikativen Handelns von Jürgen Habermas, in: Zeitschrift für Soziologie, Jg. 13, H. 3, Juli 1984, S. 191.

Ausmaß und die Richtung der Produktion mit dem Ziel, soziale Kosten nicht mehr anfallen zu lassen. Es würde dann eine Position gewonnen werden, in welcher Gesellschaftsbildung kein anonymer oder statistischer Prozeß ist, sondern aus der Initiativkraft des einzelnen hervorgeht. Denn ohne Wandel in den Konsumgewohnheiten wird die Umorientierung nicht möglich sein. Das verlangt einen neuen kulturellen Impuls, der wiederum nur vom Individuum ausgehen kann. Der planstabilisierte Pluralismus der modernen westlichen Demokratien versteht die gesellschaftliche Situation als „offen", d. h. als in der Entwicklungsrichtung undeterminiert. Die Richtung des sozialen Wandels wird der Entwicklungsdynamik im Interessenkompromiß der gesellschaftlichen Kräfte überlassen. Das damit gegebene Freiheitsmoment ist erstrebenswert, aber nur dann gerechtfertigt, wenn vom Grundmodus der Vergesellschaftung her, d. h. von den grundlegenden Handlungsorientierungen her, überwiegend solche Potenzen freigesetzt werden, die den Menschen in Betätigungen lenken, welche sozial aufbauend sind. Der aus der frühen Neuzeit überkommene Grundmodus des Zusammenlebens, der Gesellschaftsvertrag, bedarf somit einer Überprüfung. Das rationale Eigeninteresse als Beweggrund für die Errichtung sozialer Ordnung führt die Menschen nicht in solche Formen eines freien Sozialengagements, welche es möglich machen, die natürliche Umwelt um ihrer selbst willen zu schützen, die Ressourcen zu erhalten, Solidarität mit den hungernden Völkern der dritten Welt zu üben und im Hinblick auf das Wachstum unseres Lebensstandards zu einem sozialverträglichen Maß zurückzukehren. Die sozialstrukturellen Voraussetzungen für eine schöpferisch-pluralistische Existenz haben zwingend eine liberale Grundlage. Zu fragen ist jedoch nach den sozialstrukturellen Grundmerkmalen eines ethischen Individualismus, in welchem individuelle Freiheit sich *sozialen Aufgaben* stellt. Welches sind die Konstruktionselemente einer Gesellschaft, die das Individuum will, aber in einer Weise, daß Gemeinschaft entsteht? Diese Problemlage kann auch mit einem sehr weit gefaßten Sozialstaatsverhältnis nicht mehr ausreichend erfaßt werden. Es geht ja um die Schaffung von Voraussetzungen für eine gesellschaftsunmittelbare Sozialität. Die Grenzen des Industrialismus sind deutlich geworden. Ob auch ein ökologisch verantwortetes Wachstum an Grenzen stoßen kann, wird sich erst zeigen. Es gilt die einen solchen Wachstumsprozeß ermöglichenden sozialen Formen zu finden.

Es fehlen Imaginationen über das real Mögliche im Hinblick auf andere Grundmodi der Vergesellschaftung. Von den Vergesellschaftungsvoraussetzungen wird es jedoch abhängen, ob Produktionsnotwendigkeiten, Selbstverantwortung und Selbstverwirklichung in der Arbeit für alle versöhnt werden, ob eine lebensfreundeliche Umwelt entwickelt wird und alle Einkommen und Beschäftigung haben werden. Wir dürfen uns die erforderlichen Veränderungen in der sozialen Wirklichkeit nicht von den neuen Technologien aufzwingen lassen. Politik wäre dann nur ein Lernprozeß, wie man sich am besten an die Verhältnisse anpaßt. Wir dürfen die erwünschten Veränderungen jedoch auch nicht von der Regierung und der Verwaltung in erster Linie erwarten. Die erwünschten Veränderungen werden am wirksamsten dadurch herbeigeführt, daß Menschen und Menschengruppen die Initiative ergreifen, die Verhältnisse da zu ändern, wo sie leben und wo sie arbeiten, also in den sozialen Beziehungen, in denen sie leben und arbeiten.

Welche Bildung ist heute erforderlich angesichts der Unübersichtlichkeit und Unüberschaubarkeit von Komplexen, Systemen und des menschlichen Erfahrungs-, Kompetenz- und Steuerungsverlustes durch das Entstehen soziotechnischer Systeme?

Die menschlichen Lebens-, Entscheidungs- und Handlungsdimensionen sind nicht nur allein mit den Berufs- und Sachwissenskategorien in die Balance zu bringen. Wenn wir davon ausgehen, daß Einseitigkeit sowohl in politischen Systemen als auch in individuell-persönlichen Strukturen Beschädigungen aufweist und weitere Schäden hervorruft, dann ist die Integration unserer ganz-menschlichen Ressourcen und die Aufwertung eines ganzheitlichen Bildungsverständnisses in der Bildungsdebatte eine Offensive wert.[29]

Ob sich die Probleme im Rahmen eines Interessenmodells von Gesellschaft lösen lassen, erscheint mehr als fraglich. Die Probleme werden in einem solchen Konzept in die Hände der Betroffenen gelegt, welche jeweils im Ausmaß ihrer Betroffenheit Forderungen an andere gesellschaftliche Kräfte oder die Gesamtheit der sozialen Kräfte richten. Es hängt dann vom jeweiligen Kräfteverhältnis ab, wie viel im gegebenen Fall durchsetzbar wird. Was uns jedoch fehlt, sind wirksame Formen eines verständigungsorientierten Aushandelns von gegensätzlichen Interessenpositionen. Nicht anonyme Mechanismen, wie der Preismechanismus auf dem Markt, sondern vernünftiges Verhandeln und Handeln sollen als Steuerungsinstanz gewonnen werden. Dies setzt aber „Verständigung" voraus. Verständigung kann nur erreicht werden,

---

[29] C. Rumpeltes-Westmüller, Überlegungen zu einer Bildungsökologie in der Informationsgesellschaft, in: H.-J. Petsch, H. Tietgens u. a.: Allgemeinbildung und Computer, Bad Heilbrunn/Obb. 1989.

wenn die Gegensätze nicht überbetont werden. Immer mehr entwickelt sich unsere Gesellschaft in vielen Bereichen weg von Marktregelungen zu Verhandlungsregelungen. Kooperation hat heute offiziell in der Beziehung der Produzenten und Konsumenten keinen festen Stellenwert. Es ist jedoch interessant, in welchem Umfang, auf welchen unsichtbaren Pfaden, tatsächlich in unserer Wirtschaft kooperiert wird. Freiheit besteht in der Konkurrenzwirtschaft doch nicht nur zum Wettbewerb, sondern auch zur Kooperation. Es wird hier die These vertreten, daß so lange wir uns im Interessen- und Konkurrenzmodell denkend befinden, die Probleme nur unzulänglich angefaßt werden können. Wir brauchen eine Umstellung und Richtigstellung unseres Handelns von den grundlegenden institutionellen Voraussetzungen her.

Branchenmäßige Zusammenarbeit zwischen einzelnen Unternehmen scheint das Konkurrenzprinzip nicht zuzulassen. Da wo die Probleme entstehen, werden jedoch die kooperativen Fäden zerrissen, um an anderer Stelle in der Beziehung von Bürger und Staat neue anzuknüpfen. Ein kräfte- und ressourcenverzehrendes Verfahren wird hiermit installiert, weil die anstehenden Probleme offensichtlich nur als Nebeneffekte nicht jedoch als Hauptanliegen der unternehmerischen Initiative angesehen werden dürfen. Auch die Wirtschaftsordnung und der Markt müssen jedoch zu einem von kulturellen Motiven verbundenen sozialen Zusammenhang werden, in welchem sich die Individualverantwortung des Menschen auswirken kann. Dazu bedarf es der Assoziierung der Wirtschaftsteilnehmer zum Zwecke gemeinsamer Anstrengung bezüglich der Probleme, die sich einzelwirtschaftlich nicht lösen lassen. Die Assoziierung, das heißt die Kooperation der Unternehmen, wird zu einem Organ, das es möglich macht, die Sachgegebenheiten und Gestaltungsmöglichkeiten einer gegebenen Situation in gemeinsamer Urteilsbildung der Beteiligten zu erfahren, um ein sinnvolles Handeln aller am Wirtschaftsprozeß Beteiligten möglich zu machen. Produzenten, Arbeitnehmer und Konsumenten werden sich zukünftig in direkter Begegnung (nicht nur koordiniert durch den Preismechanismus eines unkontrollierten privaten Erwerbsstrebens) über Sinn und Richtung der Produktion (Mengen, Qualität, Preise, gemeinwirtschaftliche Verantwortlichkeiten, Solidarität mit den Hungernden der Dritten Welt) unterhalten müssen. Der Markt wird dadurch nicht aufgehoben, sondern zu einem durch vernünftiges Entscheiden gesteuerten Gefüge, das einen Wettbewerb fördert, ohne negative Externalitäten zu erzeugen. Wie anders, als durch vernunftorientierten Ausgleich gegensätzlicher Interessen, durch Schaffung korporatistischer Gremien auf allen Ebenen (zentral-dezentral) gesellschaftlicher Organisation könnten die Zukunftsprobleme gemeistert werden? Zukunftsfragen sind durch die Rationalisierung bewirkte zunehmende Entkoppelung von Arbeit und Einkommen, die Entflechtung überdimensionaler Kapitalgüteranhäufung, die Förderung eines neuen, sich treuhänderisch begreifenden Rechtsgefühls gegenüber den Besitz von Grund und Boden und Kapitalgütern zugunsten gemeinschaftsfördernder Nutzung, die Ausrichtung privater Initiativen in Wirtschaft und Staat auf soziale Zwecke. Der Genossenschaftsgedanke wird in verwandelter Form wieder aktuell.

Auf dem Markt handeln die Akteure unabhängig voneinander. Unternehmer, Verbraucher und Arbeitnehmer gehen sogar von gegensätzlichen Interessen aus. Die widersprüchlichen Interessenlagen werden durch den Preismechanismus ausgeglichen. In Krisenzeiten jedoch geht dieses Spiel nicht auf. Lassen wir einmal die Beschränkungen, die der Markt schon bei Adam Smith und durch den Ausbau der sozialen Marktwirtschaft erfahren hat beiseite, so ist doch zu erkennen, daß sich im Preismechanismus die Handlungsvoraussetzungen und Handlungswirkungen der Marktpartner insgesamt nicht ausdrücken lassen. Darum koppelt sich die Wirklichkeit von diesem Mechanismus allmählich ab, was sichtbar wird an Krisen, die dann eine Anpassung an diesen Mechanismus auf eine wirtschaftlich also völlig irrationale Weise, die einhergeht mit Arbeitslosigkeit und fehlender Investitionsneigung, erzwingen. Oder die Krisenlösung wird durch einen anderen gesellschaftlich nicht vertretbaren Weg gesucht, Bedürfnisse werden künstlich geweckt oder auf eine Weise befriedigt, bei der keine effektive Nachfrage vom Markt her steht, wie im Falle der Rüstung. Dies ist kein Plädoyer für die Aufhebung des Preismechanismus, im Gegenteil. Hier geht es um die Vervollkommnung des Preismechanismus durch Assoziation. Assoziation der Marktpartner heißt Zusammenschauen, zusammen sprechen, den Versuch einer gemeinschaftlichen sozialen Urteilsbildung unternehmen. Eine assoziative Verbindung der Wirtschaftsteilnehmer aus sozialer Verantwortung macht auch vor den eigenen Landesgrenzen nicht halt, sondern sie wird in die internationalen Austauschprozesse hinein fortgesetzt. Dies erscheint uns einfacher als die Herstellung eines Weltstaates, der heute vielfach gefordert wird, ohne daß sichtbar wird, wie so ein Weltstat auf eine demokratische Weise kontrolliert werden könnte. Die politischen Interessengegensätze sind einfach zu groß. Aber die Wirtschaft verbindet die Welt schon lange in weltweiter Arbeitsteilung und Zusammenarbeit. Auch in den Weltmarkt hinein ist ein soziales Lernen nur durch Assoziierung möglich.

Heute ist der Verbraucher noch nicht ein aktiv Mitwirkender in den Wirtschaftsprozessen, sondern er ist nur das Antriebsmittel. Management und Belegschaft gehen wegen der antagonistisch gesehenen Interessenbeziehungen von Arbeit und Kapital ebenso nicht aufeinander zu. Die Wirtschaftseinheiten kommen nicht zu gemeinsamen Handeln wegen des Konkurrenzprinzips. Was wir aber wirklich brauchen, ist eine Gesamtwirtschaft, welche bei Wahrung der Einzelautonomie die gemeinschaftlichen Bezugspunkte des wirtschaftlichen Handelns herausstellt, nämlich gerechte Löhne, Arbeit für alle, humane Arbeitsbedingungen, internationale Wettbewerbsfähigkeit, Entwicklungsfähigkeit der Dritten Welt, lebensfähige Umwelt, Ressourcenschonung und anderes. Nicht ein Auskämpfen von Gegensätzen, nur ein Zusammenwirken macht die Probleme lösbar. Es muß ein genossenschaftliches System höherer Ordnung als Verbindungselement zwischen den Wirtschaftsteilnehmern entstehen. Vernünftig kann eine Wirtschaftsordnung nur sein, in welcher aus dem Prinzip der Arbeitsteilung ganz selbstverständlich das Prinzip der Zusammenfassung, der Koordinierung, der Assoziierung, der geteilten Arbeitsprozesse als Ordnungsprinzip folgt. Arbeitsteilung allein wäre bar jeder Vernunft. Diese Form der Zusammenarbeit vermeidet die Krisen des reinen Wirtschaftsliberalismus und läßt die Initiative des Einzelnen im arbeitsteiligen Prozeß nicht brach liegen, wie es die Planwirtschaften tun.[30]
Die hier vorgebrachten Reformideen meinen nicht die soziotechnische und planerische Detailausführung konkreter Einrichtungen, sondern die Schaffung der sozialstrukturellen Voraussetzungen für die Entwicklung von Einrichtungen der erwähnten Qualität, die aus der freien Initiativkraft und sozialen Lernprozessen der zu gesellschaftsunmittelbarem Sozialengagement freigesetzten Menschen entstehen müssen. Es geht um die Soziabilität des individuellen Ich. Die Frage lautet, wie wird aus dem Individualismus der westlichen Gesellschaft wieder eine Gemeinschaft von Menschen, die in dieser Gemeinschaft Individuen im Sinne der historischen Errungenschaften der neuzeitlichen Sozialentwicklung bleiben? Es stellt sich die Aufgabe, die Grundbedingungen der Vergesellschaftung so anzulegen, daß die soziale Struktur den Menschen auffordert und freisetzt, ein soziales Wollen zu entwickeln und ihm aktiv gesellschaftsunmittelbar durch Selbstorganisation zu entsprechen. Es geht darum, die strukturellen Voraussetzungen für Ein-

---

[30] Vgl. S. Leber, Konkurrenzkampf und Arbeitslosigkeit. Ihre Überwindung durch eine assoziative Wirtschaftsordnung, in: S. Leber u. a. (Hrsg.), Arbeitslosigkeit, Stuttgart 1984, S. 9f.

richtungen zu denken, durch welche die Freiheit des Individuums sozial nützlich gemacht werden kann. Die modernen Institutionen müssen darauf hin überprüft werden, ob sie für eine solche Entwicklung die geeigneten Mittel bereitstellen können. Es gibt einen Zusammenhang zwischen persönlicher Selbstverwirklichung und sozialer Aktivierung. Dieser läßt sich als die Aufgabe verstehen, Sozialformen so zu entwickeln, daß sie die Gemeinsamkeit der Lebensbezüge spiegeln, aber dabei die Errungenschaft individueller Autonomie und weiterer individueller Fähigkeitsentfaltung nicht verloren geht. In einer vom sozial-aktiven Individuum losgelösten Betrachtung der Gesellschaft wird der Sozialcharakter von Individuen so gedacht, daß seine Funktion darin besteht, die menschlichen Kräfte in der Gesellschaft von außen so zu formen und zu kanalisieren, daß sie die Kontinuierlichkeit in den Funktionsabläufen der Gesellschaft verbürgen. Gesucht werden muß demgegenüber eine Lösung, welche es gestattet, daß das Individuum aus seiner Individuation heraus Sozialformen schafft, die die übergreifende Gesellschaft zum Träger individueller Fähigkeitsentwicklung und Wertverwirklichung machen. Es muß einer unzulänglichen Vergesellschaftung entgegengearbeitet werden. Die moderne Sozialentwicklung führte zur Atomisierung in den sozialen Beziehungen. Die reine Gegenstruktur zum Individualismus, der das Individuum aus allen Bindungen herauslöst, und die Gesellschaft aus dem natürlichen Eigeninteresse aufbaut, ist jedoch nicht der Kollektivismus, denn dieser löscht das Individuum aus, sondern eine vom Individuum ausgehende freigewollte Sozialität. Nur wo Gesellschaft zum unmittelbaren Anliegen wird, wo der Mensch Gesellschaftlichkeit sucht, um sich weiter zu entwickeln, nämlich als soziales Wesen, kann Gesellschaft in einer Weise entstehen, die uns nicht als eine fremde Macht gegenübertritt. Die eigene Individualität wächst als Gemeinschaftswesen weiter. Sozialität in diesem Sinne können wir nicht voraussetzen, wir müssen sie lernen in den sozialen Beziehungen. Wir müssen die sozialen Beziehungen so anlegen, daß wir in ihnen lernen können. In Wirklichkeit kann kein Mensch sich selbst befreien, ohne die gleiche Freiheit auch auf seine Mitmenschen auszudehnen. Und Selbsttransformation ist zutiefst an das solidarische Handeln einer sich transformierenden Gemeinschaft gebunden. Auf der Grundlage aktiver Sozialität der Individuen ist soziale Identität, ist Sozialcharakter keine bedrückende Realität, die über den Individuen schwebt und ihr Handeln einschränkt. Soziale Identität wird zum Teil dessen, was das Individuum als sein unverlierbares Selbst betrachtet. Gesellschaftlichkeit weiterbilden und in dieser Individuen weiterbilden als zu mehr

zu Sozialität fähigen Wesen, ist die moderne Antwort auf das Bildungsverständnis des Neu-Humanismus.
Unter den Bedingungen des Individualismus wird der Mensch zum antisozialen Wesen. Zugleich wird er dadurch jedoch selbständiges, sich autonom betätigendes und eigenverantwortliches Subjekt. Dies ist der Sinn der Freiheit im Individualismus. Das läßt jedoch zugleich die Frage entstehen, wie auf der Grundlage freier Individualität Gemeinschaft zwischen Menschen hergestellt werden kann. Das Antisoziale wird notwendig für unsere Selbstfindung, Selbstbehauptung und Selbstgestaltung. Der Mensch bleibt jedoch auch in diesen Eigenschaften ein sich entwickelndes Wesen. Ist der Schritt innerer und äußerer Autonomie in den sozialen Verhältnissen erreicht, kann es zum Ziel werden, reine Individualität sich zur Sozialität fortentwickeln zu lassen. Dies bedeutet, daß der Mensch versucht, nicht nur das eigene Wesen, sondern auch die Existenz der anderen als Eigenwert zu erfassen. Es geht um ein Wachsen der sozialen Kräfte des Individuums als sozialgeschichtliche Errungenschaft. Ist der Zustand individueller Autonomie und Freiheit einmal erreicht, kann es kein zurück in die alten Gruppenzwänge der Zunft, der dörflichen Gemeinschaft und so fort mehr geben, es gibt aber auch keinen möglichen Weg in die tiefere Antisozialität hinein, weil dies die Grundlagen des Zusammenlebens zerstören würde. Es gibt nur den Weg wieder zur Gemeinschaft hin, aber aus der Freiheit des individuellen Entschlusses. Das Bewußtsein des Einzelnen muß sich heute gemeinschaftsbildend auf die umfassenderen Bezüge der sozialen Gesamtheit erweitern. Ein altruistisches Individuum wird dabei jedoch in keiner Weise vorausgesetzt. Es wird vielmehr nach den sozialstrukturellen Bedingungen in Staat und Wirtschaft gesucht, welche Lernprozesse in eine solche Richtung begünstigen.
Lassen sich auch die Organisationsgrundsätze moderner Unternehmen an der Frage orientieren, wie Menschen ihre Aufgaben an einem Prozeß gemeinschaftsbildenden Handelns orientieren könnten? Können die Mitglieder von Organisationen anfangen, daran zu arbeiten, als menschliche Gemeinschaften zu wachsen, in welchen sie als autonome Individuen wirken? Gemeinschaftsbildung muß dann in eine doppelte Richtung gedacht werden: nach innen, das heißt aus unternehmerischen Einzelentscheidungen müssen immer mehr soziale Prozesse werden, welche alle Teilnehmer initiativ mit den Zielen der Organisation verbinden? Nach außen, dadurch, daß Unternehmen anfangen, die Bedarfsfrage für ihre Produkte zu stellen und sich mit ihrer Umwelt hierüber kommunikativ auseinandersetzen.

Wie die Sozialbeziehungen aussehen, wenn sich die individuelle Handlungsorientierung nicht gemäß einem Interessenmodell von Gesellschaft entwickelt, sondern in seiner Grundrichtung auf Gemeinschaft als unmittelbar erstrebtem Wert zielte, wird Problem. Das Entscheidende ist, daß Individuen soziale Wesen sind und sich nicht unabhängig von der Weiterentwicklung ihrer Sozialität weiterentwickeln können. Ihre Sozialität wird selber zum Gegenstand der Bildung. Sie bilden sich insofern weiter, als sie ihre Sozialität weiterentwickeln. Indem sie ihre Sozialität weiterentwickeln, entwickeln sie die Strukturen der Gesellschaft weiter. Die Strukturen der Gesellschaft können ihnen nicht mehr als eine fremde Macht gegenübertreten, weil in diesen Strukturen die Individuen als sozialinitiative Wesen sich weiterentwickeln.

Adressen der Diskussionsteilnehmer und der Autoren

Prof. Dr. Heinrich Baggenstos
Institut für Feldtheorie und Höchstfrequenztechnik,
Gloriastraße 35, CH-8092 Zürich

Prof. Dr. Carl Böhret
Hochschule für Verwaltungswissenschaften,
Am Egelsee 5, D-6720 Speyer

Dr. Kurt A. Detzer
MAN-Stabsabteilung Technik, Ungerer Straße 69, D-8000 München

Prof. Dr. Rainer Dietrich
Institut für Deutsch als Fremdsprachenphilologie,
Universität Heidelberg, Plöck 55, D-6900 Heidelberg

Prof. Dr. Dietrich Dörner
Lehrstuhl für Psychologie, Universität Bamberg,
Steinerstraße 1, D-8600 Bamberg

Prof. Dr. Heinz Duddeck
Institut für Statik, TU Braunschweig, Postfach 3329,
D-3300 Braunschweig

Prof. Dr. Helmut Gabriel
Institut für Atom- und Festkörperphysik, FU Berlin,
Arnimallee 14, D-1000 Berlin 33

Dr.-Ing. Hans Gissel
Mitglied des Vorstands der AEG AG, Theodor-Stern-Kai 1,
D-6000 Frankfurt

Prof. Dr.-Ing. Klaus Henning
Hochschuldidaktisches Zentrum der RWTH Aachen,
Rolandstraße 7–9, D-5100 Aachen

Dr. Ulrich Heyder
Seminar für Politikwissenschaft und Soziologie, TU Braunschweig,
Wendenring 1, D-3300 Braunschweig

Dipl.-Ing. Manfred Horvat
Außeninstitut der TU Wien, Gußhausstraße 28, A-1040 Wien

Prof. Dr. Dieter Imboden
Eidgenössische Anstalt für Abwasserreinigung und Gewässerschutz,
CH-8600 Dübendorf

Prof. Dr. Wolfgang König
Institut für Philosophie, Wissenschaftstheorie, Wissenschafts-
und Technikgeschichte, TU Berlin, Ernst-Reuter-Platz 7,
D-1000 Berlin 10

Prof. Dr. Rainer Kuhlen
Sozialwissenschaftliche Fakultät, Universität Konstanz,
Postfach 5560, D-7750 Konstanz

Prof. Dr. Eckard Macherauch
Institut für Werkstoffkunde, TH Karlsruhe,
Kaiserstraße 12, D-7500 Karlsruhe

Prof. Dr. Klaus Mainzer
Lehrstuhl für Philosophie und Wissenschaftstheorie,
Universität Augsburg, Universitätsstraße 10, D-8900 Augsburg

Prof. Dr. Evelies Mayer
Institut für Soziologie, TH Darmstadt,
Residenzschloß, D-6100 Darmstadt

Prof. Dr. Jürgen Mittelstraß
Philosophische Fakultät, Universität Konstanz,
Universitätsstraße 10, D-7750 Konstanz

Adressen der Diskussionsteilnehmer und der Autoren 285

Prof. Dr. Heiner Müller-Merbach
Betriebsinformatik und Operations-Research, Universität
Kaiserslautern, Erwin-Schrödinger-Straße Geb. 52/406,
D-6750 Kaiserslautern

Prof. Dr. Gisbert Frhr. zu Putlitz
Gottlieb Daimler- und Karl Benz-Stiftung, Ladenburg
und Physikalisches Institut der Universität Heidelberg,
Philosophenweg 12, D-6900 Heidelberg

Prof. Dr. Bernd Rebe
Präsident der TU Braunschweig, Postfach 3329, D-3300 Braunschweig

Dr.-Ing. Diethard Schade
Gottlieb Daimler- und Karl Benz-Stiftung, Ladenburg
und Forschungsinstitut Berlin, Daimler-Benz AG,
Daimlerstraße 123, D-1000 Berlin 48

Prof. Dr. Karl Joachim Schmidt-Tiedemann
Philips GmbH, Forschungslaboratorium Hamburg,
Vogt-Kölln-Straße 30, D-2000 Hamburg 54

Wolfgang Thomsen
Personalwesen Zentrale/T, Daimler-Benz AG,
Postfach 60 02 02, D-7000 Stuttgart 60

Prof. Dr. Manfred Timmermann
Weinbergstraße 13, CH-8280 Kreuzlingen
(jetzt: Hochschule St. Gallen)

Dr. Raban Graf von Westphalen
Landgrafenstraße 74, D-5000 Köln
(jetzt: Universität Köln, Polit. Wissensch.)

Dr. Rainer Wirtz
Landesmuseum für Technik und Arbeit,
Am Ulrichsberg 16, D-6800 Mannheim

Prof. Dr. Sigmar Wittig
Institut für Keramik im Maschinenbau, TH Karlsruhe,
Kaiserstraße 12, D-7500 Karlsruhe

Prof. Dr. Walther Ch. Zimmerli
Lehrstuhl für Philosophie II, Otto-Friedrich-Universität Bamberg,
Postfach 1549, D-8600 Bamberg
und Institut für Gesellschaft und Wissenschaft
an der Friedrich-Alexander-Universität Erlangen-Nürnberg,
Äußere Brucker Straße 33, D-8520 Erlangen

Zum Ladenburger Diskurs

Die Gottlieb Daimler- und Karl Benz-Stiftung wurde 1986 mit dem Ziel gegründet, Wissenschaft und Forschung zur Klärung der Wechselbeziehungen zwischen Mensch, Umwelt und Technik zu fördern. Um dieser Aufgabe gerecht zu werden, hat die Stiftung ein abgestuftes Verfahren wissenschaftlicher Diskussion institutionalisiert, in dem der „Ladenburger Diskurs" eine zentrale Stellung einnimmt. In diesem wissenschaftlichen Diskurs werden interdisziplinär Ansätze erarbeitet, die zur Einrichtung von besonders wichtigen, gesellschaftlich relevanten und bisher nicht ausreichend bearbeiteten oder komplementär zu anderen Untersuchungen anzugehenden Förderungsschwerpunkten liegen. In dieser Weise will die Stiftung längerfristige Förderungsschwerpunkte erarbeiten und die Konzentration ihrer Ressourcen auf besonders interessante Projekte bewirken.

In einem Diskurs „Grundsatzthemen" wurde ein breites Spektrum von Themen andiskutiert. Hieraus ergaben sich dann der Diskurs „Umweltstaat"[1] sowie Diskurse zum Thema „Fachübergreifende Inhalte in der Hochschulausbildung". Weitere Diskursthemen sind in Vorbereitung.

Mit dem „Ladenburger Diskurs" soll die Gesamtproblematik des technologischen und sozialen Wandels in einer modernen Industriegesellschaft als Resultat des Fortschritts einer kontinuierlichen Reflexion unterzogen werden. Dies beinhaltet den Einfluß von Sachverstand aus zahlreichen Wissenschaftsdisziplinen. Die Stiftung versteht sich hier als Initiator interdisziplinärer Arbeit, die von der Philosophie bis zu den Ingenieurwissenschaften, von Psychologie und Soziologie bis zur Physik und Chemie reicht.

---

[1] Umweltstaat/M. Kloepfer (Hrsg.), Berlin, Heidelberg, New York: Springer, 1989 (Ladenburger Diskurs).

Der „Ladenburger Diskurs" wird hauptverantwortlich von dem Konstanzer Philosophen Professor Jürgen Mittelstraß geleitet. Die wissenschaftliche Vorbereitung und Leitung der Einzeldiskurse wechselt. Zusammen mit J. Mittelstraß wurde das Thema „Wider die ,Zwei Kulturen'" von Walther Ch. Zimmerli, Professor für Philosophie an der Technischen Universität Braunschweig (heute Universitäten Bamberg und Erlangen/Nürnberg) vorbereitet und betreut. In zwei Diskursen innerhalb des Rahmenthemas „Fachübergreifende Studieninhalte" wurden ,nichttechnische Studienanteile in den Ingenieurwissenschaften' und ,technische Studienanteile in den Geistes- und Sozialwissenschaften' behandelt. Der dritte Diskurs dieses Rahmenthemas befaßte sich mit dem Verhältnis von Natur- und Geisteswissenschaften und wird getrennt publiziert.[2]

---

[2] Natur- und Geisteswissenschaften: Perspektiven und Erfahrungen mit fachübergreifenden Ausbildungsinhalten/K. Mainzer (Hrsg.), Berlin, Heidelberg, New York: Springer, 1990 (Ladenburger Diskurs).

M. Kloepfer, Universität Trier (Hrsg.)
Umweltstaat
1989. VIII, 94 S. (Ladenburger Diskurs) Brosch. DM 28,- ISBN 3-540-51291-8

Der Begriff „Umweltstaat" dient als Sammelbezeichnung für unterschiedliche Fragen, die sich ergeben können, wenn ein Gemeinwesen die Unversehrtheit der Umwelt zum Maßstab und Ziel seiner Entscheidungen macht. Insbesondere die politischen, wirtschaftlichen und rechtlichen Konsequenzen einer Identifikation des Staates mit den Zielen des Umweltschutzes werden in einem interdisziplinär angelegten Dialog beleuchtet.

K. Mainzer, Universität Augsburg (Hrsg.)
Natur- und Geisteswissenschaften
Perspektiven und Erfahrungen mit fachübergreifenden Ausbildungsinhalten

1990. X, 124 S. 8 Abb. 2 Tab. (Ladenburger Diskurs) Brosch. DM 28,- ISBN 3-540-52377-4

Die Probleme, die mit der modernen Technologie-, Industrie- und Gesellschaftsentwicklung aufgeworfen werden, lassen sich in den Wissenschaftsgrenzen von gestern nicht lösen. Natur- und Geisteswissenschaften sind daher zu neuen fachübergreifenden Ausbildungsformen aufgerufen. Das Buch informiert über Ausbildungsmodelle verschiedener Universitäten und eröffnet neue bildungspolitische Perspektiven.

Springer-Verlag
Berlin Heidelberg
New York London Paris
Tokyo Hong Kong

MIX
Papier aus verantwortungsvollen Quellen
Paper from responsible sources
FSC® C105338

If you have any concerns about our products,
you can contact us on
ProductSafety@springernature.com

In case Publisher is established outside the EU,
the EU authorized representative is:
**Springer Nature Customer Service Center GmbH
Europaplatz 3, 69115 Heidelberg, Germany**

Printed by Libri Plureos GmbH
in Hamburg, Germany